全国初级注册安全工程师职业资格考试辅导教材——

安全生产实务（其他安全）（2022版）

全国初级注册安全工程师职业资格考试试题分析小组　编

机 械 工 业 出 版 社

本书以初级注册安全工程师职业资格考试大纲为依据，与考试命题权威信息相结合，具有较强的针对性、实用性和可操作性。

本书包括安全生产管理、安全生产技术基础、其他安全生产技术、安全生产案例分析，共四章的内容。

本书既可作为 2022 年全国初级注册安全工程师职业资格考试的学习用书，也可用于指导安全生产管理和技术人员的工作实践。

关注微信公众号，随时随地手机做题。

加入 QQ 群，免费在线答疑。

临考前可获取预测试卷。

图书在版编目（CIP）数据

安全生产实务．其他安全：2022 版/全国初级注册安全工程师职业资格考试试题分析小组编．—3 版．—北京：机械工业出版社，2021. 11（2022. 5 重印）
全国初级注册安全工程师职业资格考试辅导教材
ISBN 978-7-111-69488-5

Ⅰ.①安…　Ⅱ.①全…　Ⅲ.①安全生产–资格考试–自学参考资料
Ⅳ.①X93

中国版本图书馆 CIP 数据核字（2021）第 216952 号

机械工业出版社（北京市百万庄大街 22 号　邮政编码 100037）
策划编辑：张　晶　责任编辑：张　晶　关正美
责任校对：刘时光　封面设计：张　静
责任印制：刘　媛
涿州市般润文化传播有限公司印刷
2022 年 5 月第 3 版第 2 次印刷
184mm×260mm·13 印张·358 千字
标准书号：ISBN 978-7-111-69488-5
定价：59.00 元

电话服务　　　　　　　　网络服务
客服电话：010-88361066　机 工 官 网：www.cmpbook.com
　　　　　010-88379833　机 工 官 博：weibo.com/cmp1952
　　　　　010-68326294　金 书 网：www.golden-book.com
封底无防伪标均为盗版　机工教育服务网：www.cmpedu.com

前言

自 2002 年我国注册安全工程师制度实施以来，安全生产形势发生了深刻变化，对注册安全工程师制度建设提出了新要求。2014 年修订的《安全生产法》确立了注册安全工程师的法律地位。2016 年 12 月印发的《中共中央国务院关于推进安全生产领域改革发展的意见》明确要求完善注册安全工程师制度。2017 年 11 月国家安全监管总局联合人力资源和社会保障部印发了《注册安全工程师分类管理办法》，对注册安全工程师的分级分类、考试、注册、配备使用、职称对接、职责分工等做出了新规定。2019 年 1 月应急管理部、人力资源和社会保障部联合发布了《注册安全工程师职业资格制度规定》和《注册安全工程师职业资格考试实施办法》，这两个文件的施行对加强安全生产领域专业化队伍建设，防范遏制重特大生产安全事故发生，推动安全生产形势持续稳定好转具有重要意义。2019 年 4 月应急管理部办公厅印发了《中级注册安全工程师职业资格考试大纲》和《初级注册安全工程师职业资格考试大纲》，至此注册安全工程师分专业考试正式实施。

《注册安全工程师职业资格制度规定》将注册安全工程师设置为高级、中级、初级三个级别，划分为煤矿安全、金属非金属矿山安全、化工安全、金属冶炼安全、建筑施工安全、道路运输安全、其他安全（不包括消防安全）七个专业类别。为了帮助广大参加初级注册安全工程师职业资格考试的考生复习考试，我们特组织具有较高理论水平和丰富实践经验的专家、学者精心编写了"全国初级注册安全工程师职业资格考试辅导教材"系列丛书。本套丛书秉承"以大纲为根本，以考点为主线，以例题为辅线，以通过为目的"的原则编写，具有较强的针对性、实用性和可操作性。

本套丛书共五册，分别为《安全生产法律法规》《安全生产实务（建筑施工安全）》《安全生产实务（化工安全）》《安全生产实务（道路运输安全）》《安全生产实务（其他安全）》。

本套丛书具有如下特点：

紧扣大纲、考点全面——本套丛书围绕初级注册安全工程师职业资格考试大纲进行考点分析，根据考试特点和考试需求进行充分研究，将考点系统化、精细化，帮助考生缩小复习范围，提高学习效率。

讲练结合、同步练习——本套丛书在知识点讲解中穿插典型题目，有利于帮助考生掌握考点，攻破难点，使考生在学习过程中对知识能达到深刻的理解和记忆。

在本套丛书的编写过程中，虽经反复推敲核实，仍难免有不妥之处，恳请广大读者提出宝贵意见。

最后，祝所有考生顺利通过考试！

编　者

目录

第一章 安全生产管理

1）依据安全生产有关法律、法规、规章和标准，结合安全生产实际，拟定生产经营单位安全生产工作计划，起草安全生产规章制度、安全操作规程和安全技术措施计划。

2）根据安全生产工作有关要求，进行安全生产教育培训和安全生产检查，参与实施建设项目安全设施"三同时"，选用和管理劳动防护用品及各类消防器材，提出各生产环节安全生产事故预防控制措施。

3）根据生产经营单位的生产工艺、主要设备设施、作业环境和安全管理等动态变化情况，辨识作业场所及岗位存在的危险、有害因素，编制对策措施。

4）根据生产经营单位的生产实际情况，辨识生产场所和储存区的危险化学品重大危险源，完成申报工作，编制对策措施。

5）依据有关法规标准，掌握动火、高处作业、受限空间（有限空间）、临时用电等危险作业存在的主要风险及作业许可（审批）要求。

6）针对生产经营单位安全生产潜在的事故风险，参与编制本单位事故应急救援预案，策划应急演练，评估演练效果。

7）根据职业危害防治要求，辨识作业场所职业危害因素，制定典型职业危害的防治措施。

8）根据生产经营单位安全生产实际状况，参与策划安全生产标准化建设方案。

9）根据生产安全事故造成人身伤亡或者直接经济损失等情况，界定事故的等级。

10）根据生产安全事故起因物、引起事故的诱导性原因、致害物和伤害方式等特点，界定伤亡事故类型，分析事故的直接、间接原因。

11）根据生产安全事故发生特点，应用事故调查技术和方法，制定轻伤事故调查程序，编写轻伤事故调查报告。

12）根据生产安全事故实际情况，分析事故责任类型，编制事故防范措施，分析、排查、整改事故隐患。

第一节 安全生产管理基本理论与战略

一、安全生产管理理念

安全生产管理是全面落实科学发展观的必然要求，是建设和谐社会的迫切需要，是各级政府和生产经营单位做好安全生产工作的基础。

安全生产管理的目标是减少和控制危害，减少和控制事故，尽量避免生产过程中由于事故所造成的人身伤害、财产损失、环境污染以及其他损失。安全生产管理的基本对象是企业的员工，涉及企业中的所有人员、设备设施、物料、环境、财务、信息等各个方面。

安全管理工作方针：安全第一、预防为主、综合治理。

安全管理工作目标：建设本质安全型企业。

二、事故频发倾向理论

事故频发倾向理论是阐述企业工人中存在着个别人容易发生事故的、稳定的、个人的内在倾向的一种理论。

对于发生事故次数较多、可能是事故频发倾向者的人，可以通过一系列的心理学测试来判别，也可以通过对日常工人行为的观察来发现事故频发倾向者。一般来说，具有事故频发倾向的人在进行生产操作时往往精神动摇，注意力不能经常集中在操作上，因而不能适应迅速变化的外界条件。

事故频发倾向理论是早期的事故致因理论，不符合现代事故致因理论的理念。

三、事故因果连锁理论

1. 海因里希因果连锁理论

海因里希因果连锁理论又称海因里希模型或多米诺骨牌理论，该理论是由海因里希首先提出的，用以阐明导致伤亡事故的各种原因及与事故间的关系。该理论认为，伤亡事故的发生不是一个孤立的事件，尽管伤害可能在某瞬间突然发生，却是一系列事件相继发生的结果。

（1）过程　海因里希把工业伤害事故的发生、发展过程描述为具有一定因果关系的事件的连锁发生过程，即：

1）人员伤亡的发生是事故的结果。

2）事故的发生是由于人的不安全行为或物的不安全状态造成的。

3）人的不安全行为或物的不安全状态是由于人的缺点造成的。

4）人的缺点是由不良环境诱发的，或者是由先天的遗传因素造成的。

（2）模型　海因里希模型的五块骨牌依次是：①遗传及社会环境（M）。②人的缺点（P）。③人的不安全行为或物的不安全状态（H）。④事故（D）。⑤伤害（A）。

2. 现代因果连锁理论

博德（Frank Bird）在海因里希因果连锁理论的基础上，提出了现代因果连锁理论。博德的现代因果连锁理论认为：事故的直接原因是人的不安全行为、物的不安全状态；间接原因包括个人因素及与工作有关的因素。根本原因是管理的缺陷，即管理上存在的问题或缺陷是导致间接原因存在的原因，间接原因的存在又导致直接原因存在，最终导致事故发生。博德的现代因果连锁理论同样有五个因素：

（1）管理缺陷　对于大多数企业来说，由于各种原因，完全依靠工程技术措施预防事故既不经济也不现实，只能通过完善安全管理工作，经过较大的努力，才能防止事故的发生。企业管理者必须认识到，只要生产没有实现本质安全化，就有发生事故及伤害的可能性，因此，安全管理是企业管理的重要一环。

（2）个人及工作条件的原因　个人原因包括缺乏安全知识或技能，行为动机不正确，生理或心理有问题等；工作条件原因包括安全操作规程不健全，设备、材料不合适，以及存在温度、湿度、粉尘、气体、噪声、照明、工作场地状况（如打滑的地面、障碍物、不可靠支撑物）等有害作业环境因素。只有找出并控制这些原因，才能有效地防止后续原因的发生，从而防止事故的发生。

（3）直接原因　人的不安全行为或物的不安全状态是事故的直接原因。这种原因是安全管理中必须重点加以追究的原因。但是，直接原因只是一种表面现象，是深层次原因的表征。在实际工作中，不能停留在这种表面现象上，而要追究其背后隐藏的管理上的缺陷原因，并采取有效的控制措施，从根本上杜绝事故的发生。

（4）事故　这里的事故被看作人体或物体与超过其承受阈值的能量接触，或人体与妨碍正常生理活动的物质的接触。因此，防止事故就是防止接触。可以通过对装置、材料、工艺等的改进来防止能量的释放，或者操作者提高识别和回避危险的能力，佩戴个人防护用具等来防止接触。

（5）损失 人员伤害及财物损坏统称为损失。人员伤害包括工伤、职业病、精神创伤等。在许多情况下，可以采取恰当的措施使事故造成的损失最大限度地减小。例如，对受伤人员进行迅速正确的抢救，对设备进行抢修以及平时对有关人员进行应急训练等。

典型例题

例1：某公司锅炉送风机管路系统堵塞，仪表班班长带领两名青年员工用16.5MPa的二氧化碳气体，直接对堵塞的管路系统进行吹扫，造成非承压风量平衡桶突然爆裂，导致一青年员工腿骨骨折。按照博德现代因果连锁理论，这起事故的直接原因是（　　）。

A. 风量平衡桶材质强度不够　　　　　B. 用16.5MPa气体直接吹扫

C. 员工个体防护缺陷　　　　　　　　D. 青年员工安全意识淡薄

【答案】B。

例2：现代因果连锁理论是在（　　）的基础上提出来的。

A. 事故频发倾向理论　　　　　　　　B. 能量意外释放理论

C. 海因里希因果连锁理论　　　　　　D. 管理缺陷理论

【答案】C。

四、能量意外释放理论

1. 事故的连锁过程

能量意外释放理论从事故发生的物理本质出发，阐述了事故的连锁过程：由于管理失误引发的人的不安全行为和物的不安全状态及其相互作用，使不正常的或不希望的危险物质和能量释放，并转移于人体、设施，造成人员伤亡和（或）财产损失，事故可以通过减少能量和加强屏蔽来预防。能量意外释放理论描述的事故连锁示意图如图1-1所示。

2. 事故致因

1）接触了超过机体组织（或结构）抵抗力的某种形式的过量的能量。

2）有机体与周围环境的正常能量交换受到了干扰（如窒息、淹溺等）。

3. 能量转移造成事故的表现

机械能、电能、热能、化学能、电离及非电离辐射、声能和生物能等形式的能量，都可能导致人员伤害。其中，前四种形式的能量引起

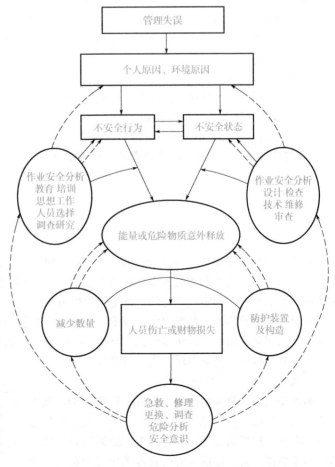

图1-1　能量意外释放理论描述的事故连锁示意图

的伤害最为常见。

4. 事故防范对策

从能量意外释放理论出发，预防伤害事故就是防止能量或危险物质的意外释放，防止人体与过量的能量或危险物质接触。在工业生产中经常采用的防止能量意外释放的屏蔽措施主要有以下几种：

1）用安全的能源代替不安全的能源。

2）限制能量。

3）防止能量蓄积。

4）控制能量释放。

5）延缓释放能量。

6）开辟释放能量的渠道。

7）设置屏蔽设施。

8）在人、物与能源之间设置屏障，在时间或空间上把能量与人隔离。

9）提高防护标准。

10）改变工艺流程。

11）修复或急救。

典型例题

某禽业公司厂房电气线路短路，引燃周围可燃物，燃烧产生的高温导致液氨储存设备和液氨管道发生物理爆炸，造成121人死亡、76人受伤。事故调查表明，导致该起事故的原因有：电气线路短路、工人安全意识差、随意堆放可燃物、车间作业环境不良、安全出口不畅和安全生产规章制度不健全，为了预防此类事故再次发生，该公司采取了以下的安全技术措施，其中符合能量意外释放理论观点的措施是（　　　）。

A. 健全安全生产规章制度，保持作业环境良好

B. 改善车间作业环境，疏通安全出口

C. 定期检查电气线路，增强员工的安全意识

D. 增强短路保护装置，提高液氨系统的可靠性

【答案】D。

五、轨迹交叉理论

1. 轨迹交叉理论的主要观点

在事故发展进程中，人的因素运动轨迹与物的因素运动轨迹的交点就是事故发生的时间和空间，即人的不安全行为和物的不安全状态发生于同一时间、同一空间或者说人的不安全行为与物的不安全状态相通，则将在此时间、此空间发生事故。

轨迹交叉理论作为一种事故致因理论，强调人的因素和物的因素在事故致因中占有同样重要的地位。按照该理论，可以通过避免人与物两种因素运动轨迹交叉，即避免人的不安全行为和物的不安全状态同时、同地出现，来预防事故的发生。

2. 轨迹交叉理论的作用原理

轨迹交叉理论将事故的发生发展过程描述为：基本原因→间接原因→直接原因→事故→伤害。从事故发展运动的角度，这样的过程被形容为事故致因因素导致事故的运动轨迹，具体包括人的因素运动轨迹和物的因素运动轨迹。轨迹交叉理论事故模型如图1-2所示。

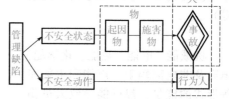

图1-2　轨迹交叉理论事故模型

典型例题

例1：某公司组织对供水系统进行安全检查，检查人员甲固执己见未听劝阻，在未佩戴防护用品条件下进入阀门井，下井后即晕倒在该井中，最终造成窒息死亡。事故调查发现，该公司未制定有限空间作业制度，阀门井在进行检查前已被污水污染，含有毒气体。下列有关该事故的说法中，符合轨迹交叉理论观点的是（   ）。

A. 违反安全规定和阀门井存在有毒气体共同作用导致事故发生
B. 阀门井受污染产生有毒气体是导致事故发生的主要原因
C. 甲性格偏执、不遵守规定是导致事故发生的根本原因
D. 该公司的有限空间作业制度缺失是导致事故发生的直接原因

【答案】A。

例2：某矿辅助运输环节复杂，运输事故比例较高。根据对提升事故致因的分析，发现一是由于提升运输的钢丝绳拦挡装置反应迟缓；二是由于矿工在斜井作业时，未能意识到自己的不安全行为。为了保障斜井提升运输的安全性，该矿井对斜井提升运输的安全防护装置进行了智能化改造，同时强化职工安全意识，避免不安全行为发生。上述对事故致因的分析及其采取的措施符合（   ）。

A. 事故频发倾向理论
B. 能量意外释放理论
C. 轨迹交叉理论
D. 海因里希事故连锁理论

【答案】C。

六、系统安全理论

1. 系统安全理论的含义

系统安全是指在系统生命周期内应用系统安全工程和系统安全管理方法，辨识系统中的隐患，并采取有效的控制措施使其危险性最小，从而使系统在规定的性能、时间和成本范围内达到最佳的安全程度。系统安全是人们为解决复杂系统的安全性问题而开发、研究出来的安全理论和方法体系，是系统工程与安全工程结合的完美体现。

系统安全的基本原则就是在一个新系统的构思阶段就必须考虑其安全性的问题，制定并执行安全工作规划（系统安全活动），属于事前分析和预先的防护，与传统的事后分析并积累事故经验的思路截然不同。系统安全活动贯穿于生命整个系统生命周期，直到系统报废为止。

2. 系统安全理论的观点

按照系统安全的观点，世界上不存在绝对安全的事物，任何人类活动中都潜伏着危险因素。能够造成事故的潜在危险因素称为危险源，它们是一些物的故障、人的失误、不良的环境因素等。某种危险源造成人员伤害或物质损失的可能性称为危险性，它可以用危险度来度量。

典型例题

系统安全活动属于（   ）的防护，与传统的事后分析并积累事故经验的思路截然不同。系统安全活动贯穿于整个系统生命周期，直到系统报废为止。

A. 事前分析
B. 事中分析
C. 事后分析
D. 事前分析和事后分析结合

【答案】A。

七、安全生产管理原则

（一）系统原理运用的原则

系统原理主张运用系统的观点、理论和方法对管理活动进行系统分析，以达到管理的优化目

标。任何社会组织都是由人、物、信息组成的系统，任何管理都是对系统的管理。运用系统原理应遵循下列原则：

（1）动态相关性原则　动态相关性原则是指任何企业管理系统的正常运转，不仅要受到系统本身条件的限制和制约，还要受到其他有关系统的影响和制约，并随着时间、地点以及人们的不同努力程度而发生变化。如果管理系统的各要素都处于静止状态，就不会发生事故。

（2）整分合原则　整分合原则的基本要求是充分发挥各要素的潜力，提高企业的整体功能，即首先要从整体功能和整体目标出发，对管理对象有一个全面的了解和规划；其次，要在整体规划下实行明确的、必要的分工或分解；最后，在分工或分解的基础上，建立内部横向联系或协作，使系统协调配合、综合平衡地运行。整分合原则要求企业管理者在制定整体目标和进行宏观决策时，必须将安全生产纳入其中，在考虑资金、人员和体系时，都必须将安全生产作为一项重要内容考虑。

（3）反馈原则　反馈是控制过程中对控制机构的反作用。成功、高效的管理，离不开灵活、准确、快速的反馈。

（4）封闭原则　封闭原则是指在任何一个管理系统内部，管理手段、管理过程等必须构成一个连续封闭的回路，才能形成有效的管理活动。封闭原则的基本精神是企业系统内各种管理机构之间，各种管理制度、方法之间，必须具有相互制约的管理，管理才能有效。

（二）人本原理运用的原则

人本原理就是以人为本的原理，它要求人们在管理活动中坚持一切以人为核心，以人的权利为根本，强调人的主观能动性，力求实现人的全面、自由发展。其实质就是充分肯定人在管理活动中的主体地位和作用。运用人本原理应遵循下列原则：

（1）激励原则　激励—保健因素理论是美国的行为科学家弗雷德里克·赫茨伯格（Fredrick Herzberg）提出来的，又称双因素理论。这是激励原则的理论根源。他告诉我们，满足人类各种需求产生的效果通常是不一样的。物质需求的满足是必要的，没有它会导致不满，但是仅仅满足物质需求又是远远不够的，即使获得满足，它的作用往往是很有限的，不能持久。要调动人的积极性，不仅要注意物质利益和工作条件等外部因素，更重要的是要从精神上给予鼓励，使员工从内心情感上真正得到满足。

（2）行为原则　现代管理心理学强调，需要与动机是决定人的行为的基础，人类的行为规律是需要决定动机，动机产生行为，行为指向目标，目标完成需要得到满足，于是又产生新的需要、动机、行为，以实现新的目标。掌握了这一规律，管理者就应该对自己的下属行为进行行之有效的科学管理，最大限度挖掘员工的潜能。

（3）能级原则　所谓能级原则是指根据人的能力大小，赋予相应的权力和责任，使组织的每一个人都各司其职，以此来保持和发挥组织的整体效用。现代管理学认为，单位和个人都具有一定的能量，并且可以按照能量的大小顺序排列，形成管理的能级，就像原子中电子的能级一样。在管理系统中，建立一套合理能级，根据单位和个人能量的大小安排其工作，发挥不同能级的能量，保证结构的稳定性和管理的有效性，这就是能级原则。

（4）动力原则　现代管理学理论总结了三个方面的动力来源：物质动力、精神动力、信息动力。物质动力是指管理系统中员工获得的经济利益以及组织内部的分配机制和激励机制；精神动力包括革命的理想、事业的追求、高尚的情操、理论或学术研究、科技或目标成果的实现等，特别是人生观、道德观的动力作用，将能够影响人的终生；为员工提供大量的信息，通过信息资料的收集、分析与整理，得出科学成果，创造社会效益，使人产生成就感，这是信息动力的体现。推动管理活动的基本力量是人，管理必须有能够激发人的工作能力的动力，这就是动力原则。

（三）预防原理运用的原则

预防是指通过有效的管理手段和技术手段，减少和防止人的不安全行为和物的不安全状态，使事故发生的概率降到最低。运用预防原理应遵循下列原则：

（1）偶然损失原则　事故后果以及后果的严重程度，都是随机的、难以预测的。反复发生的同类事故，并不一定产生完全相同的后果，这就是事故损失的偶然性。偶然损失原则告诉我们，无论事故损失的大小，都必须做好预防工作。

（2）因果关系原则　因果关系原则告诉我们，事故的发生是许多因素互为因果连续发生的最终结果，只要诱发事故的因素存在，发生事故是必然的，只是时间或迟或早而已。

（3）3E原则　3E原则是指工程技术（Engineering）对策、教育（Education）对策和强制管理（Enforcement）对策。

（4）本质安全化原则　本质安全化原则是指从一开始和从本质上实现安全化，从根本上消除事故发生的可能性，从而达到预防事故发生的目的。

（四）强制原理运用的原则

强制就是绝对服从，不必经被管理者同意便可采取控制行动。运用强制原理应遵循下列原则：

（1）安全第一原则　安全第一就是要求在进行生产和其他工作时把安全工作放在一切工作的首要位置。当生产和其他工作与安全发生矛盾时，要以安全为主，生产和其他工作要服从于安全。

（2）监督原则　监督原则是指在安全工作中，为了使安全生产法律法规得到落实，必须明确安全生产监督职责，对企业生产中的守法和执法情况进行监督。

典型例题

某企业新一届领导班子运用现代企业管理理念，在制定总体目标和进行宏观决策时，将安全生产作为一项重要内容纳入顶层设计，将安全生产总体目标进行了逐级布置，这种做法符合安全生产管理原理中的（　　）。

A. 行为原则　　　　B. 整分合原则　　　　C. 因果关系原则　　　　D. 能级原则

【答案】B。

八、中共中央国务院关于推进安全生产领域改革发展的意见

安全生产是关系人民群众生命财产安全的大事，是经济社会协调健康发展的标志，是党和政府对人民利益高度负责的要求。党中央、国务院历来高度重视安全生产工作，党的十八大以来做出一系列重大决策部署，推动全国安全生产工作取得积极进展。同时也要看到，当前我国正处在工业化、城镇化持续推进过程中，生产经营规模不断扩大，传统和新型生产经营方式并存，各类事故隐患和安全风险交织叠加，安全生产基础薄弱、监管体制机制和法律制度不完善、企业主体责任落实不力等问题依然突出，生产安全事故易发多发，尤其是重特大安全事故频发势头尚未得到有效遏制，一些事故发生呈现由高危行业领域向其他行业领域蔓延趋势，直接危及生产安全和公共安全。为进一步加强安全生产工作，现就推进安全生产领域改革发展提出如下意见。

（一）总体要求

1. 指导思想

全面贯彻党的十八大和十八届三中、四中、五中、六中全会精神，以邓小平理论、"三个代表"重要思想、科学发展观为指导，深入贯彻习近平总书记系列重要讲话精神和治国理政新理念

新思想新战略。进一步增强"四个意识"，紧紧围绕统筹推进"五位一体"总体布局和协调推进"四个全面"战略布局，牢固树立新发展理念，坚持安全发展，坚守发展决不能以牺牲安全为代价这条不可逾越的红线，以防范遏制重特大生产安全事故为重点，坚持安全第一、预防为主、综合治理的方针，加强领导、改革创新，协调联动、齐抓共管，着力强化企业安全生产主体责任，着力堵塞监督管理漏洞，着力解决不遵守法律法规的问题，依靠严密的责任体系、严格的法治措施、有效的体制机制、有力的基础保障和完善的系统治理，切实增强安全防范治理能力，大力提升我国安全生产整体水平，确保人民群众安康幸福、共享改革发展和社会文明进步成果。

2. 基本原则

1）坚持安全发展。
2）坚持改革创新。
3）坚持依法监管。
4）坚持源头防范。
5）坚持系统治理。

3. 目标任务

到 2020 年，安全生产监管体制机制基本成熟，法律制度基本完善，全国生产安全事故总量明显减少，职业病危害防治取得积极进展，重特大生产安全事故频发势头得到有效遏制，安全生产整体水平与全面建成小康社会目标相适应。到 2030 年，实现安全生产治理体系和治理能力现代化，全民安全文明素质全面提升，安全生产保障能力显著增强，为实现中华民族伟大复兴的中国梦奠定稳固可靠的安全生产基础。

（二）健全落实安全生产责任制

1）明确地方党委和政府领导责任。
2）明确部门监管责任。
3）严格落实企业主体责任。
4）健全责任考核机制。
5）严格责任追究制度。

（三）改革安全监管监察体制

1）完善监督管理体制。
2）改革重点行业领域安全监管监察体制。
3）进一步完善地方监管执法体制。
4）健全应急救援管理体制。

（四）大力推进依法治理

1）健全法律法规体系。
2）完善标准体系。
3）严格安全准入制度。
4）规范监管执法行为。
5）完善执法监督机制。
6）健全监管执法保障体系。
7）完善事故调查处理机制。

（五）建立安全预防控制体系

1）加强安全风险管控。
2）强化企业预防措施。
3）建立隐患治理监督机制。
4）强化城市运行安全保障。
5）加强重点领域工程治理。
6）建立完善职业病防治体系。

（六）加强安全基础保障能力建设

1）完善安全投入长效机制。
2）建立安全科技支撑体系。
3）健全社会化服务体系。
4）发挥市场机制推动作用。
5）健全安全宣传教育体系。

典型例题

《中共中央国务院关于推进安全生产领域改革发展的意见》提出的安全生产的基本原则包括
（　　）。

A. 坚持改革创新　　　　　　　　　B. 坚持安全发展
C. 坚持依法监管　　　　　　　　　D. 坚持集中治理
E. 坚持源头防范
【答案】ABCE。

第二节　安全生产规章制度

一、综合安全管理制度（图1-3）

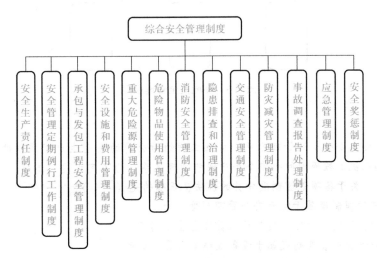

图1-3　综合安全管理制度

二、人员安全管理制度（图1-4）

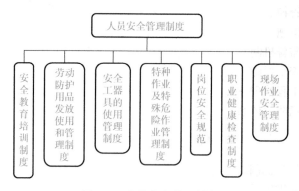

图1-4　人员安全管理制度

三、设备设施安全管理制度（图1-5）

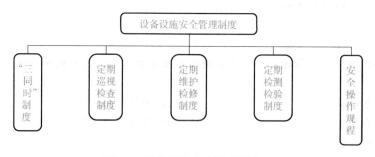

图1-5　设备设施安全管理制度

四、环境安全管理制度（图1-6）

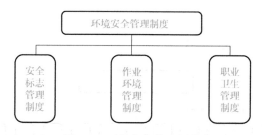

图1-6　环境安全管理制度

典型例题

某公司为了提高安全生产管理水平，成立工作组对公司的安全生产规章制度进行系统梳理，按照安全系统和人机工程原理健全安全生产规章制度体系。为了完成这项工作，工作组召开会议进行了专题研究。关于各项管理制度分类的说法，正确的是（　　）。

A. 安全标志管理制度属于综合安全管理制度

B. 安全工器具的使用管理制度属于人员安全管理制度

C. 安全设施和费用管理制度属于设备设施安全管理制度

D. 现场作业安全管理制度属于环境安全管理制度

【答案】B。

第三节　安全操作规程和安全技术措施

一、安全操作规程

安全操作规程是为了保证安全生产而制定的，操作者必须遵守的操作活动规则。它是根据企业的生产性质、机器设备的特点和技术要求，结合具体情况及群众经验制定出的安全操作守则。

安全操作规程是规定操作过程该干什么，不该干什么，或设备应该处于什么样的状态，是操作人员正确操作设备的依据，是保证设备安全运行的规范，对提高设备可利用率、防止故障和事故发生、延长设备使用寿命等起着重要作用。

安全操作规程包括设备安全管理规程、安全技术要求和操作过程规定。设备安全管理规程主要是对设备使用过程中的维修保养、安全检查、安全检测和档案规定等的规定；安全技术要求是对设备应处于什么样的技术状态所做的规定；操作过程规定是对操作程序、过程安全要求的规定，是岗位安全操作规程的核心。

典型例题

安全操作规程包括设备安全管理规程、设备安全技术要求和（　　　）。

A. 操作过程规定　　　　　　　　　　B. 维修保养规程
C. 安全检测规程　　　　　　　　　　D. 操作过程规程

【答案】A。

二、安全技术措施

（一）防止事故发生的安全技术措施

常用的防止事故发生的安全技术措施有消除危险源、限制能量或危险物质、隔离、故障—安全设计、减少故障和失误。

（二）减少事故损失的安全技术措施

常用的减少事故损失的安全技术措施有隔离、设置薄弱环节、个体防护、避难与救援。

（三）安全技术措施计划

1. 含义

安全技术措施计划是生产经营单位生产财务计划的一个组成部分，是改善生产经营单位生产条件，有效防止事故和职业病的重要保证制度。生产经营单位为了保证安全资金的有效投入，应编制安全技术措施计划。

2. 编制原则

（1）必要性和可行性原则　编制计划时，一方面要考虑安全生产的实际需要，另一方面还要考虑技术可行性与经济承受能力。

（2）自力更生与勤俭节约的原则　编制计划时，要注意充分利用现有的设备和设施，挖掘潜力，讲求实效。

（3）轻重缓急与统筹安排的原则　对影响最大、危险性最大的项目应优先考虑，逐步有计划地解决。

（4）领导和群众相结合的原则　加强领导，依靠群众，使计划切实可行，以便顺利实施。

3. 项目范围

安全技术措施计划项目范围包括以改善企业劳动条件、防止工伤事故和职业病为目的的一切技术措施。

在安全技术措施计划编制过程中，涉及的某些项目可能既与改善作业环境、保证劳动者安全健康有关，也与生产经营、消防或福利设施相关，对此必须进行区分，避免将所有这些项目都列入安全技术措施计划内。区分时应注意以下几点：

1）安全技术措施与改进生产措施，应根据措施的主要目的和效果加以区分。有些措施项目虽与安全有关，但从改进生产的观点看，又是直接需要的措施，不应列入安全技术措施计划中，而应列入生产经营计划中。

2）企业在新建、扩建、改建、技术改造时，应将所需的安全技术措施列入工程项目内，不得列为安全技术措施项目。安全技术问题得到解决才能投入使用。

3）制造新机器设备时，应包括该机器设备所需的安全防护装置，由制造单位负责，不得列为安全技术措施项目。

4）企业采取新的技术措施或采用新设备时，其相应必须解决的安全技术措施，应视为该项技术组织措施不可缺少的组成部分，不属于安全技术措施项目。

5）机器设备检修与保证工人安全相关，但其主要目的在于保证机器设备正常运转、延长机器寿命，不应列为安全技术措施项目。

6）厂房的坚固与否与工人安全紧密相关，但厂房修理不应列为安全技术措施项目。如果厂房有倒塌危险时，安全技术人员可以建议修理，其费用由一般修理费开支。

7）辅助房屋及设施与集体福利设施要严格区分。如公共食堂、公共浴室、托儿所、疗养所等，这些福利设施对于保护工人在生产中的安全和健康，并没有直接关系，不应列为安全技术措施项目。

8）个人防护用品及专用肥皂、药品、饮料等属于劳动保护日常开支，不列为安全技术措施项目。

9）纯属消防行政的措施，不应列为安全技术措施项目。但在生产过程中所采取的一些防火防爆措施，特别是在化工生产中与安全技术密切相关的措施，可根据具体情况处理。

典型例题

例1：某建设企业为提高现场安全文明施工水平，推进安全生产标准化建设，采取了一系列安全技术措施和安全管理措施。下列措施中，属于防止事故发生的安全技术措施是（　　）。

A. 严格安全技术交底，执行"三宝""四口"制度

B. 设置醒目安全标语，临街建筑物的护身板上设置红色标志灯

C. 机械设备均安装安全防护装置，提升机安装防过顶、防坠保护装置

D. 特殊工种均持有上级主管单位考核的合格证，一律持证上岗

【答案】C。

例2：某企业夜班生产期间，工人正在对不合格的产品进行回溶操作。张某将回溶容积槽盖板去掉，用挡鼠板横置在容积槽口上作为"踏板"使用，由于临时"踏板"未固定，操作过程发生滑动致使张某跌入容积槽中，左小腿被运转的螺杆泵卷入，该企业为了避免此类事故再次发生，制定了相应的整改措施。下列整改措施中，属于防止事故发生的安全技术措施是（　　）。

A. 完善产品回溶操作规程　　　　　　　B. 加强个体防护

C. 在容积槽上安装回溶扣　　　　　　　D. 制定并严格落实执行管理制度

【答案】C。

第四节 安全生产教育培训管理

一、安全生产教育培训基本规定

《安全生产法》第二十七条规定，生产经营单位的主要负责人和安全生产管理人员必须具备与本单位所从事的生产经营活动相应的安全生产知识和管理能力。

危险物品的生产、经营、储存、装卸单位以及矿山、金属冶炼、建筑施工、运输单位的主要负责人和安全生产管理人员，应当由主管的负有安全生产监督管理职责的部门对其安全生产知识和管理能力考核合格。考核不得收费。

危险物品的生产、储存、装卸单位以及矿山、金属冶炼单位应当有注册安全工程师从事安全生产管理工作。鼓励其他生产经营单位聘用注册安全工程师从事安全生产管理工作。注册安全工程师按专业分类管理，具体办法由国务院人力资源和社会保障部门、国务院应急管理部门会同国务院有关部门制定。

《安全生产法》第二十八条规定，生产经营单位应当对从业人员进行安全生产教育和培训，保证从业人员具备必要的安全生产知识，熟悉有关的安全生产规章制度和安全操作规程，掌握本岗位的安全操作技能，了解事故应急处理措施，知悉自身在安全生产方面的权利和义务。未经安全生产教育和培训合格的从业人员，不得上岗作业。

生产经营单位使用被派遣劳动者的，应当将被派遣劳动者纳入本单位从业人员统一管理，对被派遣劳动者进行岗位安全操作规程和安全操作技能的教育和培训。劳务派遣单位应当对被派遣劳动者进行必要的安全生产教育和培训。

生产经营单位应当建立安全生产教育和培训档案，如实记录安全生产教育和培训的时间、内容、参加人员以及考核结果等情况。

《安全生产法》第二十九条规定，生产经营单位采用新工艺、新技术、新材料或者使用新设备，必须了解、掌握其安全技术特性，采取有效的安全防护措施，并对从业人员进行专门的安全生产教育和培训。

《安全生产法》第三十条规定，生产经营单位的特种作业人员必须按照国家有关规定经专门的安全作业培训，取得相应资格，方可上岗作业。

特种作业人员的范围由国务院负责应急管理部门会同国务院有关部门确定。

《安全生产法》第五十八条规定，从业人员应当接受安全生产教育和培训，掌握本职工作所需的安全生产知识，提高安全生产技能，增强事故预防和应急处理能力。

二、对主要负责人、安全生产管理人员的安全教育培训

1. 初次培训的主要内容

《生产经营单位安全培训规定》第七条规定，生产经营单位主要负责人安全培训应当包括下列内容：

1）国家安全生产方针、政策和有关安全生产的法律、法规、规章及标准。
2）安全生产管理基本知识、安全生产技术、安全生产专业知识。
3）重大危险源管理、重大事故防范、应急管理和救援组织以及事故调查处理的有关规定。
4）职业危害及其预防措施。
5）国内外先进的安全生产管理经验。
6）典型事故和应急救援案例分析。

7）其他需要培训的内容。

《生产经营单位安全培训规定》第八条规定，生产经营单位安全生产管理人员安全培训应当包括下列内容：

1）国家安全生产方针、政策和有关安全生产的法律、法规、规章及标准。

2）安全生产管理、安全生产技术、职业卫生等知识。

3）伤亡事故统计、报告及职业危害的调查处理方法。

4）应急管理、应急预案编制以及应急处置的内容和要求。

5）国内外先进的安全生产管理经验。

6）典型事故和应急救援案例分析。

7）其他需要培训的内容。

2. 培训时间

《生产经营单位安全培训规定》第九条规定，生产经营单位主要负责人和安全生产管理人员初次安全培训时间不得少于32学时。每年再培训时间不得少于12学时。

煤矿、非煤矿山、危险化学品、烟花爆竹、金属冶炼等生产经营单位主要负责人和安全生产管理人员初次安全资格培训时间不得少于48学时。每年再培训时间不得少于16学时。

典型例题

根据《生产经营单位安全培训规定》的规定，生产经营单位主要负责人和安全生产管理人员初次安全培训时间不得少于（　　）学时。

A. 12　　　　　　　B. 24　　　　　　　C. 32　　　　　　　D. 48

【答案】C。

三、对特种作业人员的安全教育培训

1. 基本规定

《特种作业人员安全技术培训考核管理规定》第五条规定，特种作业人员必须经专门的安全技术培训并考核合格，取得特种作业操作证后，方可上岗作业。

《特种作业人员安全技术培训考核管理规定》第六条规定，特种作业人员的安全技术培训、考核、发证、复审工作实行统一监管、分级实施、教考分离的原则。

2. 培训

《特种作业人员安全技术培训考核管理规定》第九条规定，特种作业人员应当接受与其所从事的特种作业相应的安全技术理论培训和实际操作培训。

已经取得职业高中、技工学校及中专以上学历的毕业生从事与其所学专业相应的特种作业，持学历证明经考核发证机关同意，可以免予相关专业的培训。

跨省、自治区、直辖市从业的特种作业人员，可以在户籍所在地或者从业所在地参加培训。

3. 复审

《特种作业人员安全技术培训考核管理规定》第十九条规定，特种作业操作证有效期为6年，在全国范围内有效。特种作业操作证由安全监管总局统一式样、标准及编号。

《特种作业人员安全技术培训考核管理规定》第二十一条规定，特种作业操作证每3年复审1次。特种作业人员在特种作业操作证有效期内，连续从事本工种10年以上，严格遵守有关安全生产法律法规的，经原考核发证机关或者从业所在地考核发证机关同意，特种作业操作证的复审时间可以延长至每6年1次。

《特种作业人员安全技术培训考核管理规定》第二十三条规定，特种作业操作证申请复审或者延期复审前，特种作业人员应当参加必要的安全培训并考试合格。安全培训时间不少于8个学

时，主要培训法律、法规、标准、事故案例和有关新工艺、新技术、新装备等知识。

《特种作业人员安全技术培训考核管理规定》第二十四条规定，申请复审的，考核发证机关应当在收到申请之日起20个工作日内完成复审工作。复审合格的，由考核发证机关签章、登记，予以确认；不合格的，说明理由。申请延期复审的，经复审合格后，由考核发证机关重新颁发特种作业操作证。

《特种作业人员安全技术培训考核管理规定》第二十六条规定，再复审、延期复审仍不合格，或者未按期复审的，特种作业操作证失效。

典型例题

根据《特种作业人员安全技术培训考核管理规定》的规定，特种作业操作证（　　）复审1次。

A. 每年　　　　　　　B. 每2年　　　　　　　C. 每3年　　　　　　　D. 每4年

【答案】C。

四、对其他从业人员的安全教育培训

（一）培训内容

1. 新员工上岗前的三级安全教育

《生产经营单位安全培训规定》第十四条规定，厂（矿）级岗前安全培训内容应当包括：

1）本单位安全生产情况及安全生产基本知识。

2）本单位安全生产规章制度和劳动纪律。

3）从业人员安全生产权利和义务。

4）有关事故案例等。

《生产经营单位安全培训规定》第十五条规定，车间（工段、区、队）级岗前安全培训内容应当包括：

1）工作环境及危险因素。

2）所从事工种可能遭受的职业伤害和伤亡事故。

3）所从事工种的安全职责、操作技能及强制性标准。

4）自救互救、急救方法、疏散和现场紧急情况的处理。

5）安全设备设施、个人防护用品的使用和维护。

6）本车间（工段、区、队）安全生产状况及规章制度。

7）预防事故和职业危害的措施及应注意的安全事项。

8）有关事故案例。

9）其他需要培训的内容。

《生产经营单位安全培训规定》第十六条规定，班组级岗前安全培训内容应当包括：

1）岗位安全操作规程。

2）岗位之间工作衔接配合的安全与职业卫生事项。

3）有关事故案例。

4）其他需要培训的内容。

2. 调整工作岗位或离岗后重新上岗安全教育培训

《生产经营单位安全培训规定》第十七条规定，从业人员在本生产经营单位内调整工作岗位或离岗一年以上重新上岗时，应当重新接受车间（工段、区、队）和班组级的安全培训。

生产经营单位采用新工艺、新技术、新材料或者使用新设备时，应当对有关从业人员重新进行有针对性的安全培训。

3. 岗位安全教育培训

岗位安全教育培训主要包括日常安全教育培训、定期安全考试和专题安全教育培训三个方面。

日常安全教育培训工作，主要以车间、班组为单位组织开展，重点是安全操作规程的学习培训，安全生产规章制度的学习培训，作业岗位安全风险辨识培训，事故案例教育。

定期安全考试，是指生产经营单位组织的定期安全工作规程、规章制度、事故案例的学习和培训，学习培训的方式较为灵活，但考试统一组织。

专题安全教育培训开展的内容有：三新安全教育培训、法律法规及规章制度培训、事故案例培训、安全知识竞赛等。

（二）培训时间

《生产经营单位安全培训规定》第十三条规定，生产经营单位新上岗的从业人员，岗前培训时间不得少于24学时。

煤矿、非煤矿山、危险化学品、烟花爆竹、金属冶炼等生产经营单位新上岗的从业人员安全培训时间不得少于72学时，每年接受再培训的时间不得少于20学时。

典型例题

某公司员工甲在工作中发生轻伤，休工30d后又回到原工作岗位继续工作。在复岗前甲需要接受（　　）安全教育培训。

A. 公司级、车间级、班组级　　　　　B. 车间级、班组级

C. 车间级　　　　　　　　　　　　　D. 班组级

【答案】C。

第五节　安全生产检查与隐患排查治理

一、安全生产检查

1. 安全生产检查的含义

安全生产检查是生产经营单位安全生产管理的重要内容，其工作重点是辨识安全生产管理工作存在的漏洞和死角，检查生产现场安全防护设施、作业环境是否存在不安全状态，现场作业人员的行为是否符合安全规范，以及设备、系统运行状况是否符合现场规程的要求等。

2. 安全生产检查的目的

安全检查制度是清除隐患、防止事故、改善劳动条件的重要手段，是企业安全生产管理工作的一项重要内容。通过安全检查可以发现企业及生产过程中的危险因素，以便有计划地采取措施，保证安全生产。

3. 安全生产检查的方式

检查方式有企业组织的定期安全生产检查，经常性安全生产检查，季节性安全生产检查，节假日前后的安全生产检查，专业（项）安全生产检查，综合性安全生产检查，职工代表不定期对安全生产的巡查。

4. 安全生产检查的内容

安全生产检查的内容包括查思想、查意识、查制度、查管理、查事故处理、查隐患、查整改；查生产设备、查辅助设施、查安全设施、查作业环境。

对于危险性大、易发事故、事故危害大的生产系统、部位、装置、设备等应加强检查。一般

应重点检查：易造成重大损失的易燃易爆危险物品、剧毒品、锅炉、压力容器、起重设备、运输设备、冶炼设备、电气设备、冲压机械、高处作业和本企业易发生工伤、火灾、爆炸等事故的设备、工种、场所及其作业人员；易造成职业中毒或职业病的尘毒产生点及其岗位作业人员；直接管理的重要危险点和有害点的部门及其负责人。

对非矿山企业，目前国家有关规定要求强制性检查的项目有：锅炉、压力容器、压力管道、高压医用氧舱、起重机、电梯、自动扶梯、施工升降机、简易升降机、防爆电器、厂内机动车辆、客运索道、游艺机及游乐设施等；作业场所的粉尘、噪声、振动、辐射、高温低温和有毒物质的浓度等。

5. 安全生产检查的方法

（1）常规检查　主要依靠安全检查人员的经验和能力，检查的结果直接受安全检查人员个人素质的影响。

（2）安全检查表法　检查表的内容一般包括分类项目、检查内容及要求、检查以后处理意见等。编制安全检查表应依据国家有关法律法规，生产经营单位现行有效的有关标准、规程、管理制度，有关事故教训，生产经营单位安全管理文化、理念，事故技术措施和安全措施计划，季节性、地理、气候特点等。

（3）仪器检查及数据分析法　对没有在线数据检测系统的机器、设备、系统，只能通过仪器检查法来进行定量化的检验与测量。

◆ 典型例题

安全生产检查具体内容应本着突出重点的原则进行确定，对于危险性大、危害大的生产系统、装置、设备、环境等应加强检查，为了切实做好安全检查工作，国家出台了有关规定。对非矿山企业，下列属于国家有关规定要求强制性检查的项目是（　　　）。

A. 电器安全保护装置　　　　　　　　B. 防尘口罩或面罩
C. 作业场所的高温　　　　　　　　　D. 防噪声耳塞耳罩
【答案】C。

二、隐患排查治理

1. 安全生产事故隐患的含义及分类

《安全生产事故隐患排查治理暂行规定》（国家安全生产监督管理总局令第16号）第三条规定，安全生产事故隐患（以下简称事故隐患）是指生产经营单位违反安全生产法律、法规、规章、标准、规程和安全生产管理制度的规定，或者因其他因素在生产经营活动中存在可能导致事故发生的物的危险状态、人的不安全行为和管理上的缺陷。

事故隐患分为一般事故隐患和重大事故隐患。一般事故隐患是指危害和整改难度较小，发现后能够立即整改排除的隐患。重大事故隐患是指危害和整改难度较大，应当全部或者局部停产停业，并经过一定时间整改治理方能排除的隐患，或者因外部因素影响致使生产经营单位自身难以排除的隐患。

2. 生产经营单位的职责

《安全生产事故隐患排查治理暂行规定》（国家安全生产监督管理总局令第16号）第七条～第十八条规定，生产经营单位应承担以下职责：

1）生产经营单位应当依照法律、法规、规章、标准和规程的要求从事生产经营活动。严禁非法从事生产经营活动。

2）生产经营单位是事故隐患排查、治理和防控的责任主体。生产经营单位应当建立健全事故隐患排查治理和建档监控等制度，逐级建立并落实从主要负责人到每个从业人员的隐患排查治理和监控责任制。

3）生产经营单位应当保证事故隐患排查治理所需的资金，建立资金使用专项制度。

4）生产经营单位应当定期组织安全生产管理人员、工程技术人员和其他相关人员排查本单位的事故隐患。对排查出的事故隐患，应当按照事故隐患的等级进行登记，建立事故隐患信息档案，并按照职责分工实施监控治理。

5）生产经营单位应当建立事故隐患报告和举报奖励制度，鼓励、发动职工发现和排除事故隐患，鼓励社会公众举报。对发现、排除和举报事故隐患的有功人员，应当给予物质奖励和表彰。

6）生产经营单位将生产经营项目、场所、设备发包、出租的，应当与承包、承租单位签订安全生产管理协议，并在协议中明确各方对事故隐患排查、治理和防控的管理职责。生产经营单位对承包、承租单位的事故隐患排查治理负有统一协调和监督管理的职责。

7）安全监管监察部门和有关部门的监督检查人员依法履行事故隐患监督检查职责时，生产经营单位应当积极配合，不得拒绝和阻挠。

8）生产经营单位应当每季、每年对本单位事故隐患排查治理情况进行统计分析，并分别于下一季度15日前和下一年1月31日前向安全监管监察部门和有关部门报送书面统计分析表。统计分析表应当由生产经营单位主要负责人签字。

对于重大事故隐患，生产经营单位除依照相应规定报送外，应当及时向安全监管监察部门和有关部门报告。重大事故隐患报告内容应当包括：

①隐患的现状及其产生原因。

②隐患的危害程度和整改难易程度分析。

③隐患的治理方案。

9）对于一般事故隐患，由生产经营单位（车间、分厂、区队等）负责人或者有关人员立即组织整改。

对于重大事故隐患，由生产经营单位主要负责人组织制定并实施事故隐患治理方案。重大事故隐患治理方案应当包括以下内容：

①治理的目标和任务。

②采取的方法和措施。

③经费和物资的落实。

④负责治理的机构和人员。

⑤治理的时限和要求。

⑥安全措施和应急预案。

10）生产经营单位在事故隐患治理过程中，应当采取相应的安全防范措施，防止事故发生。事故隐患排除前或者排除过程中无法保证安全的，应当从危险区域内撤出作业人员，并疏散可能危及的其他人员，设置警戒标志，暂时停产停业或者停止使用；对暂时难以停产或者停止使用的相关生产储存装置、设施、设备，应当加强维护和保养，防止事故发生。

11）生产经营单位应当加强对自然灾害的预防。对于因自然灾害可能导致事故灾难的隐患，应当按照有关法律、法规、标准和本规定的要求排查治理，采取可靠的预防措施，制定应急预案。在接到有关自然灾害预报时，应当及时向下属单位发出预警通知；发生自然灾害可能危及生产经营单位和人员安全的情况时，应当采取撤离人员、停止作业、加强监测等安全措施，并及时向当地人民政府及其有关部门报告。

12）地方人民政府或者安全监管监察部门及有关部门挂牌督办并责令全部或者局部停产停业治理的重大事故隐患，治理工作结束后，有条件的生产经营单位应当组织本单位的技术人员和专家对重大事故隐患的治理情况进行评估；其他生产经营单位应当委托具备相应资质的安全评价机构对重大事故隐患的治理情况进行评估。

经治理后符合安全生产条件的，生产经营单位应当向安全监管监察部门和有关部门提出恢复生产的书面申请，经安全监管监察部门和有关部门审查同意后，方可恢复生产经营。申请报告应当包括治理方案的内容、项目和安全评价机构出具的评价报告等。

3. 监督管理

《安全生产事故隐患排查治理暂行规定》（国家安全生产监督管理总局令第16号）第十九条～第二十三条规定，安全监管监察部门的监督管理包括以下内容：

1）安全监管监察部门应当指导、监督生产经营单位按照有关法律、法规、规章、标准和规程的要求，建立健全事故隐患排查治理等各项制度。

2）安全监管监察部门应当建立事故隐患排查治理监督检查制度，定期组织对生产经营单位事故隐患排查治理情况开展监督检查；应当加强对重点单位的事故隐患排查治理情况的监督检查。对检查过程中发现的重大事故隐患，应当下达整改指令书，并建立信息管理台账。必要时，报告同级人民政府并对重大事故隐患实行挂牌督办。

安全监管监察部门应当配合有关部门做好对生产经营单位事故隐患排查治理情况开展的监督检查，依法查处事故隐患排查治理的非法和违法行为及其责任者。

安全监管监察部门发现属于其他有关部门职责范围内的重大事故隐患的，应该及时将有关资料移送有管辖权的有关部门，并记录备查。

3）已经取得安全生产许可证的生产经营单位，在其被挂牌督办的重大事故隐患治理结束前，安全监管监察部门应当加强监督检查。必要时，可以提请原许可证颁发机关依法暂扣其安全生产许可证。

4）安全监管监察部门应当会同有关部门把重大事故隐患整改纳入重点行业领域的安全专项整治中加以治理，落实相应责任。

5）对挂牌督办并采取全部或者局部停产停业治理的重大事故隐患，安全监管监察部门收到生产经营单位恢复生产的申请报告后，应当在10日内进行现场审查。审查合格的，对事故隐患进行核销，同意恢复生产经营；审查不合格的，依法责令改正或者下达停产整改指令。对整改无望或者生产经营单位拒不执行整改指令的，依法实施行政处罚；不具备安全生产条件的，依法提请县级以上人民政府按照国务院规定的权限予以关闭。

典型例题

例1：某市应急管理部门检查某小型采石场，发现存在严重的"神仙岩""一面墙"等重大事故隐患，监管人员责令该采石场立即停产整顿，但该采石场负责人自认为采石经验丰富，拒不停产整改。下列关于该市安全监督管理部门采取的强制执行措施中，正确的是（　　）。

A. 依法提请该市人民政府予以关闭

B. 提请原许可证颁发机关依法暂扣其安全生产许可证

C. 没收违法所得，拍卖非法开采的产品、采掘设备

D. 通知有关单位停止供电、供应民用爆炸物品等

【答案】A。

例2：某机械企业在开展安全生产专项隐患排查活动后，总经理安排生产技术部牵头对发现的重大事故隐患制定治理方案。在方案评审过程中，总经理听取了"治理的目标和任务采取的方法和措施""经费和物资的落实""负责治理的机构和人员""治理的时限和要求"几部分内容的汇报后，对方案完整性提出质疑。上述方案缺少的重要内容是（　　）。

A. 检测检验和验收要求　　　　　　B. 备案的程序和时限规定

C. 第三方评审及报告　　　　　　　D. 安全措施和应急预案

【答案】D。

例3：某公司是一家白酒生产企业，已取得了安全生产许可证。县应急管理局执法人员在危险化学品专项治理检查过程中，发现该公司白酒储存、勾兑场所未规范设置乙醇浓度检测报警装置，遂下达了暂停生产整改指令书，并报请县人民政府对该重大事故隐患实行挂牌督办。该公司经过整改，向县应急管理局提交了恢复生产的申请报告。关于对该公司重大事故隐患处理的做法，正确的是（　　）。

A. 未安装乙醇浓度检测报警装置前，执法人员可暂扣公司的安全生产许可证

B. 县应急管理局收到恢复生产申请报告后，应于10日内进行现场审查

C. 县应急管理局对乙醇浓度检测报警装置现场审查合格后，报请县人民政府批准

D. 经第三方安全评价机构评审合格后，即可恢复生产

【答案】B。

第六节　建设项目安全实施"三同时"管理

一、"三同时"的含义

《安全生产法》第三十一条规定，生产经营单位新建、改建、扩建工程项目（以下统称建设项目）的安全设施，必须与主体工程同时设计、同时施工、同时投入生产和使用。安全设施投资应当纳入建设项目概算。

《建设项目安全设施"三同时"监督管理办法》（国家安全生产监督管理总局令第36号）第三条规定，建设项目安全设施是指生产经营单位在生产经营活动中用于预防生产安全事故的设备、设施、装置、构（建）筑物和其他技术措施的总称。

典型例题

《安全生产法》规定，生产经营单位新建、改建、扩建工程项目的安全设施，必须与主体工程（　　）。

A. 同时设计、同时施工、同时验收

B. 同时设计、同时施工、同时投入生产和使用

C. 同时招标、同时施工、同时投入生产和使用

D. 同时设计、同时招标、同时投入生产和使用

【答案】B。

二、监管责任

《建设项目安全设施"三同时"监督管理办法》（国家安全生产监督管理总局令第36号）第五条规定，国家安全生产监督管理总局对全国建设项目安全设施"三同时"实施综合监督管理，并在国务院规定的职责范围内承担有关建设项目安全设施"三同时"的监督管理。

县级以上地方各级安全生产监督管理部门对本行政区域内的建设项目安全设施"三同时"实施综合监督管理，并在本级人民政府规定的职责范围内承担本级人民政府及其有关主管部门审批、核准或者备案的建设项目安全设施"三同时"的监督管理。

跨两个及两个以上行政区域的建设项目安全设施"三同时"由其共同的上一级人民政府安全生产监督管理部门实施监督管理。

上一级人民政府安全生产监督管理部门根据工作需要，可以将其负责监督管理的建设项目安全设施"三同时"工作委托下一级人民政府安全生产监督管理部门实施监督管理。

典型例题

经甲市乙县主管部门批准，同意甲市丙县某民营企业在乙县下属开发区建设一机械工厂，依据《建设项目安全设施"三同时"监督管理暂行办法》（国家安全生产监督管理总局令第36号），实施该机械工厂安全设施"三同时"的监督管理的部门是（　　　）。

A. 乙县开发区应急管理部门　　　　　B. 丙县应急管理部门

C. 乙县应急管理部门　　　　　　　　D. 甲市应急管理部门

【答案】C。

三、建设项目安全设施设计审查

《建设项目安全设施"三同时"监督管理办法》（国家安全生产监督管理总局令第36号）第十条规定，生产经营单位在建设项目初步设计时，应当委托有相应资质的初步设计单位对建设项目安全设施同时进行设计，编制安全设施设计。

《建设项目安全设施"三同时"监督管理办法》（国家安全生产监督管理总局令第36号）第十一条规定，建设项目安全设施设计应当包括下列内容：

1）设计依据。

2）建设项目概述。

3）建设项目潜在的危险、有害因素和危险、有害程度及周边环境安全分析。

4）建筑及场地布置。

5）重大危险源分析及检测监控。

6）安全设施设计采取的防范措施。

7）安全生产管理机构设置或者安全生产管理人员配备要求。

8）从业人员教育和培训要求。

9）工艺、技术和设备、设施的先进性和可靠性分析。

10）安全设施专项投资概算。

11）安全预评价报告中的安全对策及建议采纳情况。

12）预期效果以及存在的问题与建议。

13）可能出现的事故预防及应急救援措施。

14）法律、法规、规章、标准规定需要说明的其他事项。

典型例题

《建设项目安全设施"三同时"监督管理办法》（国家安全生产监督管理总局令第36号）规定，建设项目安全设施设计应当包括的内容有（　　　）。

A. 设计依据　　　　　　　　　　　B. 从业人员教育培训要求

C. 建筑及场地布置　　　　　　　　D. 安全设施专项投资概算

E. 进度控制要求

【答案】ABCD。

四、建设项目安全设施施工和竣工验收

1. 施工与建设要求

《建设项目安全设施"三同时"监督管理办法》（国家安全生产监督管理总局令第36号）第十七条规定，建设项目安全设施的施工应当由取得相应资质的施工单位进行，并与建设项目主体

工程同时施工。

施工单位应当在施工组织设计中编制安全技术措施和施工现场临时用电方案，同时对危险性较大的分部分项工程依法编制专项施工方案，并附具安全验算结果，经施工单位技术负责人、总监理工程师签字后实施。

施工单位应当严格按照安全设施设计和相关施工技术标准、规范施工，并对安全设施的工程质量负责。

《建设项目安全设施"三同时"监督管理办法》（国家安全生产监督管理总局令第36号）第十八条规定，施工单位发现安全设施设计文件有错漏的，应当及时向生产经营单位、设计单位提出。生产经营单位、设计单位应当及时处理。施工单位发现安全设施存在重大事故隐患时，应当立即停止施工并报告生产经营单位进行整改。整改合格后，方可恢复施工。

《建设项目安全设施"三同时"监督管理办法》（国家安全生产监督管理总局令第36号）第十九条规定，工程监理单位应当审查施工组织设计中的安全技术措施或者专项施工方案是否符合工程建设强制性标准。工程监理单位在实施监理过程中，发现存在事故隐患的，应当要求施工单位整改；情况严重的，应当要求施工单位暂时停止施工，并及时报告生产经营单位。施工单位拒不整改或者不停止施工的，工程监理单位应当及时向有关主管部门报告。工程监理单位、监理人员应当按照法律、法规和工程建设强制性标准实施监理，并对安全设施工程的工程质量承担监理责任。

《建设项目安全设施"三同时"监督管理办法》（国家安全生产监督管理总局令第36号）第二十条规定，建设项目安全设施建成后，生产经营单位应当对安全设施进行检查，对发现的问题及时整改。

《建设项目安全设施"三同时"监督管理办法》（国家安全生产监督管理总局令第36号）第二十一条规定，本办法第七条规定的建设项目竣工后，根据规定建设项目需要试运行（包括生产、使用，下同）的，应当在正式投入生产或者使用前进行试运行。试运行时间应当不少于30日，最长不得超过180日，国家有关部门有规定或者特殊要求的行业除外。生产、储存危险化学品的建设项目和化工建设项目，应当在建设项目试运行前将试运行方案报负责建设项目安全许可的安全生产监督管理部门备案。

2. 竣工验收

《建设项目安全设施"三同时"监督管理办法》（国家安全生产监督管理总局令第36号）第二十三条规定，建设项目竣工投入生产或者使用前，生产经营单位应当组织对安全设施进行竣工验收，并形成书面报告备查。安全设施竣工验收合格后，方可投入生产和使用。

《建设项目安全设施"三同时"监督管理办法》（国家安全生产监督管理总局令第36号）第二十四条规定，建设项目的安全设施有下列情形之一的，建设单位不得通过竣工验收，并不得投入生产或者使用：

1）未选择具有相应资质的施工单位施工的。

2）未按照建设项目安全设施设计文件施工或者施工质量未达到建设项目安全设施设计文件要求的。

3）建设项目安全设施的施工不符合国家有关施工技术标准的。

4）未选择具有相应资质的安全评价机构进行安全验收评价或者安全验收评价不合格的。

5）安全设施和安全生产条件不符合有关安全生产法律、法规、规章和国家标准或者行业标准、技术规范规定的。

6）发现建设项目试运行期间存在事故隐患未整改的。

7）未依法设置安全生产管理机构或者配备安全生产管理人员的。

8）从业人员未经过安全生产教育和培训或者不具备相应资格的。

9）不符合法律、行政法规规定的其他条件的。

典型例题

甲公司的大型肉禽加工建设项目，由乙设计公司负责设计，丙建设总公司负责施工，丁监理公司负责监理。根据《建设项目安全设施"三同时"监督管理办法》（国家安全生产监督管理总局令第36号），下列企业的做法中，正确的是（　　）。

A. 丙公司发现安全设施设计文件有错漏的，及时向丁、乙公司提出，丁、乙公司及时处理

B. 丙公司发现安全设施存在重大事故隐患时，立即停止施工，并报告乙公司进行设计更改

C. 丁公司在实施监理工作过程中，发现存在重大事故隐患的，及时报告丙公司

D. 建设项目安全设施建成后，甲公司对安全设施进行检查，对发现的问题及时整改

【答案】D。

第七节 劳动防护用品管理

一、劳动防护用品的分类（表1-1）

表1-1 劳动防护用品的分类

划分标准		类型
按防护部位分类	头部防护用品	防护帽、防尘帽、防水帽、安全帽、防寒帽、防静电帽、防高温帽、防电磁辐射帽、防昆虫帽
	呼吸器官防护用品	防尘口罩（面具）、防毒口罩（面具）
	眼（面）部防护用品	焊接护目镜和面罩、炉窑护目镜和面罩以及防冲击眼护具
	听觉器官防护用品	耳塞、耳罩、防噪声头盔
	手部防护用品	一般防护手套、防水手套、防寒手套、防毒手套、防静电手套、防高温手套、防X射线手套、防酸碱手套、防油手套、防振手套、防切割手套、绝缘手套
	足部防护用品	防尘鞋、防水鞋、防寒鞋、防静电鞋、防高温鞋、防酸碱鞋、防油鞋、防烫脚鞋、防滑鞋、防刺穿鞋、电绝缘鞋、防振鞋
	躯干防护用品	一般防护服、防水服、防寒服、防砸背心、防毒服、阻燃服、防静电服、防高温服、防电磁辐射服、耐酸碱服、防油服、水上救生衣、防昆虫服、防风沙服
	护肤用品	防毒、防腐、防射线、防油漆的护肤品
按防护用品用途分类	按防止伤亡事故的用途	防坠落用品、防冲击用品、防触电用品、防机械外伤用品、防酸碱用品、耐油用品、防水用品、防寒用品
	按预防职业病的用途	防尘用品、防毒用品、防噪声用品、防振动用品、防辐射用品、防高低温用品

典型例题

例1：甲某被一木材加工厂招收为电锯工，其工作环境有噪声、飞溅火花、刨屑等危害因素。木材厂应为甲某配备的特种劳动防护用品是（　　）。

A. 手套　　　　　B. 呼吸器　　　　　C. 防护眼镜　　　　　D. 耳塞

【答案】C。

例2：某机械加工企业根据生产过程中危险有害因素特点，为员工购买了防尘面具、焊接护目镜、防静电手套和防静电鞋等劳动防护用品。关于劳动防护用品按防护部位分类的说法，正确

的是（　　）。

A. 焊接防护面罩属于头部防护用品　　B. 防静电手套属于躯干防护用品

C. 耳罩属于听觉器官防护用品　　D. 防尘面具属于眼（面）部防护用品

【答案】C。选项A错误，属于眼（面）部防护用品。选项B错误，属于手部防护用品。选项D错误，属于呼吸器官防护用品。

二、劳动防护用品的管理

《安全生产法》第四十五条规定，生产经营单位必须为从业人员提供符合国家标准或者行业标准的劳动防护用品，并监督、教育从业人员按照使用规则佩戴、使用。

《职业病防治法》第二十二条规定，用人单位必须为劳动者提供个人使用的职业病防护用品。

1. 劳动防护用品的选用要求

《用人单位劳动安全防护用品管理规范》第十一条~第十四条规定，劳动防护用品的选用应满足下列要求：

1）用人单位应按照识别、评价、选择的程序，结合劳动者作业方式和工作条件，并考虑其个人特点及劳动强度，选择防护功能和效果适用的劳动防护用品。

2）同一工作地点存在不同种类的危险、有害因素的，应当为劳动者同时提供防御各类危害的劳动防护用品。需要同时配备的劳动防护用品，还应考虑其可兼容性。劳动者在不同地点工作，并接触不同的危险、有害因素，或接触不同的危害程度的有害因素的，为其选配的劳动防护用品应满足不同工作地点的防护需求。

3）劳动防护用品的选择还应当考虑其佩戴的合适性和基本舒适性，根据个人特点和需求选择适合号型、式样。

4）用人单位应当在可能发生急性职业损伤的有毒、有害工作场所配备应急劳动防护用品，放置于现场临近位置并有醒目标识。用人单位应当为巡检等流动性作业的劳动者配备随身携带的个人应急防护用品。

2. 劳动防护用品的采购、发放、培训及使用

《用人单位劳动安全防护用品管理规范》第十五条~第二十一条规定，用人单位劳动防护用品的采购、发放、培训及使用应符合下列要求：

1）用人单位应当根据劳动者工作场所中存在的危险、有害因素种类及危害程度、劳动环境条件、劳动防护用品有效使用时间制定适合本单位的劳动防护用品配备标准。

2）用人单位应当根据劳动防护用品配备标准制定采购计划，购买符合标准的合格产品。

3）用人单位应当查验并保存劳动防护用品检验报告等质量证明文件的原件或复印件。

4）用人单位应当按照本单位制定的配备标准发放劳动防护用品，并做好登记。

5）用人单位应当对劳动者进行劳动防护用品的使用、维护等专业知识的培训。

6）用人单位应当督促劳动者在使用劳动防护用品前，对劳动防护用品进行检查，确保外观完好、部件齐全、功能正常。

7）用人单位应当定期对劳动防护用品的使用情况进行检查，确保劳动者正确使用。

3. 劳动防护用品的维护、更换与报废

《用人单位劳动安全防护用品管理规范》第二十二条~第二十五条规定，用人单位劳动防护用品的维护、更换与报废应符合下列要求：

1）劳动防护用品应当按照要求妥善保存，及时更换，保证其在有效期内。公用的劳动防护用品应当由车间或班组统一保管，定期维护。

2）用人单位应当对应急劳动防护用品进行经常性的维护、检修，定期检测劳动防护用品的

性能和效果,保证其完好有效。

3)用人单位应当按照劳动防护用品发放周期定期发放,对工作过程中损坏的,用人单位应及时更换。

4)安全帽、呼吸器、绝缘手套等安全性能要求高、易损耗的劳动防护用品,应当按照有效防护功能最低指标和有效使用期,到期强制报废。

典型例题

例1:某企业根据《用人单位劳动防护用品管理规范》,对可能产生的危险、有害因素进行了识别和评价,配备了相应的劳动防护用品。关于该企业劳动防护用品的维护、更换与报废的说法,正确的是( )。

A. 员工对于到期损坏的劳动防护用品可自行进行购买

B. 安全帽经过检查没有破损可以延长使用期限

C. 公用的劳动防护用品应当由个人保管

D. 企业应当对劳动防护用品进行经常性维护,保证其完好有效

【答案】D。

例2:根据《用人单位劳动安全防护用品管理规范》的规定,劳动防护用品的选用应满足的要求包括( )。

A. 考虑其佩戴的合适性   B. 考虑用品的经济性

C. 考虑其佩戴的基本舒适性   D. 考虑用品的可兼容性

E. 考虑个人的劳动强度

【答案】ACDE。

第八节 安全设施与特种设备设施管理

一、安全设施的类型(表1-2)

表1-2 安全设施的类型

类型		设施
预防事故设施	检测、报警设施	(1)压力、温度、液位、流量、组分等报警设施 (2)可燃气体、有毒有害气体等检测和报警设施 (3)用于安全检查和安全数据分析等检验、检测和报警设施
	设备安全防护设施	(1)防护罩、防护屏、负荷限制器、行程限制器、制动、限速、防雷、防潮、防晒、防冻、防腐、防渗漏等设施 (2)传动设备安全闭锁设施 (3)电气过载保护设施 (4)静电接地设施
	防爆设施	(1)各种电气、仪表的防爆设施 (2)阻隔防爆器材、防爆工器具
	作业场所防护设施	作业场所的防辐射、防触电、防静电、防噪声、通风(除尘、排毒)、防护栏(网)、防滑、防灼烫等设施
	安全警示标志	包括各种指示、警示作业安全和逃生避难及风向等警示标志、警示牌、警示说明

（续）

类型		设施
控制事故设施	泄压和止逆设施	（1）用于泄压的阀门、爆破片、放空管等设施 （2）用于止逆的阀门等设施
	紧急处理设施	（1）紧急备用电源、紧急切断等设施 （2）紧急停车、仪表联锁等设施
减少与消除事故影响设施	防止火灾蔓延设施	（1）阻火器、防火梯、防爆墙、防爆门等隔爆设施 （2）防火墙、防火门等设施 （3）防火材料涂层
	灭火设施	灭火器、消火栓、高压水枪、消防车、消防管网、消防站等
	紧急个体处置设施	洗眼器、喷淋器、应急照明等设施
	逃生设施	逃生安全通道（梯）
	应急救援设施	堵漏、工程抢险装备和现场受伤人员医疗抢救装备
	劳动防护用品和装备	包括头部、面部、视觉、呼吸、听觉器官、四肢、身躯防火、防毒、防烫伤、防腐蚀、防噪声、防光射、防高处坠落、防砸击、防刺伤等免受作业场所物理、化学因素伤害的劳动防护用品和装备

典型例题

以下安全设施中，属于控制事故的设施包括（　　）。

A. 设备安全防护设施　　　　　　B. 泄压和止逆设施

C. 灭火设施　　　　　　　　　　D. 紧急处理设施

E. 防爆设施

【答案】BD。

二、特种设备含义

《特种设备安全法》第二条规定，本法所称特种设备是指对人身和财产安全有较大危险性的锅炉、压力容器（含气瓶）、压力管道、电梯、起重机械、客运索道、大型游乐设施、场（厂）内专用机动车辆，以及法律、行政法规规定适用本法的其他特种设备。

国家对特种设备实行目录管理。特种设备目录由国务院负责特种设备安全监督管理的部门制定，报国务院批准后执行。

典型例题

属于《特种设备安全法》规定的特种设备包括有较大危险性的（　　）等。

A. 压力管道　　　B. 电梯　　　　C. 客运索道　　　D. 起重机械

E. 运输车辆

【答案】ABCD。

三、特种设备的使用

1. 特种设备使用单位的使用规定

《特种设备安全法》第三十二条规定，特种设备使用单位应当使用取得许可生产并经检验合

格的特种设备。禁止使用国家明令淘汰和已经报废的特种设备。

《特种设备安全法》第三十三条规定，特种设备使用单位应当在特种设备投入使用前或者投入使用后 30 日内，向负责特种设备安全监督管理的部门办理使用登记，取得使用登记证书。登记标志应当置于该特种设备的显著位置。

《特种设备安全法》第三十四条规定，特种设备使用单位应当建立岗位责任、隐患治理、应急救援等安全管理制度，制定操作规程，保证特种设备安全运行。

2. 运营使用单位的使用规定

《特种设备安全法》第三十六条规定，电梯、客运索道、大型游乐设施等为公众提供服务的特种设备的运营使用单位，应当对特种设备的使用安全负责，设置特种设备安全管理机构或者配备专职的特种设备安全管理人员；其他特种设备使用单位，应当根据情况设置特种设备安全管理机构或者配备专职、兼职的特种设备安全管理人员。

3. 特种设备共有的使用规定

《特种设备安全法》第三十八条规定，特种设备属于共有的，共有人可以委托物业服务单位或者其他管理人管理特种设备，受托人履行本法规定的特种设备使用单位的义务，承担相应责任。共有人未委托的，由共有人或者实际管理人履行管理义务，承担相应责任。

典型例题

《特种设备安全法》规定，特种设备使用单位应当在特种设备投入使用前或者投入使用后（　　）日内，向负责特种设备安全监督管理的部门办理使用登记，取得使用登记证书。

A. 10　　　　　　B. 20　　　　　　C. 30　　　　　　D. 60

【答案】C。

四、特种设备使用单位的安全管理制度与操作规程

（一）安全管理制度

1. 岗位责任制

岗位责任制是特种设备使用单位根据各个工作岗位的性质和所承担活动的特点，明确规定有关单位及人员的职责、权限，并按照规定的标准进行考核及奖惩而建立的制度。

2. 隐患排查制度

开展隐患排查一般按照"谁主管、谁负责"的原则，针对各岗位可能发生的隐患建立安全检查制度，在规定时间、内容和频次对该岗位进行检查，及时收集、查找上报发现的事故隐患，并积极采取措施进行整改。

3. 应急救援制度

特种设备应急救援制度一般包括应急指挥机构、职责分工、设备危险性评估、应急响应方案、应急队伍及装备、应急演练及救援。

（二）操作规程

特种设备操作规程是指特种设备使用单位为保证设备正常运行制定的具体作业指导文件和程序，内容和要求应当结合本单位的具体情况和设备的具体特性，符合特种设备使用维护保养说明书要求。

典型例题

特种设备应急救援制度一般包括（　　）等。

A. 应急指挥机构　　　　　　　　　B. 设备危险性评估

C. 应急救援场所
D. 应急响应方案

E. 应急演练及救援

【答案】ABDE。

五、安全技术档案

《特种设备安全法》第三十五条规定，特种设备使用单位应当建立特种设备安全技术档案。安全技术档案应当包括以下内容：

1）特种设备的设计文件、产品质量合格证明、安装及使用维护保养说明、监督检验证明等相关技术资料和文件。

2）特种设备的定期检验和定期自行检查记录。

3）特种设备的日常使用状况记录。

4）特种设备及其附属仪器仪表的维护保养记录。

5）特种设备的运行故障和事故记录。

典型例题

《特种设备安全法》规定，特种设备使用单位应当建立特种设备安全技术档案。安全技术档案应当包括（　　）等。

A. 特种设备的购买凭证
B. 特种设备的日常使用状况记录

C. 特种设备的运行故障和事故记录
D. 特种设备及其附属仪器仪表的维护保养记录

E. 特种设备的定期检验和定期自行检查记录

【答案】BCDE。

六、特种设备的维护保养和定期检查

《特种设备安全法》第三十九条规定，特种设备使用单位应当对其使用的特种设备进行经常性维护保养和定期自行检查，并做出记录。特种设备使用单位应当对其使用的特种设备的安全附件、安全保护装置进行定期校验、检修，并做出记录。

《特种设备安全法》第四十条规定，特种设备使用单位应当按照安全技术规范的要求，在检验合格有效期届满前一个月向特种设备检验机构提出定期检验要求。特种设备检验机构接到定期检验要求后，应当按照安全技术规范的要求及时进行安全性能检验。特种设备使用单位应当将定期检验标志置于该特种设备的显著位置。未经定期检验或者检验不合格的特种设备，不得继续使用。

典型例题

某小区一住宅电梯检验有效期截至2019年11月8日，该小区物业管理公司应于2019年10月8日前向相应的（　　）申报定期检验。

A. 应急管理部门
B. 质量技术监督管理部门

C. 住房城乡建设管理部门
D. 特种设备检验检测机构

【答案】D。

七、特种设备的应急管理

《特种设备安全法》第六十九条规定，国务院负责特种设备安全监督管理的部门应当依法组织制定特种设备重特大事故应急预案，报国务院批准后纳入国家突发事件应急预案体系。县级以上地方各级人民政府及其负责特种设备安全监督管理的部门应当依法组织制定本行政区域内特种

设备事故应急预案，建立或者纳入相应的应急处置与救援体系。特种设备使用单位应当制定特种设备事故应急专项预案，并定期进行应急演练。

《特种设备安全法》第七十条规定，特种设备发生事故后，事故发生单位应当按照应急预案采取措施，组织抢救，防止事故扩大，减少人员伤亡和财产损失，保护事故现场和有关证据，并及时向事故发生地县级以上人民政府负责特种设备安全监督管理的部门和有关部门报告。

县级以上人民政府负责特种设备安全监督管理的部门接到事故报告，应当尽快核实情况，立即向本级人民政府报告，并按照规定逐级上报。必要时，负责特种设备安全监督管理的部门可以越级上报事故情况。对特别重大事故、重大事故，国务院负责特种设备安全监督管理的部门应当立即报告国务院并通报国务院安全生产监督管理部门等有关部门。

与事故相关的单位和人员不得迟报、谎报或者瞒报事故情况，不得隐匿、毁灭有关证据或者故意破坏事故现场。

典型例题

根据《特种设备安全法》的规定，以下关于对特种设备应急管理的说法中，错误的是（　　　）。

A. 特种设备使用单位应当制定特种设备事故应急专项预案

B. 特种设备使用单位应当定期进行应急演练

C. 负责特种设备安全监督管理的部门不可以越级上报事故情况

D. 县级以上人民政府负责特种设备安全监督管理的部门接到事故报告，应当立即向本级人民政府报告

【答案】C。

第九节　危险、有害因素辨识

一、危险、有害因素的分类

1. 按导致事故直接原因分类

根据《生产过程危险和有害因素分类与代码》（GB/T 13861—2009），生产过程危险和有害因素共分为四大类，分别是"人的因素""物的因素""环境因素"和"管理因素"。生产过程中危险和有害因素的具体分类见表1-3。

表1-3　生产过程中危险和有害因素分类

因素分类		内容
人	心理、生理性	负荷超限
		体力负荷超限、听力负荷超限、视力负荷超限、其他负荷超限
		健康状况异常
		从事禁忌作业
		心理异常
		情绪异常、冒险心理、过度紧张、其他心理异常
		辨识功能缺陷
		感知延迟、辨识错误、其他辨识功能缺陷
		其他心理、生理性危险和有害因素
	行为性	指挥错误
		指挥失误、违章指挥、其他指挥失误
		操作失误
		误操作、违章作业、其他操作错误
		监护失误
		其他行为性危险和有害因素

（续）

因素分类			内容
物	物理性	设备、设施、工具、附件缺陷	强度不够，刚度不够，稳定性差，密封不良，耐腐蚀性差，应力集中，外形缺陷，外露运动件，操纵器缺陷，制动器缺陷，控制器缺陷，设备、设施、工具、附件其他缺陷
		防护缺陷	无防护，防护装置、设施缺陷，防护不当，支撑不当，防护距离不够，其他防护缺陷
		电伤害	带电部位裸露、漏电、静电和杂散电流、电火花、其他电伤害
		噪声	机械性噪声、电磁性噪声、流体动力性噪声、其他噪声
		振动危害	机械性振动、电磁性振动、流体动力性振动、其他振动危险
		电离辐射	
		非电离辐射	紫外辐射、激光辐射、微波辐射、超高频辐射、高频电磁场、工频电场
		运动物伤害	抛射物，飞溅物，坠落物，反弹物，土、岩滑动，料堆（垛）滑动、气流卷动、其他运动物伤害
		明火	
		高温物质	高温气体、高温液体、高温固体、其他高温物质
		低温物质	低温气体、低温液体、低温固体、其他低温物质
		信号缺陷	无信号设施、信号选用不当、信号位置不当、信号不清、信号显示不准、其他信号缺陷
		标志缺陷	无标志、标志不清晰、标志不规范、标志选用不当、标志位置缺陷、其他标志缺陷
		有害光照	
		其他物理性危险和有害因素	
	化学性	爆炸品，压缩气体和液化气体，易燃液体，易燃固体、自然物品和遇湿易燃物品，氧化剂和有机过氧化物，有毒品，放射性物品，腐蚀品，粉尘和气溶胶	
	生物性	致病微生物	细菌、病毒、真菌、其他致病微生物
		传染病媒介物	
		致害动物	
		致害植物	
		其他生物性危险和有害因素	
环境	室内作业场所	室内地面湿滑，室内作业场所狭窄，室内作业场所杂乱，室内地面不平，室内梯架缺陷，地面、墙和顶棚上的开口缺陷，房屋地基下沉，室内安全通道缺陷，房屋安全出口缺陷，采光照明不良，作业场所空气不良，室内温度、湿度、气压不适，室内给水排水不良，室内涌水，其他室内作业场所环境不良	
	室外作业场地	恶劣气候与环境，作业场地和交通设施湿滑，作业场地狭窄，作业场地杂乱，作业场地不平，航道狭窄、有暗礁或险滩，脚手架、阶梯和活动梯架缺陷，地面开口缺陷，建筑物和其他结构缺陷，门和围栏缺陷，作业场地基础下沉，作业场地安全通道缺陷，作业场地安全出口缺陷，作业场地光照不良，作业场地空气不良，作业场地温度、湿度、气压不适，作业场地涌水，其他室外作业场地环境不良	
	地下（含水下）作业	隧道/矿井顶面缺陷，隧道/矿井正面或侧壁缺陷，隧道/矿井地面缺陷，地下作业面空气不良，地下火，冲击地压，地下水，水下作业供氧不当，其他地下作业环境不良	
	其他作业环境不良	强迫体位、综合性作业环境不良	

（续）

因素分类	内容
管理	职业安全卫生组织机构不健全，职业安全卫生责任制未落实，职业安全卫生管理规章制度不完善（建设项目"三同时"制度未落实、操作规程不规范、事故应急预案及响应缺陷、培训制度不完善、其他职业安全卫生管理规章制度不健全），职业安全卫生投入不足、职业健康管理不完善，其他管理因素缺陷

2. 参照《企业职工伤亡事故分类》进行分类

参照《企业职工伤亡事故分类》（GB 6441—1986），将危险因素分为20类，分别为物体打击、车辆伤害、机械伤害、起重伤害、触电、淹溺、灼烫、火灾、高处坠落、坍塌、冒顶片帮、透水、放炮、火药爆炸、瓦斯爆炸、锅炉爆炸、容器爆炸、其他爆炸、中毒和窒息及其他伤害等。

典型例题

例1：某小型喷漆企业依据国家安全风险管控的相关要求，对毛坯清洗、喷色漆、色漆烘干、罩光喷漆、罩光烘干、检验下线和包装工艺流程等喷漆工艺环节，进行危险、有害因素辨识，根据《生产过程危险和有害因素分类与代码》（GB/T 13861—2009），关于危险、有害因素分类的说法，正确的是（　　）。

A. 罩光烘干后产品堆放无序属于物的因素，未明确现场管理的兼职管理人员属于管理因素

B. 喷漆作业过程中管理人员指挥失误属于人的因素，用于通风系统的离心风机噪声危害属于环境因素

C. 动火作业产生明火易引起爆炸属于物的因素，烘箱上无警示标志属于管理因素

D. 喷漆厂房的通道狭窄属于环境因素，工人长时间加班属于人的因素

【答案】D。

例2：根据《生产过程危险和有害因素分类与代码》（GB/T 13861—2009），下列职业性危害因素中，属于环境因素的有（　　）。

A. 紫外辐射　　　　　　　　　　B. 作业场地和交通设施湿滑

C. 机械性噪声　　　　　　　　　D. 门和围栏缺陷

E. 防护装置、设施缺陷

【答案】BD。

二、危险、有害因素的辨识和分析方法

常用的危险、有害因素辨识的方法有直观经验分析法和系统安全分析方法。直观经验分析法又包括对照、经验法和类比方法；系统安全分析方法包括事件树法、事故树法。

典型例题

在常用的危险、有害因素辨识的方法中，属于系统安全分析的方法有（　　）。

A. 经验法　　　B. 事件树法　　　C. 类比法　　　D. 事故树法

E. 对照法

【答案】BD。

三、危险、有害因素辨识与评价单元划分

1. 厂址

辨识的主要内容包括工程地质、地形地貌、水文、气象条件、周围环境、交通运输条件及自

然灾害、消防支持等。

2. 总平面布置

辨识的主要内容包括功能分区、防火间距和安全间距、风向、建筑物朝向、危险有害物质设施、动力设施（氧气站、乙炔气站、压缩空气站、锅炉房、液化石油气站等）、道路、储运设施等。

3. 道路及运输

辨识的主要内容包括运输、装卸、消防、疏散、人流、物流、平面交叉运输和竖向交叉运输等。

4. 建（构）筑物

辨识的主要内容包括火灾危险性分类、耐火等级、结构、层数、占地面积、防火间距、安全疏散等。

5. 生产工艺过程

对新建、改建、扩建项目设计阶段危险、有害因素的识别包括以下内容。

1）对设计阶段是否通过合理的设计进行考查，尽可能从根本上消除危险、有害因素。

2）当消除危险、有害因素有困难时，对是否采取了预防性技术措施进行考查。

3）在无法消除危险或危险难以预防的情况下，对是否采取了减少危险、危害的措施进行考查。

4）在无法消除、预防、减弱的情况下，对是否将人员与危险、有害因素隔离等进行考查。

5）当操作者失误或设备运行一旦达到危险状态时，对是否能通过联锁装置来终止危险、危害的发生进行考查。

6）在易发生故障和危险性较大的地方，对是否设置了醒目的安全色、安全标志和声、光警示装置等进行考查。

6. 生产设备、装置

对于工艺设备辨识的主要内容包括高温、低温、高压、腐蚀、振动、关键部位的备用设备、控制、操作、检修和故障、失误时的紧急异常情况等。

对机械设备辨识的主要内容包括运动零部件和工件、操作条件、检修作业、误运转和误操作等。

7. 作业环境

辨识的主要内容包括存在各种职业病危害因素的作业部位。

8. 安全管理措施

辨识的主要内容包括安全生产管理组织机构、安全生产管理制度、事故应急救援预案、特种作业人员培训、日常安全管理等。

典型例题

对建（构）筑物危险、有害因素辨识的主要内容包括（　　　）等。

A. 耐火等级　　　　　　　　　　　B. 建筑面积

C. 安全疏散　　　　　　　　　　　D. 防火间距

E. 火灾危险性分类

【答案】ACDE。

第十节　危险化学品重大危险源

一、基本概念

1. 危险化学品

《危险化学品重大危险源辨识》（GB 18218—2018）第 3.1 条规定，危险化学品是指具有毒

害、腐蚀、爆炸、燃烧、助燃等性质，对人体、设施、环境具有危害的剧毒化学品和其他化学品。

2. 单元

《危险化学品重大危险源辨识》（GB 18218—2018）第3.2条规定，涉及危险化学品的生产、储存装置、设施或场所，分为生产单元和储存单元。

《危险化学品重大危险源辨识》（GB 18218—2018）第3.5条规定，生产单元是指危险化学品的生产、加工及使用等的装置及设施，当装置及设施之间有切断阀时，以切断阀作为分隔界限划分为独立的单元。

《危险化学品重大危险源辨识》（GB 18218—2018）第3.6条规定，储存单元是用于储存危险化学品的储罐或仓库组成的相对独立的区域，储罐区以罐区防火堤为界限划分为独立的单元，仓库以独立库房（独立建筑物）为界限划分为独立的单元。

3. 临界量

《危险化学品重大危险源辨识》（GB 18218—2018）第3.3条规定，临界量是指某种或某类危险化学品构成重大危险源所规定的最小数量。

4. 危险化学品重大危险源

《危险化学品重大危险源辨识》（GB 18218—2018）第3.4条规定，危险化学品重大危险源是指长期地或临时地生产、储存、使用和经营危险化学品，且危险化学品的数量等于或超过临界量的单元。

5. 混合物

《危险化学品重大危险源辨识》（GB 18218—2018）第3.7条规定，混合物是由两种或者多种物质组成的混合体或者溶液。

典型例题

根据《危险化学品重大危险源辨识》（GB 18218—2018）的规定，对危险化学品的说法中，不正确的是（　　）。

A. 储罐区以罐区防火堤为界限划分为独立的单元

B. 仓库以独立库房（独立建筑物）为界限划分为独立的单元

C. 临界量是指某种或某类危险化学品构成重大危险源所规定的最大数量

D. 涉及危险化学品的生产、储存装置、设施或场所，分为生产单元和储存单元

【答案】C。

二、危险化学品重大危险源辨识指标

《危险化学品重大危险源辨识》（GB 18218—2018）第4.2.1条规定，生产单元、储存单元内存在危险化学品的数量等于或超过规定的临界量，即被定为重大危险源。单元内存在的危险化学品的数量根据危险化学品种类的多少区分为以下两种情况：

1）生产单元、储存单元内存在的危险化学品为单一品种时，该危险化学品的数量即为单元内危险化学品的总量，若等于或超过相应的临界量，则定为重大危险源。

2）生产单元、储存单元内存在的危险化学品为多品种时，按下式计算，满足条件则定为重大危险源：

$$S = q_1/Q_1 + q_2/Q_2 + \cdots + q_n/Q_n \geq 1$$

式中　　　　S——辨识指标；

q_1，q_2，$\cdots$，q_n——每种危险化学品实际存在量（t）；

Q_1，Q_2，$\cdots$，Q_n——与每种危险化学品相对应的临界量（t）。

《危险化学品重大危险源辨识》（GB 18218—2018）第4.2.2条规定，危险化学品储罐以及其

他容器、设备或仓储区的危险化学品的实际存在量按设计最大量确定。

《危险化学品重大危险源辨识》（GB 18218—2018）第4.2.3条规定，对于危险化学品混合物，如果混合物与其纯物质属于相同危险类别，则视混合物为纯物质，按混合物整体进行计算。如果混合物与其纯物质不属于相同危险类别，则应按新危险类别考虑其临界量。

典型例题

某危险化学品企业有A、B、C、D四个库房，分别存放不同类别的危险化学品，各库房之间的间距都在600~800m范围内，其中A库房内存有8t乙醇、5t甲醇，B库房内存有12t乙醚，C库房内存有0.3t硝化甘油，D库房内存有0.5t苯。根据下表给出的临界量，四个库房中，构成重大危险源的是（   ）。

危险化学品名称	临界量/t	危险化学品名称	临界量/t
三硝基甲苯	5	甲醇	500
硝化甘油	1	乙醇	500
硝化纤维素	10	苯	50
汽油	200	乙醚	10

A. A库房   B. B库房   C. C库房   D. D库房

【答案】B。

三、危险化学品重大危险源辨识流程（图1-7）

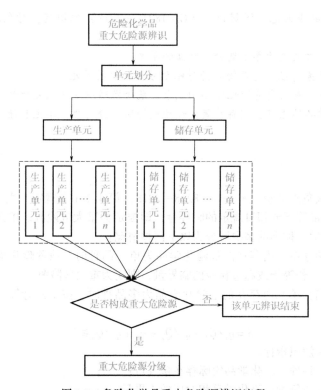

图1-7　危险化学品重大危险源辨识流程

四、重大危险源的分级指标

《危险化学品重大危险源辨识》（GB 18218—2018）第4.3.1条规定，重大危险源采用单元内各种危险化学品实际存在量与其相对应的临界量比值，经校正系数校正后的比值之和 R 作为分级指标。

《危险化学品重大危险源辨识》（GB 18218—2018）第4.3.2条规定，重大危险源的分级指标按下式计算：

$$R = \alpha\left(\beta_1\frac{q_1}{Q_1} + \beta_2\frac{q_2}{Q_2} + \cdots + \beta_n\frac{q_n}{Q_n}\right)$$

式中　　　　R——重大危险源分级指标；

　　　　　　α——该危险化学品重大危险源厂区外暴露人员的校正系数；

β_1，β_2，$\cdots$，β_n——与每种危险化学品相对应的校正系数；

q_1，q_2，$\cdots$，q_n——每种危险化学品实际存在量（t）；

Q_1，Q_2，$\cdots$，Q_n——与每种危险化学品相对应的临界量（t）。

根据单元内危险化学品的类别不同，设定校正系数 β 值。根据危险化学品重大危险源的厂区边界向外扩展500m范围内常住人口数量，按照表1-4设定暴露人员校正系数 α 值。

表1-4　暴露人员校正系数 α 值取值表

厂外可能暴露人员数量	校正系数 α
100人以上	2.0
50~99人	1.5
30~49人	1.2
1~29人	1.0
0人	0.5

《危险化学品重大危险源辨识》（GB 18218—2018）第4.3.3条规定，根据计算出来的 R 值，按表1-5确定危险化学品重大危险源的级别。

表1-5　重大危险源级别和 R 值的对应关系

重大危险源级别	R 值
一级	$R \geqslant 100$
二级	$100 > R \geqslant 50$
三级	$50 > R \geqslant 10$
四级	$R < 10$

🔵 **典型例题**

例1：某危险化学品罐区位于人口相对稀少的空旷地带，罐区500m范围内有一村庄，现常住人口70~90人。该罐区存有550t丙酮、12t环氧丙烷、600t甲醇。危险化学品名称及其临界量见下表。重大危险源分级指标 $R = \alpha\left(\beta_1\frac{q_1}{Q_1} + \beta_2\frac{q_2}{Q_2} + \cdots + \beta_n\frac{q_n}{Q_n}\right)$。其中 q 为某种危险化学品实际存在量（t），Q 为各危险化学品相对应的临界量（t）。据此，该罐区危险化学品重大危险源级别为（　　　）。

危险化学品名称及其临界量

序号	类别	危险化学品名称和说明	临界量/t
1	易燃液体	丙酮	500
2	易燃液体	环氧丙烷	10
3	易燃液体	甲醇	500
说明	易燃液体的校正系数 β 为1，易燃气体1.5		
	库房外暴露人员 50~99 人的校正系数 α 为 1.5；100 人以上 α 为 2.0		

A. 三级重大危险源　　B. 四级重大危险源　　C. 二级重大危险源　　D. 一级重大危险源

【答案】B。计算公式：$R = \alpha(\beta_1 \frac{q_1}{Q_1} + \beta_2 \frac{q_2}{Q_2} + \cdots + \beta_n \frac{q_n}{Q_n})$

计算过程：$R = 1.5 \times [(1 \times 550/500) + (1 \times 12/10) + (1 \times 600/500)] = 5.2$；$R < 10$ 属于四级重大危险源。

例2：某钢铁有限公司生产过程中涉及的危险化学品代码是A1、A2及A3。其中A1、A2及A3的总储量分别为200t、80t、400t。厂区边界向外扩展500m范围内常住人口数量为55人。A2的临界量 Q 与校正系数 β 分别为20t、2.0，A1和A3的临界量 Q 与校正系数 β 分别为200t、1.0，危险化学品重大危险源厂区外暴露人员的校正系数为1.5。钢铁公司划分为一个评价单元，该钢铁公司危险化学品重大危险源分级为（　　）。

A. 四级重大危险源　　　　　　　　B. 一级重大危险源
C. 三级重大危险源　　　　　　　　D. 二级重大危险源

【答案】C。计算公式：$R = \alpha(\beta_1 \frac{q_1}{Q_1} + \beta_2 \frac{q_2}{Q_2} + \cdots + \beta_n \frac{q_n}{Q_n})$

计算过程：$R = 1.5 \times [(1.0 \times 200/200) + (2.0 \times 80/20) + (1.0 \times 400/200)] = 16.5$；$10 \leq R < 50$，属于三级重大危险源。

第十一节　作业许可管理

一、特殊作业

特殊作业是指化学品生产单位设备检修过程中可能涉及的动火、进入受限空间、盲板抽堵、高处作业、吊装、临时用电、动土、断路等，对操作者本人、他人及周围建（构）筑物、设备、设施的安全可能造成危害的作业。

典型例题

根据《化学品生产单位特殊作业安全规范》（GB 30871—2014），下列作业中属于特殊作业的是（　　）。

A. 射线作业　　　B. 爆破作业　　　C. 叉车作业　　　D. 动土作业
【答案】D。

二、基本要求

1. 作业人员的基本要求

《化学品生产单位特殊作业安全规范》（GB 30871—2014）第4.2条规定，作业前，应对参加

作业的人员进行安全教育，主要内容如下：

1）有关作业的安全规章制度。

2）作业现场和作业过程中可能存在的危险、有害因素及应采取的具体安全措施。

3）作业过程中所使用的个体防护器具的使用方法及使用注意事项。

4）事故的预防、避险、逃生、自救、互救等知识。

5）相关事故案例和经验、教训。

《化学品生产单位特殊作业安全规范》（GB 30871—2014）第4.5条规定，进入作业现场的人员应正确佩戴符合《头部防护安全帽》（GB 2811—2019）要求的安全帽，作业时，作业人员应遵守本工种安全技术操作规程，并按规定着装及佩戴相应的个体防护用品，多工种、多层次交叉作业应统一协调。作业监护人员应坚守岗位，如确需离开，应有专人替代监护。

《化学品生产单位特殊作业安全规范》（GB 30871—2014）第4.7条规定，当作业现场出现异常，可能危及作业人员安全时，作业人员应停止作业，迅速撤离，作业单位应立即通知生产单位。

2. 生产单位的基本要求

《化学品生产单位特殊作业安全规范》（GB 30871—2014）第4.3条规定，作业前，生产单位应进行如下工作：

1）对设备进行隔绝、清洗、置换，并确认满足动火、进入受限空间等作业安全要求。

2）对放射源采取相应的安全处置措施。

3）对作业现场的地下隐蔽工程进行交底。

4）腐蚀性介质的作业场所配备人员应急用冲洗水源。

5）夜间作业的场所应设满足要求的照明装置。

6）会同作业单位组织作业人员到作业现场，了解和熟悉现场环境，进一步核实安全措施的可靠性，熟悉应急救援器材的位置及分布。

《化学品生产单位特殊作业安全规范》（GB 30871—2014）第4.7条规定，当生产装置或作业现场出现异常情况可能危及作业人员安全时，生产单位应立即通知作业人员停止作业，迅速撤离。

3. 作业单位的基本要求

《化学品生产单位特殊作业安全规范》（GB 30871—2014）第4.4条规定，作业前，作业单位对作业现场及作业涉及的设备、设施、工器具等进行检查，并使之符合如下要求：

1）作业现场消防通道、行车通道应保持畅通；影响作业安全的杂物应清理干净。

2）作业现场的梯子、栏杆、平台、箅子板、盖板等应确保安全。

3）作业现场可能危及安全的坑、井、沟、孔洞等应采取有效防护措施，并设警示标志，夜间应设警示红灯；需要检修的设备上的电器电源应可靠断电并在电源开关处加锁并加挂安全警示牌。

4）作业使用的个体防护器具、消防器材、通信设备、照明设备等应完好。

5）作业使用的脚手架、起重机械、电气焊用具、手持电动工具等各种工器具应符合作业安全要求，超过安全电压的手持式、移动式电动工器具应逐个配置漏电保护器和电源开关。

《化学品生产单位特殊作业安全规范》（GB 30871—2014）第4.6条规定，作业前，作业单位应办理作业审批手续，并有相关责任人签名确认，同一作业涉及动火、进入受限空间、盲板抽堵、高处作业、吊装、临时用电、动土、断路中的两种或两种以上时应同时办理相应的作业审批手续。作业时审批手续应齐全、安全措施应全部落实、作业环境应符合安全要求。

典型例题

例1：某化学品生产企业在一次维修作业活动中，临时搭建一个6m高的平台，并且在平台上开展临时用电作业。根据《化学品生产单位特殊作业安全规范》（GB 30871—2014），关于特殊作业的安全要求的说法，正确的是（   ）。

    A. 临时用电时间超过1个月的，应向供电单位备案

    B. 平台上的动力和照明线路应分路设置

    C. 6m平台上下时，应手持绝缘工具

    D. 6m平台维修作业超过8h，应在平台处休息

【答案】B。

例2：《化学品生产单位特殊作业安全规范》（GB 30871—2014）规定，作业前，生产单位应进行的工作有（   ）。

    A. 对放射源采取相应的安全处置措施

    B. 夜间作业的场所应设满足要求的照明装置

    C. 腐蚀性介质的作业场所应配备人员应急用冲洗水源

    D. 对作业现场的地下隐蔽工程进行交底

    E. 会同作业监护人员单位组织作业人员到作业现场了解和熟悉现场环境

【答案】ABCD。

三、动火作业许可管理

（一）动火作业的含义及分级

1. 动火作业的含义

《化学品生产单位特殊作业安全规范》（GB 30871—2014）第3.2条规定，动火作业是直接或间接产生明火的工艺装置以外的禁火区内可能产生火焰、火花和炽热表面的非常规作业，如使用电焊、气焊（割）、喷灯、电钻、砂轮等作业。

2. 动火作业分级

《化学品生产单位特殊作业安全规范》（GB 30871—2014）第5.1.1条～第5.1.4条对动火作业分级的规定如下。

固定动火区外的动火作业一般分为二级动火、一级动火、特殊动火三个级别，遇节日、假日或其他特殊情况，动火作业应升级管理。

二级动火作业是除特殊动火作业和一级动火作业以外的动火作业。凡生产装置或系统全部停车，装置经清洗、置换、取样分析合格并采取安全隔离措施后，可根据其火灾、爆炸危险性大小，经所在单位安全管理部门批准，动火作业可按二级动火作业管理。

一级动火作业是在易燃易爆场所进行的除特殊动火作业以外的动火作业。厂区管廊上的动火作业按一级动火作业管理。

特殊动火作业是在生产运行状态下的易燃易爆生产装置、输送管道、储罐、容器等部位上及其他特殊危险场所进行的动火作业。带压不置换动火作业按特殊动火作业管理。

（二）动火作业安全管理要求

1. 动火安全作业证的管理

《化学品生产单位动火作业安全规范》（AQ 3022—2008）第8.2.3条规定，动火安全作业证实行一个动火点、一张动火证的动火作业管理。

《化学品生产单位动火作业安全规范》（AQ 3022—2008）第8.3规定，特殊动火作业的作业证由主管厂长或总工程师审批。一级动火作业的作业证由主管安全（防火）部门审批。二级动

作业的作业证由动火点所在车间主管负责人审批。

2. 安全管理要求

《化学品生产单位特殊作业安全规范》（GB 30871—2014）第5.2.1条～第5.2.11条对动火作业安全管理要求的规定如下。

1）动火作业应有专人监火，作业前应清除动火现场及周围的易燃物品，或采取其他有效安全防火措施，并配备消防器材，满足作业现场应急需求。

2）动火点周围或其下方的地面如有可燃物、空洞、窨井、地沟、水封等，应检查分析并采取清理或封盖等措施；对于动火点周围有可能泄漏易燃、可燃物料的设备，应采取有效的隔离措施。

3）凡在盛有或盛装过危险化学品的设备、管道等生产、储存设施及处于《建筑设计防火规范》（GB 50016—2014）（2018年版）、《石油化工企业设计防火标准》（GB 50160—2008）（2018年版）、《石油库设计规范》（GB 50074—2014）规定的甲、乙类区域的生产设备上动火作业，应将其与生产系统彻底隔离，并进行清洗、置换，取样分析合格后方可作业。

4）拆除管线进行动火作业时，应先查明其内部介质及其走向，并根据所要拆除管线的情况制定安全防火措施。

5）在有可燃物构件和使用可燃物做防腐内衬的设备内部进行动火作业时，应采取防火隔绝措施。

6）在生产、使用、储存氧气的设备上进行动火作业时，设备内氧含量不应超过23.5%。

7）动火期间距动火点30m内不应排放可燃气体；距动火点15m内不应排放可燃液体；在动火点10m范围内及用火点下方不应同时进行可燃溶剂清洗或喷漆等作业。

8）铁路沿线25m以内的动火作业，如遇装有危险化学品的火车通过或停留时，应立即停止。

9）使用气焊、气割动火作业时，乙炔瓶应直立放置，氧气瓶与之间距不应小于5m，二者与作业地点间距不应小于10m，并应设置防晒设施。

10）作业完毕应清理现场，确认无残留火种后方可离开。

11）五级风以上（含五级）天气，原则上禁止露天动火作业。因生产确需动火，动火作业应升级管理。

（三）动火分析及合格标准

1. 作业前动火分析

《化学品生产单位特殊作业安全规范》（GB 30871—2014）第5.4.1条规定，作业前应进行动火分析，要求如下：

1）动火分析的监测点要有代表性，在较大的设备内动火，应对上、中、下各部位进行检测分析；在较长的物料管线上动火，应在彻底隔绝区域内分段分析。

2）在设备外部动火，应在不小于动火点10m范围内进行动火分析。

3）动火分析与动火作业间隔不应超过30min，如现场条件不允许，间隔时间可适当放宽，但不应超过60min。

4）作业中断时间超过60min，应重新分析，每日动火前均应进行动火分析；特殊动火作业期间应随时进行监测。

5）使用便携式可燃气体检测仪或其他类似手段进行分析时，检测设备应经标准气体样品标定合格。

2. 动火分析合格标准

《化学品生产单位特殊作业安全规范》（GB 30871—2014）第5.4.2条规定，动火分析合格标准为：

1）当被测气体或蒸气的爆炸下限大于或等于4%时，其被测浓度应不大于0.5%（体积分数）。

2）当被测气体或蒸气的爆炸下限小于4%时，其被测浓度应不大于0.2%（体积分数）。

典型例题

例1：根据《化学品生产单位特殊作业安全规范》（GB 30871—2014），在生产、使用、储存氧气的设备上进行动火作业时，设备内氧含量不应超过（　　）。

A. 15%　　　　　B. 20.5%　　　　　C. 23.5%　　　　　D. 30%

【答案】C。

例2：2020年5月15日，某化工企业在生产过程中发现管道有渗漏现象，需要立即进行焊接维修，维修人员按照动火作业的流程和要求进行作业。根据《化学品生产单位特殊作业安全规范》（GB 30871—2014），关于动火作业安全管理的做法，正确的是（　　）。

A. 动火分析完成90min后，开始进行动火作业

B. 动火作业中断70min，未重新进行动火分析又进行动火作业

C. 在动火点5m范围内进行动火分析

D. 本次动火作业进行了升级管理

【答案】D。

四、受限空间作业许可管理

（一）受限空间作业的含义

《化学品生产单位特殊作业安全规范》（GB 30871—2014）第3.4条规定，受限空间是指进出口受限，通风不良，可能存在易燃易爆、有毒有害物质或缺氧，对进入人员的身体健康和生命安全构成威胁的封闭、半封闭设施及场所，如反应器、塔、釜、槽、罐、炉膛、锅筒、管道、容器以及地下室、窨井、坑（池）、下水道或其他封闭、半封闭场所。

《化学品生产单位受限空间作业安全规范》（AQ 3028—2008）第3.2条规定，受限空间作业是进入或探入化学品单位的受限空间进行的作业。

（二）受限空间安全作业证的管理

《化学品生产单位受限空间作业安全规范》（AQ 3028—2008）第6.3条规定，受限空间安全作业证应由受限空间所在单位负责人审批。

《化学品生产单位受限空间作业安全规范》（AQ 3028—2008）第6.4条规定，一处受限空间、同一作业内容办理一张作业证，当受限空间工艺条件、作业环境条件改变时，应重新办理作业证。

（三）受限空间作业安全管理要求

1. 作业前的安全管理

《化学品生产单位特殊作业安全规范》（GB 30871—2014）第6.1条规定，作业前，应对受限空间进行安全隔绝，要求如下：

1）与受限空间连通的可能危及安全作业的管道应采用插入盲板或拆除一段管道进行隔绝。

2）与受限空间连通的可能危及安全作业的孔、洞应进行严密地封堵。

3）受限空间内用电设备应停止运行并有效切断电源，在电源开关处上锁并加挂警示牌。

《化学品生产单位特殊作业安全规范》（GB 30871—2014）第6.2条规定，作业前，应根据受限空间盛装（过）的物料特性，对受限空间进行清洗或置换，并达到如下要求：

1）氧含量为18%～21%，富氧环境下不应大于23.5%。

2）有毒气体（物质）浓度应符合规定。

2. 受限空间空气流通的措施

《化学品生产单位特殊作业安全规范》（GB 30871—2014）第6.3条规定，应保持受限空间空气流通良好，可采取如下措施：

1）打开人孔、手孔、料孔、风门、烟门等与大气相通的设施进行自然通风。

2）必要时，应采用风机强制通风或管道送风，管道送风前应对管道内介质和风源进行分析确认。

3. 受限空间内的气体监测

《化学品生产单位特殊作业安全规范》（GB 30871—2014）第6.4条规定，应对受限空间内的气体浓度进行严格监测，监测要求如下：

1）作业前30min内，应对受限空间进行气体采样分析，分析合格后方可进入，如现场条件不允许，时间可适当放宽，但不应超过60min。

2）监测点应有代表性，容积较大的受限空间，应对上、中、下各部位进行监测分析。

3）分析仪器应在校验有效期内，使用前应保证其处于正常工作状态。

4）监测人员深入或探入受限空间采样时应采取符合规定的个体防护措施。

5）作业中应定时监测，至少每2h监测一次，如监测分析结果有明显变化，应立即停止作业，撤离人员，对现场进行处理，分析合格后方可恢复作业。

6）对可能释放有害物质的受限空间，应连续监测，情况异常时应立即停止作业，撤离人员，对现场处理，分析合格后方可恢复作业。

7）涂刷具有挥发性溶剂的涂料时，应做连续分析，并采取强制通风措施。

8）作业中断时间超过60min时，应重新进行取样分析。

4. 进入受限空间的防护措施

《化学品生产单位特殊作业安全规范》（GB 30871—2014）第6.5条规定，进入下列受限空间作业应采取如下防护措施：

1）缺氧或有毒的受限空间经清洗或置换仍达不到要求的，应佩戴隔离式呼吸器，必要时应拴带救生绳。

2）易燃易爆的受限空间经清洗或置换仍达不到安全要求的，应穿防静电工作服及防静电工作鞋，使用防爆型低压灯具及防爆工具。

3）酸碱等腐蚀性介质的受限空间，应穿戴防酸碱防护服、防护鞋、防护手套等防腐蚀护品。

4）有噪声产生的受限空间，应佩戴耳塞或耳罩等防噪声护具。

5）有粉尘产生的受限空间，应佩戴防尘口罩、眼罩等防尘护具。

6）高温的受限空间，进入时应穿戴高温防护用品，必要时采取通风、隔热、佩戴通信设备等防护措施。

7）低温的受限空间，进入时应穿戴低温防护用品，必要时采取供暖、佩戴通信设备等措施。

5. 用电及照明安全要求

《化学品生产单位特殊作业安全规范》（GB 30871—2014）第6.6条规定，照明及用电安全要求如下：

1）受限空间照明电压应小于或等于36V，在潮湿容器、狭小容器内作业电压应小于或等于12V。

2）在潮湿容器中，作业人员应站在绝缘板上，同时保证金属容器接地可靠。

6. 作业监护要求

《化学品生产单位特殊作业安全规范》（GB 30871—2014）第6.7条规定，作业监护要求如下：

1）在受限空间外应设有专人监护，作业期间监护人员不应离开。

2）在风险较大的受限空间作业时，应增设监护人员，并随时与受限空间内作业人员保持联络。

典型例题

例1：雨季来临前，某化学品生产企业组织专业队伍对厂区内所有雨水井、污水井清淤疏通，按受限空间作业管理要求，每次作业前均应进行氧含量检测，清理员下井作业氧气浓度合格范围是（   ）。

A. 19.5%～23.5%

B. 23%～38%

C. 17%～29%

D. 12.5%～21.5%

【答案】A。

例2：根据《化学品生产单位特殊作业安全规范》（GB 30871—2014），关于受限空间气体监测的说法，正确的有（   ）。

A. 作业前30min内，应对受限空间进行气体采样分析，分析合格后方可进入

B. 监测点应有代表性，容积较大的受限空间，应对上、中、下各部位进行监测分析

C. 作业中应随时监测，每次间隔30min

D. 涂刷具有挥发性溶剂的涂料时，应每30min监测一次

E. 作业中断时间超过30min时，应重新进行取样分析

【答案】ABE。

五、盲板抽堵作业许可管理

1. 盲板抽堵安全作业证的管理

《化学品生产单位盲板抽堵作业安全规范》（AQ 3027—2008）第7.1条规定，盲板抽堵作业由生产车间（分厂）办理。

《化学品生产单位盲板抽堵作业安全规范》（AQ 3027—2008）第7.2条规定，盲板抽堵作业宜实行一块盲板一张作业证的管理方式。

《化学品生产单位盲板抽堵作业安全规范》（AQ 3027—2008）第7.4条规定，盲板抽堵作业证由生产车间（分厂）负责填写，盲板抽堵作业单位审核或会签、单位生产部门审批。

2. 安全管理要求

《化学品生产单位特殊作业安全规范》（GB 30871—2014）第7.1条～第7.10条对盲板抽堵作业的规定如下。

1）生产车间（分厂）应预先绘制盲板位置图，对盲板进行统一编号，并设专人统一指挥作业。

2）应根据管道内介质的性质、温度、压力和管道法兰密封面的口径等选择相应材料、强度、口径和符合设计、制造要求的盲板及垫片。

3）作业单位应按图进行盲板抽堵作业，并对每个盲板设标牌进行标识，标牌编号应与盲板位置图上的盲板编号一致。生产车间应逐一确认并做好记录。

4）作业时，作业点压力应降为常压，并设专人监护。

5）在有毒介质的管道、设备上进行盲板抽堵作业时，作业人员应按相关要求选用防护用具。

6）在易燃易爆场所进行盲板抽堵作业时，作业人员应穿防静电工作服、工作鞋，并应使用防爆灯具和防爆工具；距盲板抽堵作业地点30m内不应有动火作业。

7）在强腐蚀性介质的管道、设备上进行盲板抽堵作业时，作业人员应采取防止酸碱灼伤的措施。

8）介质温度较高、可能造成烫伤的情况下，作业人员应采取防烫措施。

9）不应在同一管道上同时进行两处及两处以上的盲板抽堵作业。

10）盲板抽堵作业结束，由作业单位和生产车间（分厂）专人共同确认。

典型例题

例1：某企业建设一座冷藏容量为5000L的货架式冷库。使用以液氨作为制冷剂的制冷系统，冷藏设计温度在 -23 ～ -10℃。某日，叉车驾驶员张某在冷库内作业时突然闻到了氨味，立即向领导报告。经查，泄漏由蒸发器的液氨供液管弯头焊缝缺陷引起。经技术人员查阅图样，共同讨论后制定了抢修方案，并在作业前对供液管上端阀门处实施加盲板作业。根据《化学品生产单位特殊作业安全规范》（GB 30871—2014），关于盲板抽堵作业的说法，正确的是（   ）。

A. 在盲板抽堵作业地点15m处可以进行动火作业

B. 作业点压力应降为常压，并设专人监护

C. 作业时应穿防静电工作服、工作鞋，使用非防爆灯具和工具

D. 在同一液氨供液管道上可以同时进行两处盲板抽堵作业

【答案】B。

例2：根据《化学品生产单位特殊作业安全规范》（GB 30871—2014）的规定，对盲板抽堵作业的说法正确的有（   ）。

A. 距盲板抽堵作业地点20m内不应有动火作业

B. 不应在同一管道上同时进行两处及两处以上的盲板抽堵作业

C. 盲板抽堵作业结束，由作业单位和生产车间专人共同确认

D. 作业时，作业点压力应降为常压，并设专人监护

E. 作业单位应按图进行盲板抽堵作业，并对每个盲板设标牌进行标识

【答案】BCDE。

六、高处作业许可管理

（一）高处作业的含义与分级

1. 高处作业的含义

《化学品生产单位特殊作业安全规范》（GB 30871—2014）第3.7条将高处作业定义为：在距坠落基准面2m及2m以上有可能坠落的高处进行的作业。

2. 高处作业的分级

《化学品生产单位高处作业安全规范》（AQ 3025—2008）第4.1条将高处作业分为一级、二级、三级和特级高处作业。

1）作业高度在 $2m \leqslant h < 5m$ 时，称为一级高处作业。

2）作业高度在 $5m \leqslant h < 15m$ 时，称为二级高处作业。

3）作业高度在 $15m \leqslant h < 30m$ 时，称为三级高处作业。

4）作业高度在 $h \geqslant 30m$ 以上时，称为特级高处作业。

（二）高处作业安全管理要求

1. 高处安全作业证的管理

《化学品生产单位高处作业安全规范》（AQ 3025—2008）第6.1条规定，一级高处作业和在坡度大于45°的斜坡上面的高处作业，由车间负责审批。

《化学品生产单位高处作业安全规范》（AQ 3025—2008）第6.2条规定，二级、三级高处作业及下列情形的高处作业由车间审核后，报厂相关主管部门审批。

1）在升降（吊装）口、坑、井、池、沟、洞等上面或附近进行高处作业。

2）在易燃、易爆、易中毒、易灼伤的区域或转动设备附近进行高处作业。

3）在无平台、无护栏的塔、釜、炉、罐等化工容器、设备及架空管道上进行高处作业。

4）在塔、釜、炉、罐等设备内进行高处作业。

5）在临近有排放有毒、有害气体、粉尘的放空管线或烟囱及设备高处作业。

《化学品生产单位高处作业安全规范》（AQ 3025—2008）第6.3条规定，特级高处作业及下列情形的高处作业，由单位安全部门审核后，报主管安全负责人审批。

1）在阵风风力为6级（风速10.8m/s）及以上情况下进行的强风高处作业。

2）在高温或低温环境下进行的异温高处作业。

3）在降雪时进行的雪天高处作业。

4）在降雨时进行的雨天高处作业。

5）在室外完全采用人工照明进行的夜间高处作业。

6）在接近或接触带电体条件下进行的带电高处作业。

7）在无立足点或无牢靠立足点的条件下进行的悬空高处作业。

2. 高处作业安全防护措施

《化学品生产单位特殊作业安全规范》（GB 30871—2014）第8.2.1条～第8.2.11条对高处作业安全防护的规定如下。

1）作业人员应佩戴符合要求的安全带。带电高处作业应使用绝缘工具或穿均压服。

2）高处作业应设专人监护，作业人员不应在作业处休息。

3）应根据实际需要配备符合标准安全要求的吊笼、梯子、挡脚板、跳板等，脚手架的搭设应符合国家有关标准。

4）在彩钢板屋顶、石棉瓦、瓦棱板等轻型材料上作业，应铺设牢固的脚手板并加以固定，脚手板上要有防滑措施。

5）在临近排放有毒、有害气体、粉尘的放空管线或烟囱等场所进行作业时，应预先与作业所在地有关人员取得联系、确定联络方式，并为作业人员配备必要的且符合相关国家标准的防护器材（如空气呼吸器、过滤式防毒面具或口罩等）。

6）雨天和雪天作业时，应采取可靠的防滑、防寒措施；遇有五级以上强风、浓雾等恶劣气候，不应进行高处作业、露天攀登与悬空高处作业；暴风雪、台风、暴雨后，应对作业安全设施进行检查，发现问题立即处理。

7）作业使用的工具、材料、零件等应装入工具袋，上下时手中不应持物，不应投掷工具、材料及其他物品。易滑动、易滚动的工具、材料堆放在脚手架上时，应采取防坠落措施。

8）与其他作业交叉进行时，应按指定的路线上下，不应上下垂直作业，如果确需垂直作业应采取可靠的隔离措施。

9）因作业必须临时拆除或变动安全防护设施时，应经作业审批人员同意，并采取相应的防护措施，作业后应立即恢复。

10）作业人员在作业中如果发现异常情况，应及时发出信号，并迅速撤离现场。

11）拆除脚手架、防护棚时，应设警戒区并派专人监护，不应上部和下部同时施工。

典型例题

根据《化学品生产单位特殊作业安全规范》（GB 30871—2014），关于高处作业的说法，错误

的是（　　）。

  A. 凡在坠落基准面2m或以上进行的作业称为高处作业

  B. 高处作业应设专人监护，作业人员不应在作业处休息

  C. 高处作业人员应佩戴安全带，并穿均压服

  D. 遇有五级以上强风天气，不应进行高处作业、露天攀登与悬空高处作业

  【答案】C。

七、吊装作业许可管理

1. 吊装作业的分级

  《化学品生产单位吊装作业安全规范》（AQ 3021—2008）第4条规定，将吊装作业按照吊装重物质量不同分为三级：

  1）一级吊装作业吊装重物的质量大于100t。

  2）二级吊装作业吊装重物的质量大于或等于40t至小于或等于100t。

  3）三级吊装作业吊装重物的质量小于40t。

2. 吊装安全作业证的管理

  《化学品生产单位吊装作业安全规范》（AQ 3021—2008）第10.1条规定，吊装质量大于10t的重物应办理吊装安全作业证，吊装安全作业证由相关管理部门负责管理。

3. 吊装作业要求

  《化学品生产单位特殊作业安全规范》（GB 30871—2014）第9.2.1条~第9.2.9条对吊装作业要求如下。

  1）三级以上的吊装作业，应编制吊装作业方案。吊装物体质量虽不足40t，但形状复杂、刚度小、长径比大、精密贵重，以及在作业条件特殊的情况下，也应编制吊装作业方案，吊装作业方案应经审批。

  2）吊装现场应设置安全警戒标志，并设专人监护，非作业人员禁止入内。

  3）不应靠近输电线路进行吊装作业。

  4）大雪、暴雨、大雾及六级以上风时，不应露天作业。

  5）作业前，作业单位应对起重机械、吊具、索具、安全装置等进行检查，确保其处于完好状态。

  6）应按规定负荷进行吊装，吊具、索具经计算选择使用，不应超负荷吊装。

  7）不应利用管道、管架、电杆、机电设备等作吊装锚点。未经土建专业审查核算，不应将建筑物、构筑物作为锚点。

  8）起吊前应进行试吊，试吊中检查全部机具、地锚受力情况，发现问题应将吊物放回地面，排除故障后重新试吊，确认正常后方可正式吊装。

  9）指挥人员应佩戴明显的标志，并按规定的联络信号进行指挥。

🔷 典型例题

  《化学品生产单位吊装作业安全规范》（AQ 3021—2008）规定，吊装质量大于（　　）t的重物应办理吊装安全作业证，吊装安全作业证由相关管理部门负责管理。

  A. 2   B. 5   C. 8   D. 10

  【答案】D。

八、临时用电管理要求

《化学品生产单位特殊作业安全规范》（GB 30871—2014）第10.1条～第10.7条对临时用电作业要求如下。

1）在运行的生产装置、罐区和具有火灾爆炸危险场所内不应接临时电源，确需时应对周围环境进行可燃气体检测分析，分析结果应符合要求。

2）各类移动电源及外部自备电源，不应接入电网。

3）动力和照明线路应分路设置。

4）在开关上接引、拆除临时用电线路时，其上级开关应断电上锁并加挂安全警示标牌。

5）临时用电应设置保护开关，使用前应检查电气装置和保护设施的可靠性。所有的临时用电均应设置接地保护。

6）临时用电设备和线路应按供电电压等级和容量正确使用，所用的电器元件应符合国家相关产品标准及作业现场环境要求。

7）临时用电单位不应擅自向其他单位转供电或增加用电负荷，以及变更用电地点和用途。

8）临时用电时间一般不超过15d，特殊情况不应超过一个月。用电结束后，用电单位应及时通知供电单位拆除临时用电线路。

典型例题

根据《化学品生产单位特殊作业安全规范》（GB 30871—2014）对临时用电作业的要求，以下说法，正确的有（　　　）。

A. 各类移动电源及外部自备电源应接入电网

B. 临时用电时间不应超过三个月

C. 动力和照明线路应合路设置

D. 所有的临时用电均应设置接地保护

E. 临时用电设备和线路应按供电电压等级和容量正确使用

【答案】 DE。

九、动土作业许可管理

1. 动土安全作业证的管理

《化学品生产单位动土作业安全规范》（AQ 3023—2008）第5.1条规定，动土安全作业证由动土作业主管部门负责审批、管理。

2. 动土作业要求

《化学品生产单位特殊作业安全规范》（GB 30871—2014）第11.1～11.4条、第11.7条、第11.9条对动土作业要求如下。

1）作业前，应检查工具、现场支撑是否牢固、完好，发现问题应及时处理。

2）作业现场应根据需要设置护栏、盖板和警告标志，夜间应悬挂警示灯。

3）在破土开挖前，应先做好地面和地下排水，防止地面水渗入作业层面造成塌方。

4）作业前应首先了解地下隐蔽设施的分布情况，动土临近地下隐蔽设施时，应使用适当工具挖掘，避免损坏地下隐蔽设施。如暴露出电缆、管线以及不能辨认的物品时，应立即停止作业，妥善加以保护，报告动土审批单位处理，经采取措施后方可继续动土作业。

5）作业人员发现异常时，应立即撤离作业现场。

6）施工结束后应及时回填土石，并恢复地面设施。

典型例题

根据《化学品生产单位特殊作业安全规范》（GB 30871—2014）对动土作业的要求，以下说法，正确的有（   ）。

A. 施工结束后应及时回填土方

B. 暴露出电缆、管线以及不能辨认的物品时，应报告上级主管部门处理

C. 作业人员发现异常时，应立即撤离作业现场

D. 作业现场应根据需要设置护栏、盖板和警告标志，夜间应悬挂警示灯

E. 在破土开挖前，应先做好地面和地下排水

【答案】ACDE。

十、断路作业许可管理

1. 断路安全作业证的管理

《化学品生产单位断路作业安全规范》（AQ 3024—2008）第5.1条规定，断路安全作业证由断路申请单位指定专人至少提前一天办理。

《化学品生产单位断路作业安全规范》（AQ 3024—2008）第5.3条规定，断路申请单位在有关管理部门领取（作业证）后，逐项填写其应填内容后交断路作业单位。

《化学品生产单位断路作业安全规范》（AQ 3024—2008）第5.5条规定，断路申请单位从断路作业单位收到（作业证）后，交本单位上级有关管理部门审批。

2. 断路作业要求

《化学品生产单位特殊作业安全规范》（GB 30871—2014）第12.1条～第12.5条对断路作业要求如下。

1）作业前，作业申请单位应会同本单位相关主管部门制定交通组织方案，方案应能保证消防车和其他重要车辆的通行，并满足应急救援要求。

2）作业单位应根据需要在断路的路口和相关道路上设置交通警示标志，在作业区附近设置路栏、道路作业警示灯、导向标等交通警示设施。

3）在道路上进行定点作业，白天不超过2h、夜间不超过1h即可完工的，在有现场交通指挥人员指挥交通的情况下，只要作业区域设置了相应的交通警示设施，即白天设置了锥形交通路标或路栏，夜间设置了锥形交通路标或路栏及道路作业警示灯，可不设标志牌。

4）在夜间或雨、雪、雾天进行作业应设置道路作业警示灯，警示灯设置要求如下：

①采用安全电压。

②设置高度应离地面1.5m，不低于1.0m。

③其设置应能反映作业区的轮廓。

④应能发出至少自150m以外清晰可见的连续、闪烁或旋转的红光。

5）断路作业结束后，作业单位应清理现场，撤除作业区、路口设置的路栏、道路作业警示灯、导向标等交通警示设施。申请断路单位应检查核实，并报告有关部门恢复交通。

典型例题

例1：根据《化学品生产单位特殊作业安全规范》（GB 30871—2014）对断路作业的要求，在夜间或雨、雪、雾天进行作业设置的道路作业警示灯应离地面（   ）m。

A. 0.5   B. 1.0   C. 1.5   D. 2.0

【答案】C。

例2：某化学品生产企业准备对厂区道路进行改造，需要实施断路作业，作业前组织作业人员制定了道路警示灯设置的相关要求，根据《化学品生产单位特殊作业安全规范》（GB 30871—2014），关于该断路作业安全要求的说法，正确的有（　　）。

A. 夜间警示灯应采用安全电压

B. 雨雪天气应设置离地面高度为0.8~1m的警示灯

C. 夜间警示灯应能反映作业区的轮廓

D. 雾天作业警示灯应能发出至少自150m以外清晰可见连续、闪烁的黄光

E. 作业区附近应设置路栏、道路作业警示灯、导向标

【答案】ACE。

第十二节　安全生产应急救援管理

一、应急预案的管理

《生产安全事故应急预案管理办法》第三条规定，应急预案的管理实行属地为主、分级负责、分类指导、综合协调、动态管理的原则。

《生产安全事故应急预案管理办法》第四条规定，应急管理部负责全国应急预案的综合协调管理工作。国务院其他负有安全生产监督管理职责的部门在各自职责范围内，负责相关行业、领域应急预案的管理工作。县级以上地方各级人民政府应急管理部门负责本行政区域内应急预案的综合协调管理工作。县级以上地方各级人民政府其他负有安全生产监督管理职责的部门按照各自的职责负责有关行业、领域应急预案的管理工作。

《生产安全事故应急预案管理办法》第五条规定，生产经营单位主要负责人负责组织编制和实施本单位的应急预案，并对应急预案的真实性和实用性负责；各分管负责人应当按照职责分工落实应急预案规定的职责。

典型例题

根据《生产安全事故应急预案管理办法》的规定，（　　）负责组织编制和实施本单位的应急预案，并对应急预案的真实性和实用性负责。

A. 生产经营单位主要负责人　　　　B. 生产经营单位各分管负责人

C. 生产经营单位专职安全员　　　　D. 生产经营单位分管安全的负责人

【答案】A。

二、应急预案的构成

《生产安全事故应急预案管理办法》第六条规定，生产经营单位应急预案分为综合应急预案、专项应急预案和现场处置方案。

综合应急预案是指生产经营单位为应对各种生产安全事故而制定的综合性工作方案，是本单位应对生产安全事故的总体工作程序、措施和应急预案体系的总纲。

专项应急预案是指生产经营单位为应对某一种或者多种类型生产安全事故，或者针对重要生产设施、重大危险源、重大活动防止生产安全事故而制定的专项性工作方案。

现场处置方案是指生产经营单位根据不同生产安全事故类型，针对具体场所、装置或者设施所制定的应急处置措施。

《生产安全事故应急预案管理办法》第十四条规定，对于某一种或者多种类型的事故风险，

生产经营单位可以编制相应的专项应急预案，或将专项应急预案并入综合应急预案。专项应急预案应当规定应急指挥机构与职责、处置程序和措施等内容。

《生产安全事故应急预案管理办法》第十五条规定，对于危险性较大的场所、装置或者设施，生产经营单位应当编制现场处置方案。现场处置方案应当规定应急工作职责、应急处置措施和注意事项等内容。事故风险单一、危险性小的生产经营单位，可以只编制现场处置方案。

典型例题

根据《生产安全事故应急预案管理办法》，对于（　　　）的生产经营单位，可以只编制现场处置方案。

A. 危险性较大的场所　　　　　　B. 危险性较大的装置

C. 危险性较大的设施　　　　　　D. 事故风险单一

【答案】D。

三、应急预案的主要内容

（一）综合应急预案的主要内容

《生产经营单位生产安全事故应急预案编制导则》（GB/T 29639—2020）规定，综合应急预案包括以下内容：

1. 总则

（1）适用范围　说明应急预案适用的范围。

（2）响应分级　依据事故危害程度、影响范围和生产经营单位控制事态的能力，对事故应急响应进行分级，明确分级响应的基本原则。响应分级不必照搬事故分级。

2. 应急组织机构及职责

明确应急组织形式（可用图示）及构成单位（部门）的应急处置职责。应急组织机构可设置相应的工作小组，各小组具体构成、职责分工及行动任务应以工作方案的形式作为附件。

3. 应急响应

（1）信息报告

1）信息接报。明确应急值守电话，事故信息接收、内部通报程序、方式和责任人；向上级主管部门、上级单位报告事故信息的流程、内容、时限和责任人；向本单位以外的有关部门或单位通报事故信息的方法、程序和责任人。

2）信息处置与研判。明确响应启动的程序和方式。根据事故性质、严重程度、影响范围和可控性，结合响应分级明确的条件，可由应急领导小组做出响应启动的决策并宣布，或者依据事故信息是否达到响应启动的条件自动启动。若未达到响应启动条件，应急领导小组可做出预警启动的决策，做好响应准备，实时跟踪事态发展。响应启动后，应注意跟踪事态发展，科学分析处置需求，及时调整响应级别，避免响应不足或过度响应。

（2）预警

1）预警启动。明确预警信息发布渠道、方式和内容。

2）响应准备。明确做出预警启动后应开展的响应准备工作，包括队伍、物资、装备、后勤及通信。

3）预警解除。明确预警解除的基本条件、要求及责任人。

（3）响应启动　确定响应级别，明确响应启动后的程序性工作，包括应急会议召开、信息上报、资源协调、信息公开、后勤及财力保障工作。

（4）应急处置　明确事故现场的警戒疏散、人员搜救、医疗救治、现场监测、技术支持、工程抢险及环境保护方面的应急处置措施，并明确人员防护的要求。

（5）应急支援　明确当事态无法控制情况下，向外部（救援）力量请求支援的程序及要求、联动程序及要求，以及外部（救援）力量到达后的指挥关系。

（6）响应终止　明确响应终止的基本条件、要求和责任人。

4. 后期处置

明确污染物处理、生产秩序恢复、人员安置方面的内容。

5. 应急保障

（1）通信与信息保障　明确应急保障的相关单位及人员通信联系方式和方法，以及备用方案和保障责任人。

（2）应急队伍保障　明确相关的应急人力资源，包括专家、专兼职应急救援队伍及协议应急救援队伍。

（3）物资装备保障　明确本单位的应急物资和装备的类型、数量、性能、存放位置、运输及使用条件、更新及补充时限、管理责任人及其联系方式，并建立台账。

（4）其他保障　根据应急工作需求而确定的其他相关保障措施（如能源保障、经费保障、交通运输保障、治安保障、技术保障、医疗保障及后勤保障）。

（1）～（4）的相关内容，尽可能在应急预案的附件中体现。

（二）专项应急预案的主要内容

《生产经营单位生产安全事故应急预案编制导则》（GB/T 29639—2020）规定，专项应急预案包括以下内容：

（1）适用范围　说明专项应急预案适用的范围，以及与综合应急预案的关系。

（2）应急组织机构及职责　明确应急组织形式（可用图示）及构成单位（部门）的应急处置职责，应急组织机构以及各成员单位或人员的具体职责。应急组织机构可以设置相应的应急工作小组，各小组具体构成、职责分工及行动任务建议以工作方案的形式作为附件。

（3）响应启动　明确响应启动后的程序性工作，包括应急会议召开、信息上报、资源协调、信息公开、后勤及财力保障工作。

（4）处置措施　针对可能发生的事故风险、危害程度和影响范围，明确应急处置指导原则，制定相应的应急处置措施。

（5）应急保障　根据应急工作需求明确保障的内容。

专项应急预案包括但不限于（1）～（4）的内容。

（三）现场处置方案的主要内容

《生产经营单位生产安全事故应急预案编制导则》（GB/T 29639—2020）规定，现场处置方案包括以下内容：

（1）事故风险描述　简述事故风险评估的结果（可用列表的形式列在附件中）。

（2）应急工作职责　明确应急组织分工和职责。

（3）应急处置　包括但不限于下列内容：

1）应急处置程序。根据可能发生的事故及现场情况，明确事故报警、各项应急措施启动、应急救护人员的引导、事故扩大及同生产经营单位应急预案的衔接程序。

2）现场应急处置措施。针对可能发生的事故从人员救护、工艺操作、事故控制、消防、现场恢复等方面制定明确的应急处置措施。

3）明确报警负责人、报警电话，上级管理部门、相关应急救援单位联络方式和联系人员，事故报告基本要求和内容。

4）注意事项。包括人员防护和自救互救、装备使用、现场安全等方面的内容。

典型例题

《生产经营单位安全生产事故应急预案编制导则》（GB/T 29639—2020）规定的专项应急预案包括的内容有（　　）。

A. 应急保障　　　　　　　　　　B. 应急组织机构及职责
C. 事故风险分析　　　　　　　　D. 处置措施
E. 处置程序

【答案】ABD。

四、应急预案的编制

1. 编制原则

《生产安全事故应急预案管理办法》第七条规定，应急预案的编制应当遵循以人为本、依法依规、符合实际、注重实效的原则，以应急处置为核心，明确应急职责、规范应急程序、细化保障措施。

2. 编制依据

《生产安全事故应急预案管理办法》第八条规定，应急预案的编制应当符合下列基本要求：

1）有关法律、法规、规章和标准的规定。

2）本地区、本部门、本单位的安全生产实际情况。

3）本地区、本部门、本单位的危险性分析情况。

4）应急组织和人员的职责分工明确，并有具体的落实措施。

5）有明确、具体的应急程序和处置措施，并与其应急能力相适应。

6）有明确的应急保障措施，满足本地区、本部门、本单位的应急工作需要。

7）应急预案基本要素齐全、完整，应急预案附件提供的信息准确。

8）应急预案内容与相关应急预案相互衔接。

3. 编制要求

《生产安全事故应急预案管理办法》第九条规定，编制应急预案应当成立编制工作小组，由本单位有关负责人任组长，吸收与应急预案有关的职能部门和单位的人员，以及有现场处置经验的人员参加。

《生产安全事故应急预案管理办法》第十条规定，编制应急预案前，编制单位应当进行事故风险辨识、评估和应急资源调查。事故风险辨识、评估是指针对不同事故种类及特点，识别存在的危险危害因素，分析事故可能产生的直接后果以及次生、衍生后果，评估各种后果的危害程度和影响范围，提出防范和控制事故风险措施的过程。应急资源调查是指全面调查本地区、本单位第一时间可以调用的应急资源状况和合作区域内可以请求援助的应急资源状况，并结合事故风险辨识评估结论制定应急措施的过程。

《生产安全事故应急预案管理办法》第十一条规定，地方各级人民政府应急管理部门和其他负有安全生产监督管理职责的部门应当根据法律、法规、规章和同级人民政府以及上一级人民政府应急管理部门和其他负有安全生产监督管理职责的部门的应急预案，结合工作实际，组织编制相应的部门应急预案。部门应急预案应当根据本地区、本部门的实际情况，明确信息报告、响应分级、指挥权移交、警戒疏散等内容。

《生产安全事故应急预案管理办法》第十三条规定，生产经营单位风险种类多、可能发生多种类型事故的，应当组织编制综合应急预案。综合应急预案应当规定应急组织机构及其职责、应急预案体系、事故风险描述、预警及信息报告、应急响应、保障措施、应急预案管理等内容。

《生产安全事故应急预案管理办法》第十六条规定，生产经营单位应急预案应当包括向上级应急管理机构报告的内容、应急组织机构和人员的联系方式、应急物资储备清单等附件信息。附件信息发生变化时，应当及时更新，确保准确有效。

《生产安全事故应急预案管理办法》第十九条规定，生产经营单位应当在编制应急预案的基础上，针对工作场所、岗位的特点，编制简明、实用、有效的应急处置卡。应急处置卡应当规定重点岗位、人员的应急处置程序和措施，以及相关联络人员和联系方式，便于从业人员携带。

典型例题

例1：某企业每半年更新一次应急人员联系电话，这体现了事故应急预案编制中关于（　　）的基本要求。

A. 应急组织和人员分工明确，并有具体的落实措施

B. 结合本单位分析危险性

C. 有明确的事故预防措施和应急程序，与应急能力相适应

D. 预案基本要素齐全、完整，信息准确

【答案】D。

例2：某生产经营单位根据《生产安全事故应急预案管理办法》要求编制应急预案，成立了应急预案编制工作小组，由本单位主要负责人担任组长，吸收与应急预案有关的职能部门和单位的人员，以及有现场处置经验的人员参加，编制了该单位相应的应急预案和重点岗位应急处置卡。关于应急处置卡的说法，正确的是（　　）。

A. 应急处置卡应明确国家法律规定要求　　B. 应急处置卡应明确处置程序和措施

C. 应急处置卡应明确善后处理内容　　D. 应急处置卡应明确保障措施

【答案】B。

五、应急演练的目的及原则

1. 应急演练的目的

《生产安全事故应急演练基本规范》（AQ/T 9007—2019）第4.1条规定，应急演练的目的包括：

（1）检验预案　发现应急预案中存在的问题，提高应急预案的针对性、实用性和可操作性。

（2）完善准备　完善应急管理标准制度，改进应急处置技术，补充应急装备和物资，提高应急能力。

（3）磨合机制　完善应急管理部门、相关单位和人员的工作职责，提高协调配合能力。

（4）宣传教育　普及应急管理知识，提高参演和观摩人员风险防范意识和自救互救能力。

（5）锻炼队伍　熟悉应急预案，提高应急人员在紧急情况下妥善处置事故的能力。

2. 应急演练的原则

《生产安全事故应急演练基本规范》（AQ/T 9007—2019）第4.3条规定，应急演练应遵循以下原则：

（1）符合相关规定　按照国家相关法律法规、标准及有关规定组织开展演练。

（2）**依据预案演练**　结合生产面临的风险及事故特点，依据应急预案组织开展演练。

（3）**注重能力提高**　突出以提高指挥协调能力、应急处置能力和应急准备能力组织开展演练。

（4）**确保安全有序**　在保证参演人员、设备设施及演练场所安全的条件下组织开展演练。

典型例题

根据《生产安全事故应急演练基本规范》（AQ/T 9007—2019）的规定，应急演练应遵循的原则有（　）。

A. 依据预案演练　　　　　　　　B. 注重能力提高

C. 符合相关规定　　　　　　　　D. 确保安全有序

E. 规范应急程序

【答案】ABCD。

六、应急演练的分类

《生产安全事故应急演练基本规范》（AQ/T 9007—2019）第4.2条规定，应急演练按照演练内容分为综合演练和单项演练，按照演练形式分为实战演练和桌面演练，按目的与作用分为检验性演练、示范性演练和研究性演练，不同类型的演练可相互组合。

典型例题

根据《生产安全事故应急演练基本规范》（AQ/T 9007—2019）的规定，应急演练按照演练内容分为（　）。

A. 检验性演练　　　　　　　　B. 示范性演练

C. 研究性演练　　　　　　　　D. 单项演练

E. 综合演练

【答案】DE。

七、应急演练基本流程

《生产安全事故应急演练基本规范》（AQ/T 9007—2019）对应急演练基本流程做了如下规定。

（一）计划

1. 需求分析

全面分析和评估应急预案、应急职责、应急处置工作流程和指挥调度程序、应急技能和应急装备、物资的实际情况，提出需通过应急演练解决的问题，有针对性地确定应急演练目标，提出应急演练的初步内容和主要科目。

2. 明确任务

确定应急演练的事故情景类型、等级、发生地域，演练方式，参演单位，应急演练各阶段主要任务，应急演练实施的拟定日期。

3. 制定计划

根据需求分析及任务安排，组织人员编制演练计划文本。

（二）准备

1. 成立演练组织机构

综合演练通常应成立演练领导小组，负责演练活动筹备和实施过程中的组织领导工作，审定演练工作方案、演练工作经费、演练评估总结以及其他需要决定的重要事项。演练领导小组下设策划与导调组、宣传组、保障组、评估组。根据演练规模大小，其组织机构可进行调整。

（1）策划与导调组　负责编制演练工作方案、演练脚本、演练安全保障方案，负责演练活动筹备、事故场景布置、演练进程控制和参演人员调度以及与相关单位、工作组的联络和协调。

（2）宣传组　负责编制演练宣传方案，整理演练信息、组织新闻媒体和开展新闻发布。

（3）保障组　负责演练的物资装备、场地、经费、安全保卫及后勤保障。

（4）评估组　负责对演练准备、组织与实施进行全过程、全方位的跟踪评估；演练结束后，及时向演练单位或演练领导小组及其他相关专业组提出评估意见、建议，并撰写演练评估报告。

2. 编制文件

（1）工作方案　内容包括：①目的及要求。②事故情景。③参与人员及范围。④时间与地点。⑤主要任务及职责。⑥筹备工作内容。⑦主要工作步骤。⑧技术支撑及保障条件。⑨评估与总结。

（2）脚本　演练一般按照应急预案进行，按照应急预案进行时，根据工作方案中设定的事故情景和应急预案中规定的程序开展演练工作。演练单位根据需要确定是否编制脚本，如编制脚本，一般采用表格形式，主要内容：①模拟事故情景。②处置行动与执行人员。③指令与对白、步骤及时间安排。④视频背景与字幕。

（3）演练评估方案　内容包括：①演练信息：目的和目标、情景描述，应急行动与应对措施简介。②评估内容：准备情况、组织与实施、效果。③评估标准：各环节应达到的目标评判标准。④评估程序：主要步骤及任务分工。⑤附件：所需要用到的相关表格。

（4）保障方案　包括应急演练可能发生的意外情况、应急处置措施及责任部门、应急演练意外情况中止条件与程序。

（5）观摩手册　根据演练规模和观摩需要，可编制演练观摩手册。演练观摩手册通常包括应急演练时间、地点、情景描述、主要环节及演练内容、安全注意事项。

（6）宣传方案　编制演练宣传方案，明确宣传目标、宣传方式、传播途径、主要任务及分工、技术支持。

3. 工作保障

根据演练工作需要，做好演练的组织与实施需要相关保障条件。保障条件主要内容：

（1）人员保障　按照演练方案和有关要求，确定参加演练活动的演练总指挥、策划与导调、宣传、保障、评估、参演人员，必要时设置替补人员。

（2）经费保障　明确演练工作经费及承担单位。

（3）物资和器材保障　明确各参演单位所准备的演练物资和器材。

（4）场地保障　根据演练方式和内容，选择合适的演练场地；演练场地应满足演练活动需要，应尽量避免影响企业和公众正常生产、生活。

（5）安全保障　采取必要安全防护措施，确保参演、观摩人员以及生产运行系统安全。

（6）通信保障　采用多种公用或专用通信系统，保证演练通信信息通畅。

（7）其他保障　提供其他保障措施。

（三）实施

1. 现场检查

确认演练所需的工具、设备、设施、技术资料以及参演人员到位。对应急演练安全设备、设施进行检查确认，确保安全保障方案可行，所有设备、设施完好，电力、通信系统正常。

2. 演练简介

应急演练正式开始前,应对参演人员进行情况说明,使其了解应急演练规则、场景及主要内容、岗位职责和注意事项。

3. 启动

应急演练总指挥宣布开始应急演练,参演单位及人员按照设定的事故情景,参与应急响应行动,直至完成全部演练工作。演练总指挥可根据演练现场情况,决定是否继续或中止演练活动。

4. 执行

(1) 桌面演练执行 在桌面演练过程中,演练执行人员按照应急预案或应急演练方案发出信息指令后,参演单位和人员依据接收到的信息,以回答问题或模拟推演的形式,完成应急处置活动。

(2) 实战演练执行 按照应急演练工作方案,开始应急演练,有序推进各个场景,开展现场点评,完成各项应急演练活动,妥善处理各类突发情况,宣布结束与意外终止应急演练。

5. 演练记录

演练实施过程中,安排专门人员采用文字、照片和音像手段记录演练过程。

6. 中断

在应急演练实施过程中,出现特殊或意外情况,短时间内不能妥善处理或解决时,应急演练总指挥按照事先规定的程序和指令中断应急演练。

7. 结束

完成各项演练内容后,参演人员进行人数清点和讲评,演练总指挥宣布演练结束。

(四) 评估总结

1. 撰写演练总结报告

应急演练结束后,演练组织单位应根据演练记录、演练评估报告、应急预案、现场总结材料,对演练进行全面总结,并形成演练书面总结报告。报告可对应急演练准备、策划工作进行简要总结分析。参与单位也可对本单位的演练情况进行总结。演练总结报告的主要内容:

1) 演练基本概要。

2) 演练发现的问题,取得的经验和教训。

3) 应急管理工作建议。

2. 演练资料归档

应急演练活动结束后,演练组织单位应将应急演练工作方案、应急演练书面评估报告、应急演练总结报告文字资料,以及记录演练实施过程的相关图片、视频、音频资料归档保存。

(五) 持续改进

1. 应急预案修订完善

根据演练评估报告中对应急预案的改进建议,按程序对预案进行修订完善。

2. 应急管理工作改进

1) 应急演练结束后,演练组织单位应根据应急演练评估报告、总结报告提出的问题和建议,对应急管理工作(包括应急演练工作)进行持续改进。

2) 演练组织单位应督促相关部门和人员,制定整改计划,明确整改目标,制定整改措施,落实整改资金,并跟踪督查整改情况。

典型例题

例1：根据《生产安全事故应急演练基本规范》（AQ/T 9007—2019）的规定，（   ）通常包括应急演练时间、地点、情景描述、主要环节及演练内容、安全注意事项。

A. 演练观摩手册　　　B. 演练宣传方案　　　C. 演练保障方案　　　D. 演练评估方案

【答案】A。

例2：某石化公司组织了催化裂化装置管线泄漏的现场演练，演练完成后，进行了评估与总结。下列工作内容中，不属于评估与总结阶段的是（   ）。

A. 应急演练结束后，组织应急演练的部门根据问题和建议进行改进

B. 演练组织单位根据演练情况对演练进行全面总结

C. 应急演练结束后，将应急演练文字资料等归档保存

D. 在演练现场，评估人员或评估组负责人对演练效果及发现的问题进行口头点评

【答案】A。

例3：2020年7月21日12时，某市人民政府安全委员会办公室组织有关单位在某水域开展以"船舶相撞、人员落水、燃料泄漏"为主题的2020年水上交通安全事故应急演练。演练过程中评估组通过观察、记录及收集的各类信息资料，对应急演练活动全过程进行分析和评价，演练结束后形成书面总结报告。关于应急演练评估与总结的说法，错误的是（   ）。

A. 演练结束后，可选派参演人员代表对演练中发现的问题及取得的成效进行现场点评

B. 演练书面总结报告由安全委员会办公室形成，内容包括演练基本概要、演练发现的问题和取得的经验教训、应急管理工作建议

C. 评估组对演练准备情况的评估应包含"是否制定演练工作方案、安全及各类保障方案、宣传方案"等内容

D. 评估组观察演练实施及进展、参演人员表现等情况，及时记录演练过程中出现的问题，不可进行现场提问

【答案】D。

第十三节　职业危害预防与管理

一、基本概念

1. 职业危害

职业危害是指直接危害从事职业活动的从业人员的身体健康、导致发生职业病的各种危害。

2. 职业病

职业病是指企业、事业单位和个体经济组织等用人单位的劳动者在职业活动中，因接触粉尘、放射性物质和其他有毒、有害物质等因素而引起的疾病。

3. 职业性病损

职业性病损是指劳动者职业活动过程中接触到职业危害因素而造成的健康损害，包括工伤、职业病和与工作有关的疾病。

4. 职业禁忌

职业禁忌是指职工从事特定职业或者接触特定职业危害因素时，比一般职业人群更易于遭受职业危害的侵袭和罹患职业病，或者可能导致原有自身疾病的病情加重，或者在从事作业过程中

诱发可能导致对他人生命健康构成危险的疾病的个人特殊生理或者病理状态。

二、职业危害因素分类

1. 职业病危害因素按来源分类（表 1-6）

表 1-6　职业病危害因素按来源分类

类型			内容
生产过程中产生的有害因素	化学因素	生产性粉尘	矽尘、煤尘、石棉尘、电焊烟尘等
		化学有毒物质	铅、汞、锰、苯、一氧化碳、硫化氢、甲醛、甲醇等
	物理因素		异常气候条件（高温、高湿、低温）、异常气压、噪声、振动、辐射等
	生物因素		附着于皮毛上的炭疽杆菌、甘蔗渣上的真菌，医务工作者可能接触到的生物传染性病原物等
劳动过程中的有害因素			（1）劳动组织和制度不合理，劳动作息制度不合理等 （2）精神性职业紧张 （3）劳动强度过大或生产定额不当 （4）个别器官或系统过度紧张，如视力紧张等 （5）长时间不良体位或使用不合理的工具等
生产环境中的有害因素			（1）自然环境中的因素，例如炎热季节的太阳辐射 （2）作业场所建筑卫生学设计缺陷因素，例如照明不良、换气不足等

2.《职业病危害因素分类目录》的分类

《职业病危害因素分类目录》（国卫疾控发［2015］92 号）将职业病危害因素分为粉尘、化学因素、物理因素、放射性因素、生物因素、其他因素六大类。

典型例题

职业病危害因素是危害劳动者健康、能导致职业病的有害因素。下列职业病危害因素中，属于劳动过程中产生的有害因素是（　　）。

A. 电焊作业产生的烟尘　　　　　　　B. 接触到的生物传染性病原物

C. 炎热季节的太阳辐射　　　　　　　D. 使用不合理的工具

【答案】D。

三、法定职业病

由国家主管部门公布的职业病目录所列的职业病称为法定职业病。《职业病分类和目录》（国卫疾控发［2013］48 号）中规定的职业病种类包括 132 种，具体包括：

1）职业性尘肺病及其他呼吸系统疾病 19 种，其中尘肺病 13 种、其他呼吸系统疾病 6 种。

2）职业性皮肤病 9 种。

3）职业性眼病 3 种。

4）职业性耳鼻喉口腔疾病 4 种。

5）职业性化学中毒 60 种。

6）物理因素所致职业病 7 种。

7）职业性放射性疾病 11 种。

8）职业性传染病 5 种。

9）职业性肿瘤 11 种。

10）其他职业病 3 种。

界定法定职业病的四个基本条件是：①在职业活动中产生。②接触职业危害因素。③列入国家职业病范围。④与劳动用工行为相联系。

典型例题

界定法定职业病的基本条件有（　　）。

A. 导致从业者出现危害　　　　　　　B. 在职业活动中产生

C. 列入国家职业病范围　　　　　　　D. 接触职业危害因素

E. 与劳动用工行为相联系

【答案】BCDE。

四、生产性粉尘

1. 生产性粉尘的分类（表 1-7）

表 1-7　生产性粉尘的分类

类型		内容
无机性粉尘	矿物性粉尘	煤尘、硅石、石棉、滑石等
	金属性粉尘	铁、锡、铝、铅、锰等
	人工无机性粉尘	水泥、金刚砂、玻璃纤维等
有机性粉尘	植物性粉尘	棉、麻、面粉、木材、烟草、茶等
	动物性粉尘	兽毛、角质、骨质、毛发等
	人工有机粉尘	有机燃料、炸药、人造纤维等
混合性粉尘		是指上述各种粉尘混合存在。在生产环境中，最常见的是混合性粉尘

2. 生产性粉尘引起的职业病

生产性粉尘引起的职业病就病理性质有以下几种：

1）全身中毒性，例如铅、锰、砷化物等粉尘。

2）局部刺激性，例如生石灰、漂白粉、水泥、烟草等粉尘。

3）变态反应性，例如大麻、黄麻、面粉、羽毛、锌烟等粉尘。

4）光感应性，例如沥青粉尘。

5）感染性，例如破烂布屑、兽毛、谷粒等粉尘，有时附有病原菌。

6）致癌性，例如铬、镍、砷、石棉及某些光感应性和放射性物质的粉尘。

7）尘肺，例如煤尘、矽尘、矽酸盐尘。

生产性粉尘引起的职业病中，以尘肺最为严重。《职业病分类和目录》（国卫疾控发〔2013〕48 号），列出了 13 类法定尘肺病，即矽肺、煤工尘肺、石墨尘肺、炭黑尘肺、石棉肺、滑石尘肺、水泥尘肺、云母尘肺、陶工尘肺、铝尘肺、电焊工尘肺、铸工尘肺、根据《尘肺病诊断标准》和《尘肺病理诊断标准》可以诊断的其他尘肺病。

典型例题

生产性粉尘的种类繁多，理化性状不同，对人体所造成的危害也是多种多样的。下列关于生产性粉尘引起的职业病病理性质的说法中，正确的是（　　）。

A. 羽毛粉尘引起局部刺激性　　　　　B. 锌烟粉尘引起全身中毒性

C. 烟草粉尘引起光感应性　　　　　　D. 面粉粉尘引起变态反应性

【答案】D。选项 A、B 错误，羽毛粉尘、锌烟粉尘引起变态反应性；选项 C 错误，烟草粉尘引起局部刺激性。

五、生产性毒物与职业中毒

(一) 生产性毒物

1. 生产性毒物的概念

在生产经营活动中，通常会生产或使用化学物质，它们发散并存在于工作环境的空气中，对劳动者的健康产生危害，这些化学物质称为生产性毒物（或化学性有害物质）。

2. 化学物质中毒危害程度分级

《职业性接触毒物危害程度分级》（GBZ 230—2010）规定，化学物质的危害程度分级分为剧毒、高毒、中等毒、低毒和微毒五个级别。

3. 毒物的危害性

毒物的危害性不仅取决于毒物的毒性，还受生产条件、劳动者个体差异的影响。因此，毒性大的物质不一定危害性大；毒性与危害性不能画等号。

4. 影响毒物毒性作用的因素（图 1-8）

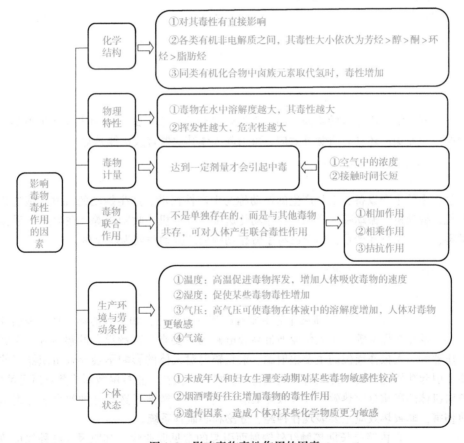

图 1-8　影响毒物毒性作用的因素

(二) 职业中毒

1. 急性中毒

急性中毒是指毒物短时间内经皮肤、黏膜、呼吸道、消化道等途径进入人体，使机体受损并发生器官功能障碍，多数由生产事故或违反操作规程所引起。

2. 慢性中毒

慢性中毒是指毒物在不引起急性中毒的剂量条件下，长期反复进入机体所引起的机体在生理、生化及病理学方面的改变，出现临床症状、体征的中毒状态或疾病状态，绝大多数是由蓄积作用的毒物引起的。

3. 亚急性中毒

亚急性中毒是指介于急性与慢性中毒之间的中毒，在短时间内有较大量毒物进入人体所产生的中毒现象。

典型例题

在生产经营活动中，生产或使用的化学物质散发到工作环境中，会对劳动者的健康产生危害，这些化学物质称为生产性毒物。下列关于生产性毒物及其危害的说法中，错误的是（   ）。

A. 毒性大小可以用引起某种毒性反应的剂量表示

B. 毒物进入人体内需要达到一定剂量才会引起中毒

C. 毒性大的物质其危害性一定大

D. 烟酒嗜好往往增加毒物的毒性作用

【答案】C。

六、物理性职业危害因素及所致职业病

（一）生产性噪声引起的职业病

由于长时间接触噪声导致的听阈升高，不能恢复到原有水平的，称为永久性听力阈移，临床上称噪声聋。职业噪声还具有听觉外效应，可引起人体其他器官或机能异常。

（二）生产性振动引起的职业病

生产过程中的生产设备、工具产生的振动称为生产性振动。产生振动的机械有锻造机、冲压机、压缩机、振动机、振动筛、送风机、振动传送带、打夯机、收割机等。在生产中手臂振动所造成的危害，较为明显和严重，国家已将手臂振动的局部振动病列为职业病。

（三）电磁辐射引起的职业病

1. 非电离辐射

（1）高频作业、微波作业 高频作业主要有高频感应加热，如金属的热处理、表面淬火、金属熔炼、热轧及高频焊接等，工人作业地带高频电磁场主要来自高频设备的辐射源，无屏蔽的高频输出变压器为工人操作岗位的主要辐射源。射频辐射对人体的影响不会导致组织器官的器质性损伤，主要引起功能性改变，并具有可逆性特征，症状往往在停止接触数周或数月后可消失。

微波对机体的影响分致热效应和非致热效应两类，由于微波可选择性加热含水分组织而可造成机体热伤害，非致热效应主要表现在神经、分泌和心血管系统。

（2）红外线 白内障是长期接触红外辐射而引起的常见职业病，其原因是红外线可致晶状体损伤。职业性白内障已列入我国职业病名单。

（3）紫外线 紫外线作用于皮肤能引起红斑反应。强烈的紫外线辐射可引起皮炎，皮肤接触沥青后再经紫外线照射，能发生严重的光感性皮炎，并伴有头痛、恶心、体温升高等症状，长期遭受紫外线照射，可发生湿疹、毛囊炎、皮肤萎缩、色素沉着，甚至可导致皮肤癌的发生。

在作业场所比较多见的是紫外线对眼睛的损伤，即由电弧光照射所引起的职业病——电光性眼炎。此外，在雪地作业、航空航海作业时，受到大量太阳光中紫外线的照射，也可引起类似电光性眼炎的角膜、结膜损伤，称为太阳光眼炎或雪盲症。

（4）激光　眼部受激光照射后，可突然出现眩光感、视力模糊等。激光意外伤害除个别人会发生永久性视力丧失外，多数经治疗均有不同程度的恢复。激光对皮肤也可造成损伤。

2. 电离辐射

1）凡能引起物质电离的各种辐射称为电离辐射。如各种天然放射性核素和人工放射性核素、X线机等。

2）电离辐射引起的职业病——放射病。放射性疾病是人体受各种电离辐射照射而发生的各种类型和不同程度损伤（或疾病）的总称。它包括全身性放射性疾病，如急、慢性放射病；局部放射性疾病，如急、慢性放射性皮炎、放射性白内障；放射所致远期损伤，如放射所致白血病。列为国家法定职业病的，包括急性、慢性外照射放射病，外照射皮肤放射损伤和内照射放射病四种。

（四）异常气象条件引起的职业病

1. 中暑

中暑是高温作业环境下发生的一类疾病的总称，是机体散热机制发生障碍的结果，按病情轻重可分为先兆中暑、轻症中暑、重症中暑。

2. 减压病

急性减压病主要发生在潜水作业后。减压病的症状主要表现为：皮肤奇痒、灼热感、紫绀、大理石样斑纹；肌肉、关节和骨骼酸痛或针刺样剧烈疼痛，头痛、眩晕、失明、听力减退等。

3. 高原病

高原病是发生于高原低氧环境下的一种疾病。急性高原病分为三类：急性高原反应、高原肺水肿、高原脑水肿等。

典型例题

电焊、氩弧焊等作业过程中会产生紫外线职业危害。紫外线照射人体引起的职业病是（　　）。

A. 职业性白内障　　　B. 滑囊炎　　　　C. 电光性眼炎　　　　D. 铬鼻病

【答案】C。

七、职业危害控制措施（图 1-9）

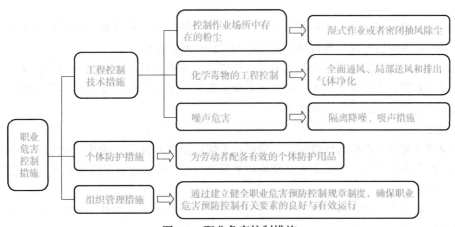

图 1-9　职业危害控制措施

典型例题

为有效降低输煤传送带间的粉尘浓度，可以采取湿式作业方法；为降低化学实验室有毒物的浓度，可以采取全面通风的方法。这些措施属于职业危害控制措施中的（　　）措施。

A. 工程控制技术　　　　　　　　B. 集体防护控制

C. 组织控制　　　　　　　　　　D. 管理控制

【答案】A。

第十四节　安全生产标准化

《企业安全生产标准化基本规范》（GB/T 33000—2016）规定了企业安全生产标准化管理体系建立、保持与评定的原则和一般要求，以及目标职责、制度化管理、教育培训、现场管理、安全风险管控及隐患排查治理、应急管理、事故管理、持续改进八个体系要素的核心技术要求。

一、目标职责

1. 目标

企业应根据自身安全生产实际，制定文件化的总体和年度安全生产与职业卫生目标，并纳入企业总体生产经营目标。明确目标的制定、分解、实施、检查、考核等环节要求，并按照所属基层单位和部门在生产经营活动中所承担的职能，将目标分解为指标，确保落实。

企业应定期对安全生产与职业卫生目标、指标实施情况进行评估和考核，并结合实际及时进行调整。

2. 机构和职责

（1）机构设置　企业应落实安全生产组织领导机构，成立安全生产委员会，并应按照有关规定设置安全生产和职业卫生管理机构，或配备相应的专职或兼职安全生产和职业卫生管理人员，按照有关规定配备注册安全工程师，建立健全从管理机构到基层班组的管理网络。

（2）主要负责人及管理层职责　企业主要负责人全面负责安全生产和职业卫生工作，并履行相应责任和义务。分管负责人应对各自职责范围内的安全生产和职业卫生工作负责。

各级管理人员应按照安全生产和职业卫生责任制的相关要求，履行其安全生产和职业卫生职责。

3. 全员参与

企业应建立健全安全生产和职业卫生责任制，明确各级部门和从业人员的安全生产和职业卫生职责，并对职责的适宜性、履行情况进行定期评估和监督考核。

企业应为全员参与安全生产和职业卫生工作创造必要的条件，建立激励约束机制，鼓励从业人员积极建言献策，营造自下而上、自上而下全员重视安全生产和职业卫生的良好氛围，不断改进和提升安全生产和职业卫生管理水平。

4. 安全生产投入

企业应建立安全生产投入保障制度，按照有关规定提取和使用安全生产费用，并建立使用台账。企业应按照有关规定，为从业人员缴纳相关保险费用。企业宜投保安全生产责任保险。

5. 安全文化建设

企业应开展安全文化建设，确立本企业的安全生产和职业病危害防治理念及行为准则，并教育、引导全体从业人员贯彻执行。

6. 安全生产信息化建设

企业应根据自身实际情况，利用信息化手段加强安全生产管理工作，开展安全生产电子台账管理、重大危险源监控、职业病危害防治、应急管理、安全风险管控和隐患自查自报、安全生产预测预警等信息系统的建设。

典型例题

根据《企业安全生产标准化基本规范》（GB/T 33000—2016）的规定，以下说法中正确的有（　　）。

A. 企业主要负责人全面负责安全生产和职业卫生工作
B. 企业不宜投保安全生产责任保险
C. 企业应建立安全生产投入保障制度
D. 企业应落实安全生产组织领导机构，成立安全生产委员会
E. 企业应定期对安全生产与职业卫生目标、指标实施情况进行评估和考核

【答案】ACDE。

二、制度化管理

1. 法规标准识别

企业应建立安全生产和职业卫生法律法规、标准规范的管理制度，明确主管部门，确定获取的渠道、方式，及时识别和获取适用、有效的法律法规、标准规范，建立安全生产和职业卫生法律法规、标准规范清单和文本数据库。

企业应将适用的安全生产和职业卫生法律法规、标准规范的相关要求转化为本单位的规章制度、操作规程，并及时传达给相关从业人员，确保相关要求落实到位。

2. 规章制度

企业应建立健全安全生产和职业卫生规章制度，并征求工会及从业人员意见和建议，规范安全生产和职业卫生管理工作。企业应确保从业人员及时获取制度文本。

3. 操作规程

企业应按照有关规定，结合本企业生产工艺、作业任务特点以及岗位作业安全风险与职业病防护要求，编制齐全适用的岗位安全生产和职业卫生操作规程，发放到相关岗位员工，并严格执行。

企业应确保从业人员参与岗位安全生产和职业卫生操作规程的编制和修订工作。

企业应在新技术、新材料、新工艺、新设备设施投入使用前，组织制（修）订相应的安全生产和职业卫生操作规程，确保其适宜性和有效性。

4. 文档管理

（1）记录管理　企业应建立文件和记录管理制度，明确安全生产和职业卫生规章制度、操作规程的编制、评审、发布、使用、修订、作废以及文件和记录管理的职责、程序和要求。

企业应建立健全主要安全生产和职业卫生过程与结果的记录，并建立和保存有关记录的电子档案，支持查询和检索，便于自身管理使用和行业主管部门调取检查。

（2）评估　企业应每年至少评估一次安全生产和职业卫生法律法规、标准规范、规章制度、操作规程的适宜性、有效性和执行情况。

（3）修订　企业应根据评估结果、安全检查情况、自评结果、评审情况、事故情况等，及时修订安全生产和职业卫生规章制度、操作规程。

典型例题

例1：企业安全生产标准化强调落实企业领导责任、构建双重预防机制、制度化管理等安全核心要素。根据《企业安全生产标准化基本规范》（GB/T 33000—2016），下列管理要素中，属于"制度化管理"内容的是（   ）。

A. 安全生产投入   B. 文档管理

C. 全员参与   D. 人员教育培训

【答案】B。

例2：企业应在新技术、新材料、新工艺、新设备设施投入使用前，组织制（修）订相应的安全生产和职业卫生操作规程，确保其具有（   ）。

A. 指导性   B. 持续性   C. 适宜性   D. 有效性

E. 针对性

【答案】CD。

三、教育培训

1. 教育培训管理

企业应建立健全安全教育培训制度，按照有关规定进行培训。培训大纲、内容、时间应满足有关标准的规定。

企业安全教育培训应包括安全生产和职业卫生的内容。

企业应明确安全教育培训主管部门，定期识别安全教育培训需求，制定、实施安全教育培训计划，并保证必要的安全教育培训资源。

企业应如实记录全体从业人员的安全教育和培训情况，建立安全教育培训档案和从业人员个人安全教育培训档案，并对培训效果进行评估和改进。

2. 人员教育培训

（1）主要负责人和安全管理人员　企业的主要负责人和安全生产管理人员应具备与本企业所从事的生产经营活动相适应的安全生产和职业卫生知识与能力。

企业应对各级管理人员进行教育培训，确保其具备正确履行岗位安全生产和职业卫生职责的知识与能力。

法律法规要求考核其安全生产和职业卫生知识与能力的人员，应按照有关规定经考核合格。

（2）从业人员　企业应对从业人员进行安全生产和职业卫生教育培训，保证从业人员具备满足岗位要求的安全生产和职业卫生知识，熟悉有关的安全生产和职业卫生法律法规、规章制度、操作规程，掌握本岗位的安全操作技能和职业危害防护技能、安全风险辨识和管控方法，了解事故现场应急处置措施，并根据实际需要，定期进行复训考核。

未经安全教育培训合格的从业人员，不应上岗作业。

煤矿、非煤矿山、危险化学品、烟花爆竹、金属冶炼等企业应对新上岗的临时工、合同工、劳务工、轮换工、协议工等进行强制性安全培训，保证其具备本岗位安全操作、自救互救以及应急处置所需的知识和技能后，方能安排上岗作业。

企业的新入厂（矿）从业人员上岗前应经过厂（矿）、车间（工段、区、队）、班组三级安全教育，岗前安全教育培训学时和内容应符合国家和行业的有关规定。

在新工艺、新技术、新材料、新设备设施投入使用前，企业应对有关从业人员进行专门的安全生产和职业卫生教育培训，确保其具备相应的安全操作、事故预防和应急处置能力。

从业人员在企业内部调整工作岗位或离岗一年以上重新上岗时，应重新进行车间（工段、区、队）和班组级的安全教育培训。

从事特种作业、特种设备作业的人员应按照有关规定，经专门安全作业培训，考核合格，取得相应资格后，方可上岗作业，并定期接受复审。

企业专职应急救援人员应按照有关规定，经专门应急救援培训，考核合格后，方可上岗，并定期参加复训。

其他从业人员每年应接受再培训，再培训时间和内容应符合国家和地方政府的有关规定。

（3）其他人员教育培训　企业应对进入企业从事服务和作业活动的承包商、供应商的从业人员和接收的中等职业学校、高等学校实习生，进行入厂（矿）安全教育培训，并保存记录。

外来人员进入作业现场前，应由作业现场所在单位对其进行安全教育培训，并保存记录。主要内容包括外来人员入厂（矿）有关安全规定、可能接触到的危害因素、所从事作业的安全要求、作业安全风险分析及安全控制措施、职业病危害防护措施、应急知识等。

企业应对进入企业检查、参观、学习等外来人员进行安全教育，主要内容包括安全规定、可能接触到的危险有害因素、职业病危害防护措施、应急知识等。

🔷 典型例题

企业应建立健全安全教育培训制度，按照有关规定进行培训。以下有关教育培训的说法中，正确的有（　　　）。

A. 从事特种作业的人员应经专门安全作业培训后，考核合格，取得相应资格，方可上岗作业
B. 企业应明确安全教育培训主管部门
C. 企业安全教育培训应包括安全生产和职业卫生的内容
D. 企业应对进入企业检查、参观、学习等外来人员进行安全教育
E. 未经安全教育培训合格的从业人员，也可上岗作业

【答案】ABCD。

四、现场管理

1. 设备设施管理

（1）设备设施建设　建设项目的安全设施和职业病防护设施应与建设项目主体工程同时设计、同时施工、同时投入生产和使用。

企业应按照有关规定进行建设项目安全生产、职业病危害评价，严格履行建设项目安全设施和职业病防护设施设计审查、施工、试运行、竣工验收等管理程序。

（2）设备设施验收　企业应执行设备设施采购、到货验收制度，购置、使用设计符合要求、质量合格的设备设施。设备设施安装后企业应进行验收，并对相关过程及结果进行记录。

（3）设备设施运行　企业应对设备设施进行规范化管理，建立设备设施管理台账。

企业应有专人负责管理各种安全设施以及检测与监测设备，定期检查维护并做好记录。

（4）设备设施检维修　企业应建立设备设施检维修管理制度，制定综合检维修计划，加强日常检维修和定期检维修管理，落实"五定"原则，即定检维修方案、定检维修人员、定安全措施、定检维修质量、定检维修进度，并做好记录。

检维修方案应包含作业安全风险分析、控制措施、应急处置措施及安全验收标准。检维修过程中应执行安全控制措施，隔离能量和危险物质，并进行监督检查，检维修后应进行安全确认。

（5）检测检验　特种设备应按照有关规定，委托具有专业资质的检测、检验机构进行定期检

测、检验。涉及人身安全、危险性较大的海洋石油开采特种设备和矿山井下特种设备，应取得矿用产品安全标志或相关安全使用证。

（6）设备设施拆除、报废　企业应建立设备设施报废管理制度。设备设施的报废应办理审批手续，在报废设备设施拆除前应制定方案，并在现场设置明显的报废设备设施标志。报废、拆除涉及许可作业的，应按照规定执行，并在作业前对相关作业人员进行培训和安全技术交底。报废、拆除应按方案和许可内容组织落实。

2. 作业安全

（1）作业环境和作业条件　企业应事先分析和控制生产过程及工艺、物料、设备设施、器材、通道、作业环境等存在的安全风险。

生产现场应实行定置管理，保持作业环境整洁。

生产现场应配备相应的安全、职业病防护用品（具）及消防设施与器材，按照有关规定设置应急照明、安全通道，并确保安全通道畅通。

企业应对临近高压输电线路作业、危险场所动火作业、有（受）限空间作业、临时用电作业、爆破作业、封道作业等危险性较大的作业活动，实施作业许可管理，严格履行作业许可审批手续。作业许可应包含安全风险分析、安全及职业病危害防护措施、应急处置等内容。作业许可实行闭环管理。

企业应对作业人员的上岗资格、条件等进行作业前的安全检查，做到特种作业人员持证上岗，并安排专人进行现场安全管理，确保作业人员遵守岗位操作规程和落实安全及职业病危害防护措施。

企业应采取可靠的安全技术措施，对设备能量和危险有害物质进行屏蔽或隔离。

两个以上作业队伍在同一作业区域内进行作业活动时，不同作业队伍相互之间应签订管理协议，明确各自的安全生产、职业卫生管理职责和采取的有效措施，并指定专人进行检查与协调。

（2）作业行为　企业应依法合理进行生产作业组织和管理，加强对从业人员作业行为的安全管理，对设备设施、工艺技术以及从业人员作业行为等进行安全风险辨识，采取相应的措施，控制作业行为安全风险。

企业应监督、指导从业人员遵守安全生产和职业卫生规章制度、操作规程，杜绝违章指挥、违规作业和违反劳动纪律的"三违"行为。

（3）岗位达标　企业应建立班组安全活动管理制度，开展岗位达标活动，明确岗位达标的内容和要求。

从业人员应熟练掌握本岗位安全职责、安全生产和职业卫生操作规程、安全风险及管控措施、防护用品使用、自救互救及应急处置措施。

各班组应按照有关规定开展安全生产和职业卫生教育培训、安全操作技能训练、岗位作业危险预知、作业现场隐患排查、事故分析等工作，并做好记录。

（4）相关方　企业应建立承包商、供应商等安全管理制度，将承包商、供应商等相关方的安全生产和职业卫生纳入企业内部管理，对承包商、供应商等相关方的资格预审、选择、作业人员培训、作业过程检查监督、提供的产品与服务、绩效评估、续用或退出等进行管理。

企业应建立合格承包商、供应商等相关方的名录和档案，定期识别服务行为安全风险，并采取有效的控制措施。

企业不应将项目委托给不具备相应资质或安全生产、职业病防护条件的承包商、供应商等相关方。企业应与承包商、供应商等签订合作协议，明确规定双方的安全生产及职业病防护的责任和义务。

企业应通过供应链关系促进承包商、供应商等相关方达到安全生产标准化要求。

3. 职业健康

(1) **基本要求**　企业应为从业人员提供符合职业卫生要求的工作环境和条件，为接触职业危害的从业人员提供个人使用的职业病防护用品，建立、健全职业卫生档案和健康监护档案。

企业应确保使用有毒、有害物品的作业场所与生活区、辅助生产区分开，作业场所不应住人；将有害作业与无害作业分开，高毒工作场所与其他工作场所隔离。

对可能导致发生急性职业危害的有毒、有害工作场所，应设置检验报警装置，制定应急预案，配置现场急救用品、设备，设置应急撤离通道和必要的泄险区，定期检查监测。

企业应组织从业人员进行上岗前、在岗期间、特殊情况应急后和离岗时的职业健康检查，将检查结果书面告知从业人员并存档。对检查结果异常的从业人员，应安排及时就医，并定期复查。企业不应安排未经职业健康检查的从业人员从事接触职业病危害的作业；不应安排有职业禁忌的从业人员从事禁忌作业。

各种防护用品、各种防护器具应定点存放在安全、便于取用的地方，建立台账，并有专人负责保管，定期校验、维护和更换。

涉及放射工作场所和放射性同位素运输、储存的企业，应配置防护设备和报警装置，为接触放射线的从业人员佩带个人剂量计。

(2) **职业危害告知**　企业与从业人员订立劳动合同时，应将工作过程中可能产生的职业危害及其后果和防护措施如实告知从业人员，并在劳动合同中写明。

企业应按照有关规定，在醒目位置设置公告栏，公布有关职业病防治的规章制度、操作规程、职业病危害事故应急救援措施和工作场所职业病危害因素检测结果。对存在或产生职业病危害的工作场所、作业岗位、设备、设施，应在醒目位置设置警示标识和中文警示说明；使用有毒物品作业场所，应设置黄色区域警示线、警示标识和中文警示说明，高毒作业场所应设置红色区域警示线、警示标识和中文警示说明，并设置通信报警设备。

(3) **职业病危害申报**　企业应按照有关规定，及时、如实向所在地安全生产监督管理部门申报职业病危害项目，并及时更新信息。

(4) **职业病危害检测与评价**　企业应对工作场所职业病危害因素进行日常监测，并保存监测记录。存在职业病危害的，应委托具有相应资质的职业卫生技术服务机构进行定期检测，每年至少进行一次全面的职业病危害因素检测；职业病危害严重的，应委托具有相应资质的职业卫生技术服务机构，每3年至少进行一次职业病危害现状评价。检测、评价结果存入职业卫生档案，并向安全监管部门报告，向从业人员公布。

定期检测结果中职业病危害因素浓度或强度超过职业接触限值的，企业应根据职业卫生技术服务机构提出的整改建议，结合本单位的实际情况，制定切实有效的整改方案，立即进行整改。整改落实情况应有明确的记录并存入职业卫生档案备查。

4. 警示标志

企业应按照有关规定和工作场所的安全风险特点，在有重大危险源、较大危险因素和严重职业病危害因素的工作场所，设置明显的、符合有关规定要求的安全警示标志和职业病危害警示标识。其中，警示标志的安全色和安全标志应分别符合《安全色》（GB 2893—2008）和《安全标志及其使用原则》（GB 2894—2018）的规定，道路交通标志和标线应符合《道路交通标志和标线》（GB 5768—2009）（所有部分）的规定，工业管道安全标识应符合《工业管道的基本识别色、识别符号和安全标识》（GB 7231—2003）的规定，消防安全标志应符合《消防安全标志　第1部分：标志》（GB 13495.1—2015）的规定，工作场所职业病危害警示标识应符合《工作场所职业病危害警示标识》（GBZ 158—2003）的规定。安全警示标志和职业病危害警示标识应标明安全风险内容、危险程度、安全距离、防控办法、应急措施等内容，在有重大隐患的工作场所和设备设施上设置安全警示标志，标明治理责任、期限及应急措施；在有安全风险的工作岗位设置安全告知卡，告知从业人员本企业、本岗位主要危险有害因素、后果、事故预防及应急措施、报告电话等内容。

企业应定期对警示标志进行检查维护，确保其完好有效。

企业应在设备设施施工、吊装、检维修等作业现场设置警戒区域和警示标志，在检维修现场的坑、井、渠、沟、陡坡等场所设置围栏和警示标志，进行危险提示、警示，告知危险的种类、后果及应急措施等。

典型例题

职业病危害严重的企业，应委托具有相应资质的职业卫生技术服务机构，每（　　）年至少进行一次职业病危害现状评价。

A. 2　　　　　　　　B. 3　　　　　　　　C. 5　　　　　　　　D. 6

【答案】 B。

五、安全风险管控及隐患排查治理

1. 安全风险管理

（1）安全风险辨识　企业应建立安全风险辨识管理制度，组织全员对本单位安全风险进行全面、系统的辨识。

安全风险辨识范围应覆盖本单位的所有活动及区域，并考虑正常、异常和紧急三种状态及过去、现在和将来三种时态。安全风险辨识应采用适宜的方法和程序，且与现场实际相符。

企业应对安全风险辨识资料进行统计、分析、整理和归档。

（2）安全风险评估　企业应建立安全风险评估管理制度，明确安全风险评估的目的、范围、频次、准则和工作程序等。

企业应选择合适的安全风险评估方法，定期对所辨识出的存在安全风险的作业活动、设备设施、物料等进行评估。在进行安全风险评估时，至少应从影响人、财产和环境三个方面的可能性和严重程度进行分析。

矿山、金属冶炼和危险物品生产、储存企业，每3年应委托具备规定资质条件的专业技术服务机构对本企业的安全生产状况进行安全评价。

（3）安全风险控制　企业应选择工程技术措施、管理控制措施、个体防护措施等，对安全风险进行控制。

企业应根据安全风险评估结果及生产经营状况等，确定相应的安全风险等级，对其进行分级分类管理，实施安全风险差异化动态管理，制定并落实相应的安全风险控制措施。

企业应将安全风险评估结果及所采取的控制措施告知相关从业人员，使其熟悉工作岗位和作业环境中存在的安全风险，掌握、落实应采取的控制措施。

（4）变更管理　企业应制定变更管理制度。变更前应对变更过程及变更后可能产生的安全风险进行分析，制定控制措施，履行审批及验收程序，并告知和培训相关从业人员。

2. 重大危险源辨识和管理

企业应建立重大危险源管理制度，全面辨识重大危险源，对确认的重大危险源制定安全管理技术措施和应急预案。

企业应对重大危险源进行登记建档，设置重大危险源监控系统，进行日常监控，并按照有关规定向所在地安全监管部门备案。重大危险源安全监控系统应符合《危险化学品重大危险源安全

监控通用技术规范》（AQ 3035—2010）的技术规定。

含有重大危险源的企业应将监控中心（室）视频监控资料、数据监控系统状态数据和监控数据与有关监管部门监管系统联网。

3. 隐患排查治理

（1）**隐患排查** 企业应建立隐患排查治理制度，逐级建立并落实从主要负责人到每位从业人员的隐患排查治理和防控责任制，并按照有关规定组织开展隐患排查治理工作，及时发现并消除隐患，实行隐患闭环管理。

企业应根据有关法律法规、标准规范等，组织制定各部门、岗位、场所、设备设施的隐患排查治理标准或排查清单，明确隐患排查的时限、范围、内容、频次和要求，并组织开展相应的培训。隐患排查的范围应包括所有与生产经营相关的场所、人员、设备设施和活动，包括承包商、供应商等相关方服务范围。

企业应按照有关规定，结合安全生产的需要和特点，采用综合检查、专业检查、季节性检查、节假日检查、日常检查等不同方式进行隐患排查。对排查出的隐患，按照隐患的等级进行记录，建立隐患信息档案，并按照职责分工实施监控治理。组织有关专业技术人员对本企业可能存在的重大隐患做出认定，并按照有关规定进行管理。

企业应将相关方排查出的隐患统一纳入本企业隐患管理。

（2）**隐患治理** 企业应根据隐患排查的结果，制定隐患治理方案，对隐患及时进行治理。

企业应按照责任分工立即或限期组织整改一般隐患。主要负责人应组织制定并实施重大隐患治理方案。治理方案应包括目标和任务、方法和措施、经费和物资、机构和人员、时限和要求、应急预案。

企业在隐患治理过程中，应采取相应的监控防范措施。隐患排除前或排除过程中无法保证安全的，应从危险区域内撤出作业人员，疏散可能危及的人员，设置警戒标志，暂时停产停业或停止使用相关设备、设施。

（3）**验收与评估** 隐患治理完成后，企业应按照有关规定对治理情况进行评估、验收。重大隐患治理完成后，企业应组织本企业的安全管理人员和有关技术人员进行验收或委托依法设立的为安全生产提供技术、管理服务的机构进行评估。

（4）**信息记录、通报和报送** 企业应如实记录隐患排查治理情况，至少每月进行统计分析，及时将隐患排查治理情况向从业人员通报。

企业应运用隐患自查、自改、自报信息系统，通过信息系统对隐患排查、报告、治理、销账等过程进行电子化管理和统计分析，并按照当地安全监管部门和有关部门的要求，定期或实时报送隐患排查治理情况。

4. 预测预警

企业应根据生产经营状况、安全风险管理及隐患排查治理、事故等情况，运用定量或定性的安全生产预测预警技术，建立体现企业安全生产状况及发展趋势的安全生产预测预警体系。

典型例题

企业应根据（　　），确定相应的安全风险等级，对其进行分级分类管理，实施安全风险差异化动态管理，制定并落实相应的安全风险控制措施。

A. 作业环境　　　　　　　　　　　　B. 从业人员数量

C. 生产经营状况　　　　　　　　　　D. 风险评估结果

E. 安全风险评估结果

【答案】CE。

六、应急管理

1. 应急准备

（1）**应急救援组织**　企业应按照有关规定建立应急管理组织机构或指定专人负责应急管理工作，建立与本企业安全生产特点相适应的专（兼）职应急救援队伍。按照有关规定可以不单独建立应急救援队伍的，应指定兼职救援人员，并与邻近专业应急救援队伍签订应急救援服务协议。

（2）**应急预案**　企业应在开展安全风险评估和应急资源调查的基础上，建立生产安全事故应急预案体系，制定符合《生产经营单位生产安全事故应急预案编制导则》（GB/T 29639—2020）规定的生产安全事故应急预案，针对安全风险较大的重点场所（设施）制定现场处置方案，并编制重点岗位、人员应急处置卡。

企业应按照有关规定将应急预案报当地主管部门备案，并通报应急救援队伍、周边企业等有关应急协作单位。

企业应定期评估应急预案，及时根据评估结果或实际情况的变化进行修订和完善，并按照有关规定将修订的应急预案及时报当地主管部门备案。

（3）**应急设施、装备、物资**　企业应根据可能发生的事故种类特点，按照有关规定设置应急设施，配备应急装备，储备应急物资，建立管理台账，安排专人管理，并定期检查、维护、保养，确保其完好、可靠。

（4）**应急演练**　企业应按照《生产安全事故应急演练基本规范》（AQ/T 9007—2019）的规定定期组织公司（厂、矿）、车间（工段、区、队）、班组开展生产安全事故应急演练，做到一线从业人员参与应急演练全覆盖，并按照《生产安全事故应急演练评估规范》（AQ/T 9009—2015）的规定对演练进行总结和评估，根据评估结论和演练发现的问题，修订、完善应急预案，改进应急准备工作。

（5）**应急救援信息系统建设**　矿山、金属冶炼等企业，生产、经营、运输、储存、使用危险物品或处置废弃危险物品的生产经营单位，应建立生产安全事故应急救援信息系统，并与所在地县级以上地方人民政府负有安全生产监督管理职责部门的安全生产应急管理信息系统互联互通。

2. 应急处置

发生事故后，企业应根据预案要求，立即启动应急响应程序，按照有关规定报告事故情况，并开展先期处置。

发出警报，在不危及人身安全时，现场人员采取阻断或隔离事故源、危险源等措施；严重危及人身安全时，迅速停止现场作业，现场人员采取必要的或可能的应急措施后撤离危险区域。

立即按照有关规定和程序报告本企业有关负责人，有关负责人应立即将事故发生的时间、地点、当前状态等简要信息向所在地县级以上地方人民政府负有安全生产监督管理职责的有关部门报告，并按照有关规定及时补报、续报有关情况；情况紧急时，事故现场有关人员可以直接向有关部门报告；对可能引发次生事故灾害的，应及时报告相关主管部门。

研判事故危害及发展趋势，将可能危及周边生命、财产、环境安全的危险性和防护措施等告知相关单位与人员；遇有重大紧急情况时，应立即封闭事故现场，通知本单位从业人员和周边人员疏散，采取转移重要物资、避免或减轻环境危害等措施。

请求周边应急救援队伍参加事故救援，维护事故现场秩序，保护事故现场证据。准备事故救援技术资料，做好向所在地人民政府及其负有安全生产监督管理职责的部门移交救援工作指挥权的各项准备。

3. 应急评估

企业应对应急准备、应急处置工作进行评估。

矿山、金属冶炼等企业，生产、经营、运输、储存、使用危险物品或处置废弃危险物品的企业，应每年进行一次应急准备评估。

完成险情或事故应急处置后，企业应主动配合有关组织开展应急处置评估。

典型例题

应急管理中的应急准备主要包括（　　）。

A. 应急救援组织　　　　　B. 应急演练

C. 应急预案　　　　　　　D. 应急风险评估

E. 应急设施、装备、物资

【答案】ABCE。

七、事故管理

1. 报告

企业应建立事故报告程序，明确事故内外部报告的责任人、时限、内容等，并教育、指导从业人员严格按照有关规定的程序报告发生的生产安全事故。

企业应妥善保护事故现场以及相关证据。

事故报告后出现新情况的，应当及时补报。

2. 调查和处理

企业应建立内部事故调查和处理制度，按照有关规定、行业标准和国际通行做法，将造成人员伤亡（轻伤、重伤、死亡等人身伤害和急性中毒）和财产损失的事故纳入事故调查和处理范畴。

企业发生事故后，应及时成立事故调查组，明确其职责与权限，进行事故调查。事故调查应查明事故发生的时间、经过、原因、波及范围、人员伤亡情况及直接经济损失等。

事故调查组应根据有关证据、资料，分析事故的直接、间接原因和事故责任，提出应吸取的教训、整改措施和处理建议，编制事故调查报告。

企业应开展事故案例警示教育活动，认真吸取事故教训，落实防范和整改措施，防止类似事故再次发生。

企业应根据事故等级，积极配合有关人民政府开展事故调查。

3. 管理

企业应建立事故档案和管理台账，将承包商、供应商等相关方在企业内部发生的事故纳入本企业事故管理。

企业应按照《企业职工伤亡事故分类》（GB 6441—1986）、《事故伤害损失工作日标准》（GB/T 15499—1995）的有关规定和国家、行业确定的事故统计指标开展事故统计分析。

八、绩效评定与持续改进

1. 绩效评定

企业每年至少应对安全生产标准化管理体系的运行情况进行一次自评，验证各项安全生产制度措施的适宜性、充分性和有效性，检查安全生产和职业卫生管理目标、指标的完成情况。

企业主要负责人应全面负责组织自评工作，并将自评结果向本企业所有部门、单位和从业人员通报。自评结果应形成正式文件，并作为年度安全绩效考评的重要依据。

企业应落实安全生产报告制度，定期向业绩考核等有关部门报告安全生产情况，并向社会公示。

企业发生生产安全责任死亡事故，应重新进行安全绩效评定，全面查找安全生产标准化管理体系中存在的缺陷。

2. 持续改进

企业应根据安全生产标准化管理体系的自评结果和安全生产预测预警系统所反映的趋势，以及绩效评定情况，客观分析企业安全生产标准化管理体系的运行质量，及时调整完善相关制度文件和过程管控，持续改进，不断提高安全生产绩效。

典型例题

企业发生生产安全责任死亡事故，应（　　　　），全面查找安全生产标准化管理体系中存在的缺陷。

A. 开展应急处置评估　　　　　　　　B. 调整完善相关制度文件

C. 验证各项安全生产制度措施的适宜性　　D. 重新进行安全绩效评定

【答案】D。

第十五节　生产安全事故调查与分析

一、生产安全事故的分级

1. 按照安全事故伤害程度分类

根据《企业职工伤亡事故分类》（GB 6441—1986）规定，安全事故按伤害程度分为：

1）轻伤，是指损失1个工作日至105个工作日的失能伤害。

2）重伤，是指损失工作日等于和超过105个工作日的失能伤害，重伤的损失工作日最多不超过6000工日。

3）死亡，是指损失工作日超过6000工日，这是根据我国职工的平均退休年龄和平均寿命计算出来的。

2. 按照安全事故类别分类

《企业职工伤亡事故分类》（GB 6441—1986）中，将事故类别划分为20类。

1）物体打击，是指物体在重力或其他外力的作用下产生运动，打击人体而造成人身伤亡事故。不包括因机械设备、车辆、起重机械、坍塌等引发的物体打击。

2）车辆伤害，是指企业机动车辆在行驶中引起的人体坠落和物体倒塌、飞落、挤压等造成的伤亡事故。不包括起重设备提升、牵引车辆和车辆停驶时发生的事故。

3）机械伤害，是指机械设备运动或静止部件、工具、加工件直接与人体接触引起的挤压、碰撞、冲击、剪切、卷入、绞绕、甩出、切割、切断、刺扎等伤害，不包括车辆、起重机械引起的机械伤害。

4）起重伤害，是指各种起重作业（包括起重机械安装、检修、试验）中发生的挤压、坠落（吊具、吊重物）、物体打击。

5）触电，包括雷击伤亡事故。

6）淹溺，包括高处坠落淹溺，不包括矿山、井下透水淹溺。

7）灼烫，是指火焰烧伤、高温物体烫伤、化学灼伤（酸、碱、盐、有机物引起的体内外的灼伤）、物理灼伤（光、放射性物质引起的体内外的灼伤）。不包括电灼伤和火灾引起的烧伤。

8）火灾，包括火灾引起的烧伤和死亡。

9）高处坠落，是指在高处作业中发生坠落造成的伤害事故。不包括触电坠落事故。

10）坍塌，是指物体在外力或重力作用下，超过自身的强度极限或因结构稳定性破坏而造成的事故。如挖沟时的土石塌方、脚手架坍塌、堆置物倒塌、建筑物坍塌等。不适用于矿山冒顶片帮和车辆、起重机械、爆破引起的坍塌。

11）冒顶片帮。

12）透水。

13）放炮，是指爆破作业中发生的伤亡事故。

14）火药爆炸，是指火药、炸药及其制品在生产、加工、运输、储存中发生的爆炸事故。

15）瓦斯爆炸。

16）锅炉爆炸。

17）容器爆炸。

18）其他爆炸。

19）中毒和窒息。

20）其他伤害。

3. 根据事故造成的人员伤亡或者直接经济损失分类（表1-8）

表1-8　根据事故造成的人员伤亡或者直接经济损失分类

事故等级	造成死亡人数	造成重伤人数	造成直接经济损失
特别重大事故	30人以上	100人以上（包括急性工业中毒，下同）	1亿元以上
重大事故	10人以上30人以下	50人以上100人以下	5000万元以上1亿元以下
较大事故	3人以上10人以下	10人以上50人以下	1000万元以上5000万元以下
一般事故	3人以下死亡	10人以下	1000万元以下

注："以上"包括本数，所称的"以下"不包括本数。

典型例题

依据《企业职工伤亡事故分类》（GB 6441—1986），下列事故中，属于物体打击事故类别的有（　　　）。

A. 某施工作业人员被高处坠落的瓦片砸伤

B. 某车间作业人员被电动机甩出的铁片划伤

C. 某职工在整理作业环境时被人为乱扔杂物砸伤

D. 起重机吊运货物时货物从空中坠落砸伤某作业人员

E. 某仓库管理人员在作业时被堆置物倒塌砸伤

【答案】AC。

二、事故报告的要求

1. 事故发生单位的报告要求

《生产安全事故报告和调查处理条例》（国务院令第493号）第九条规定，事故发生后，事故现场有关人员应当立即向本单位负责人报告；单位负责人接到报告后，应当于1h内向事故发生地县级以上人民政府安全生产监督管理部门和负有安全生产监督管理职责的有关部门报告。

情况紧急时，事故现场有关人员可以直接向事故发生地县级以上人民政府安全生产监督管理部门和负有安全生产监督管理职责的有关部门报告。

2. 安全生产监督管理部门和有关部门事故报告要求

《生产安全事故报告和调查处理条例》（国务院令第493号）第十条规定，安全生产监督管理部门和负有安全生产监督管理职责的有关部门接到事故报告后，应当依照下列规定上报事故情况，并通知公安机关、劳动保障行政部门、工会和人民检察院：

1）特别重大事故、重大事故逐级上报至国务院安全生产监督管理部门和负有安全生产监督管理职责的有关部门。

2）较大事故逐级上报至省、自治区、直辖市人民政府安全生产监督管理部门和负有安全生产监督管理职责的有关部门。

3）一般事故上报至设区的市级人民政府安全生产监督管理部门和负有安全生产监督管理职责的有关部门。

安全生产监督管理部门和负有安全生产监督管理职责的有关部门依照前款规定上报事故情况，应当同时报告本级人民政府。国务院安全生产监督管理部门和负有安全生产监督管理职责的有关部门以及省级人民政府接到发生特别重大事故、重大事故的报告后，应当立即报告国务院。

必要时，安全生产监督管理部门和负有安全生产监督管理职责的有关部门可以越级上报事故情况。

《生产安全事故报告和调查处理条例》（国务院令第 493 号）第十一条规定，安全生产监督管理部门和负有安全生产监督管理职责的有关部门逐级上报事故情况，每级上报的时间不得超过 2h。

《生产安全事故报告和调查处理条例》（国务院令第 493 号）第十三条规定，事故报告后出现新情况的，应当及时补报。自事故发生之日起 30 日内，事故造成的伤亡人数发生变化的，应当及时补报。道路交通事故、火灾事故自发生之日起 7 日内，事故造成的伤亡人数发生变化的，应当及时补报。

3. 事故报告的内容

《生产安全事故报告和调查处理条例》（国务院令第 493 号）第十二条规定，报告事故应当包括下列内容：

1）事故发生单位概况。

2）事故发生的时间、地点以及事故现场情况。

3）事故的简要经过。

4）事故已经造成或者可能造成的伤亡人数（包括下落不明的人数）和初步估计的直接经济损失。

5）已经采取的措施。

6）其他应当报告的情况。

🔹典型例题

根据《生产安全事故报告和调查处理条例》（国务院令第 493 号），应逐级上报至省级人民政府负有安全生产监督管理职责部门的事故等级是（ ）。

A. 一般事故   B. 较大事故

C. 9 人重伤的事故   D. 900 万元损失的事故

【答案】B。

三、事故应急处理

《生产安全事故报告和调查处理条例》（国务院令第 493 号）第十四条～第十八条对事故应急处理的规定如下：

事故发生单位负责人接到事故报告后，应当立即启动事故相应应急预案，或者采取有效措施，

组织抢救，防止事故扩大，减少人员伤亡和财产损失。

事故发生地有关地方人民政府、安全生产监督管理部门和负有安全生产监督管理职责的有关部门接到事故报告后，其负责人应当立即赶赴事故现场，组织事故救援。

事故发生后，有关单位和人员应当妥善保护事故现场以及相关证据，任何单位和个人不得破坏事故现场、毁灭相关证据。因抢救人员、防止事故扩大以及疏通交通等原因，需要移动事故现场物件的，应当做出标志，绘制现场简图并做出书面记录，妥善保存现场重要痕迹、物证。

事故发生地公安机关根据事故的情况，对涉嫌犯罪的，应当依法立案侦查，采取强制措施和侦查措施。犯罪嫌疑人逃匿的，公安机关应当迅速追捕归案。

安全生产监督管理部门和负有安全生产监督管理职责的有关部门应当建立值班制度，并向社会公布值班电话，受理事故报告和举报。

典型例题

根据《生产安全事故报告和调查处理条例》（国务院令第 493 号）的规定，事故发生单位负责人接到事故报告后，应当立即（　　），或者采取有效措施，组织抢救，防止事故扩大，减少人员伤亡和财产损失。

A. 启动事故相应应急预案　　　　　　B. 妥善保护事故现场以及相关证据

C. 妥善保存现场重要痕迹、物证　　　D. 组织事故调查组进行调查

【答案】A。

四、事故调查

1. 事故调查的组织

事故调查工作实行"政府领导、分级负责"的原则，不管哪级事故，其事故调查工作都是由政府负责的；不管是政府直接组织事故调查还是授权或者委托有关部门组织事故调查，都是在政府的领导下，都是以政府的名义进行的，都是政府的调查行为，不是部门的调查行为。

《生产安全事故报告和调查处理条例》（国务院令第 493 号）第十九条～第二十一条对事故调查组织的规定如下：

特别重大事故由国务院或者国务院授权有关部门组织事故调查组进行调查。重大事故、较大事故、一般事故分别由事故发生地省级人民政府、设区的市级人民政府、县级人民政府负责调查。省级人民政府、设区的市级人民政府、县级人民政府可以直接组织事故调查组进行调查，也可以授权或者委托有关部门组织事故调查组进行调查。

未造成人员伤亡的一般事故，县级人民政府也可以委托事故发生单位组织事故调查组进行调查。上级人民政府认为必要时，可以调查由下级人民政府负责调查的事故。

自事故发生之日起 30 日内（道路交通事故、火灾事故自发生之日起 7 日内），因事故伤亡人数变化导致事故等级发生变化，依照本条例规定应当由上级人民政府负责调查的，上级人民政府可以另行组织事故调查组进行调查。

特别重大事故以下等级事故，事故发生地与事故发生单位不在同一个县级以上行政区域的，由事故发生地人民政府负责调查，事故发生单位所在地人民政府应当派人参加。

2. 事故调查组的组成

《生产安全事故报告和调查处理条例》（国务院令第 493 号）第二十二条～第二十四条对事故调查组组成的规定如下：

事故调查组的组成应当遵循精简、效能的原则。根据事故的具体情况，事故调查组由有关人民政府、安全生产监督管理部门、负有安全生产监督管理职责的有关部门、监察机关、公安机关

以及工会派人组成，并应当邀请人民检察院派人参加。事故调查组可以聘请有关专家参与调查。

事故调查组成员应当具有事故调查所需要的知识和专长，并与所调查的事故没有直接利害关系。

事故调查组组长由负责事故调查的人民政府指定。事故调查组组长主持事故调查组的工作。

3. 事故调查组的职责

事故调查组履行的职责包括查明事故发生的经过、原因、人员伤亡情况及直接经济损失；认定事故的性质和事故责任；提出对事故责任者的处理建议；总结事故教训，提出防范和整改措施；提交事故调查报告。

查明事故发生的原因包括事故发生的直接原因；事故发生的间接原因；事故发生的其他原因。

通过事故调查分析，对事故的性质要有明确结论。其中对认定为自然事故（非责任事故或者不可抗拒的事故）的可不再认定或者追究事故责任人；对认定为责任事故的，要按照责任大小和承担责任的不同分别认定直接责任者、主要责任者、领导责任者。

《生产安全事故报告和调查处理条例》（国务院令第493号）第三十条规定，事故调查报告应当包括下列内容：

1）事故发生单位概况。

2）事故发生经过和事故救援情况。

3）事故造成的人员伤亡和直接经济损失。

4）事故发生的原因和事故性质。

5）事故责任的认定以及对事故责任者的处理建议。

6）事故防范和整改措施。

事故调查报告应当附具有关证据材料。事故调查组成员应当在事故调查报告上签名。

《生产安全事故报告和调查处理条例》（国务院令第493号）第三十一条规定，事故调查报告报送负责事故调查的人民政府后，事故调查工作即告结束。事故调查的有关资料应当归档保存。

4. 事故调查组的职权

《生产安全事故报告和调查处理条例》（国务院令第493号）第二十六条规定，事故调查组有权向有关单位和个人了解与事故有关的情况，并要求其提供相关文件、资料，有关单位和个人不得拒绝。事故发生单位的负责人和有关人员在事故调查期间不得擅离职守，并应当随时接受事故调查组的询问，如实提供有关情况。事故调查中发现涉嫌犯罪的，事故调查组应当及时将有关材料或者其复印件移交司法机关处理。

《生产安全事故报告和调查处理条例》（国务院令第493号）第二十七条规定，事故调查中需要进行技术鉴定的，事故调查组应当委托具有国家规定资质的单位进行技术鉴定。必要时，事故调查组可以直接组织专家进行技术鉴定。技术鉴定所需时间不计入事故调查期限。

5. 事故调查组的纪律和期限

《生产安全事故报告和调查处理条例》（国务院令第493号）第二十八条规定，事故调查组成员在事故调查工作中应当诚信公正、恪尽职守，遵守事故调查组的纪律，保守事故调查的秘密。未经事故调查组组长允许，事故调查组成员不得擅自发布有关事故的信息。

《生产安全事故报告和调查处理条例》（国务院令第493号）第二十九条规定，事故调查组应当自事故发生之日起60日内提交事故调查报告；特殊情况下，经负责事故调查的人民政府批准，提交事故调查报告的期限可以适当延长，但延长的期限最长不超过60日。

典型例题

例1：某市一娱乐中心发生火灾事故，事故当时造成2人死亡，23人重伤。重伤者经过10d抢救，有8人未能脱离生命危险而死亡。负责组织调查此次事故的政府部门应当是（　　）。

A. 县级有关部门　　　　　　　　B. 市级有关部门

C. 省级有关部门　　　　　　　　D. 国务院授权的有关部门

【答案】B。

例2：某县天然气供气站发生着火爆燃事故，造成1名操作工烧伤、站内储罐供气设施烧毁，该县政府立即成立事故调查组进行事故调查分析。下列关于该事故处理的说法，正确的是（　　）。

A. 如认定为自然事故，可不追究站内操作工事故责任，但要对供气站进行行政处罚

B. 如认定为自然事故，应按照爆燃对周围环境影响的后果不同分别给予管理者行政处分

C. 如认定为责任事故，事故调查组可给予事故责任者纪律处分

D. 如认定为责任事故，应按照责任大小和承担责任的不同追究相关人员的责任

【答案】D。

例3：危险化学品生产经营企业A位于甲市乙县某化工园区内，主要生产甲醇产品。2020年9月10日，该企业一辆载有20t甲醇的危险化学品运输车，从乙县开往丙市丁县，在刚驶入丁县行政区域1km处发生侧翻，导致甲醇泄漏并且起火，经当地消防部门应急抢险，未造成人员伤亡，但造成直接经济损失500万元。关于该事故调查与分析的说法，正确的是（　　）。

A. 该起事故不可以授权或委托A企业组织事故调查组进行调查

B. 事故调查报告提交限期内事故调查组组长批准最长可延长90日

C. 该起事故应由乙县人民政府组织事故调查，丁县人民政府派人参加

D. 该起事故应由丁县人民政府组织事故调查，乙县人民政府派人参加

【答案】D。

例4：甲省乙市丙县某化工企业发生一起火灾事故，9人死亡，10人重伤，事故发生后第10天，又有2名重伤人员医治无效死亡，根据《生产安全事故报告和调查处理条例》（国务院令第493号），关于这起事故调查的说法，正确的是（　　）。

A. 应由甲省应急管理部门负责调查　　　B. 应由甲省人民政府负责调查

C. 应由丙县人民政负责调查　　　　　　D. 应由乙市人民政府负责调查

【答案】D。

五、事故调查报告的批复

《生产安全事故报告和调查处理条例》（国务院令第493号）第三十二条规定，重大事故、较大事故、一般事故，负责事故调查的人民政府应当自收到事故调查报告之日起15日内做出批复；特别重大事故，30日内做出批复，特殊情况下，批复时间可以适当延长，但延长的时间最长不超过30日。

有关机关应当按照人民政府的批复，依照法律、行政法规规定的权限和程序，对事故发生单位和有关人员进行行政处罚，对负有事故责任的国家工作人员进行处分。

事故发生单位应当按照负责事故调查的人民政府的批复，对本单位负有事故责任的人员进行处理。负有事故责任的人员涉嫌犯罪的，依法追究刑事责任。

🔷 典型例题

《生产安全事故报告和调查处理条例》（国务院令第493号）规定，重大事故、较大事故、一般事故，负责事故调查的人民政府应当自收到事故调查报告之日起（　　）日内做出批复。

A. 10　　　　　　　B. 15　　　　　　　C. 30　　　　　　　D. 45

【答案】B。

六、伤亡事故经济损失计算方法

伤亡事故经济损失计算方法按照《企业职工伤亡事故经济损失统计标准》（GB 6721—1986）进行计算。

伤亡事故经济损失是指企业职工在劳动生产过程中发生伤亡事故所引起的一切经济损失，包括直接经济损失和间接经济损失。

1. 直接经济损失

直接经济损失是指因事故造成人身伤亡及善后处理支出的费用和毁坏财产的价值。

2. 间接经济损失

间接经济损失是指因事故导致产值减少、资源破坏和受事故影响而造成其他损失的价值。

3. 直接经济损失的统计范围

1）人身伤亡后所支出的费用：①医疗费用（含护理费用）。②丧葬及抚恤费用。③补助及救济费用。④歇工工资。

2）善后处理费用：①处理事故的事务性费用。②现场抢救费用。③清理现场费用。④事故罚款和赔偿费用。

3）财产损失价值：①固定资产损失价值。②流动资产损失价值。

4. 间接经济损失的统计范围

1）停产、减产损失价值。

2）工作损失价值。

3）资源损失价值。

4）处理环境污染的费用。

5）补充新职工的培训费用。

6）其他损失费用。

5. 计算方法

1）经济损失计算：

$$E = E_d + E_i$$

式中　E——经济损失（万元）；

　　　E_d——直接经济损失（万元）；

　　　E_i——间接经济损失（万元）。

2）工作损失价值计算：

$$V_W = D_L M / (SD)$$

式中　V_W——工作损失价值（万元）；

　　　D_L——一起事故的总损失工作日数（日），死亡一名职工按6000个工作日计算，受伤职工视伤害情况按《企业职工伤亡事故分类》（GB 6441—1986）的附表确定；

　　　M——企业上年税利（税金加利润）（万元）；

　　　S——企业上年平均职工人数（人）；

　　　D——企业上年法定工作日数（日）。

3）固定资产损失价值按下列规定计算：

①报废的固定资产以固定资产净值减去残值计算。

②损坏的固定资产以修复费用计算。

4）流动资产损失价值按下列规定计算：

①原材料、燃料、辅助材料等均按账面值减去残值计算。

②成品、半成品、在制品等均以企业实际成本减去残值计算。

5）事故已处理结案而未能结算的医疗费、歇工工资等，采用测算方法计算。

6）对分期支付的抚恤、补助等费用，按审定支出的费用，从开始支付日期累计到停发日期。

7）停产、减产损失，按事故发生之日起到恢复正常生产水平时止，计算其损失价值。

6. 经济损失的评价指标

（1）千人经济损失率

$$R_s = E/S \times 1000‰$$

式中　R_s——千人经济损失率；

　　　E——全年内经济损失（万元）；

　　　S——企业平均职工人数（人）。

（2）百万元产值经济损失率

$$R_v = E/V \times 100\%$$

式中　R_v——百万元产值经济损失率；

　　　E——全年内经济损失（万元）；

　　　V——企业总产值（万元）。

典型例题

例1：某生产经营企业在进行设备安装过程中，发生一起事故，造成1人当场死亡，2人重伤。该起事故发生医疗费用15万元，补助和救济费用7万元，丧葬及抚恤费用125万元，歇工工资3万元，清理现场费用5万元，停产造成的产量损失10万元，污水处理费用1万元，流动资产损失6万元，补充新员工的培训费用3万元，事故罚款35万元。根据《企业职工伤亡事故经济损失统计标准》（GB 6721—1986），该起事故造成的直接经济损失是（　　）万元。

A. 214　　　　　　B. 196　　　　　　C. 161　　　　　　D. 190

【答案】B。直接损失 =（15 + 7 + 125 + 3 + 5 + 6 + 35）万元 = 196 万元。

例2：某化工企业发生一起反应釜爆炸事故，造成多名人员伤亡，并对环境造成污染，依据《企业职工伤亡事故经济损失统计标准》（GB 6721—1986），下列费用中，属于该起事故间接经济损失的有（　　）。

A. 人员治疗费用　　　　　　　　　B. 处理事故过程中所使用车辆的运输费

C. 处理事故造成的环境污染费用　　D. 该设备停产的损失价值

E. 上级单位对该起事故的罚款

【答案】CD。

第二章 安全生产技术基础

1）熟悉机械、电气的危险、有害因素及其伤害与事故类别，制定相应的事故预防措施。

2）针对不同物质材料、不同类型的火灾，制定相应的防火措施和扑救方法；制定电气设备、粉尘、民用爆炸物品和烟花爆竹等的防爆措施。

3）根据生产经营单位的实际情况，编制特种设备的安全管理及技术措施、特种设备安全附件及其使用要求，以及特种设备事故的预防、控制和应急措施。

4）根据危险化学品的特性，选用相应的包装与储运方法，以及泄漏控制、火灾控制和销毁处置的措施。根据危险化学品对人体危害的特性，选用适当的防护措施与现场抢救方法。

5）根据相关安全标准和动火、受限空间（有限空间）等特殊作业管理制度，进行风险分析，编制作业安全防范措施。

第一节　机械安全技术基础

一、机械使用过程中的危险有害因素

1. 机械性危害

机械性危害是指致伤物通过机械运动作用于人体，致使人体组织或机能被破坏。产生机械性危害的条件因素主要有：

1）形状或表面特性：刀刃、锐边、尖角、粗糙或光滑表面。

2）相对位置：挤压、剪切、缠绕区域的相对位置。

3）动能：零部件因运动松动、脱落、折断、碎裂、甩出。

4）势能：人或物的重力势能或物在特定条件的弹性势能。

注意：高处作业跌落属于机械性危险的特殊类型。

5）质量和稳定性：抗倾翻性或移动机器防风抗滑的稳定性。

6）机械强度不够导致的断裂或破裂。

7）料堆坍塌、土岩滑动造成掩埋所致的窒息危险。

注意：机械性窒息是机械性暴力引起呼吸障碍，导致氧气吸入减少或停止，二氧化碳在体内滞留，大多数情况为外窒息；中毒窒息、电击窒息、疾病窒息均不属于机械性窒息。

2. 非机械性危险

1）电气危险：触电（电击、电伤），静电危险。

2）危险温度：高温灼烫烫伤、低温冷冻冻伤。

3）噪声危险：机械噪声、动力噪声、电磁噪声。

4）振动危险：局部振动、全身振动。

注意：振动多因时间累积造成的生理性伤害，不属于机械危险。

5）辐射危险：电离辐射（X射线）、非电离辐射（红外光）。

6）材料和物质产生的危险：酸、碱、毒、粉尘、易燃爆。

7）未履行安全人机工程学原则而产生的危险：外界环境等。

典型例题

例1：机械使用过程中的危险可能来自机械设备和工具自身、原材料、工艺方法和使用手段等多方面，危险因素可分为机械性危险因素和非机械性危险因素。下列危险因素中，属于非机械性的是（　　）。

A. 噪声　　　　　　　　　　　　B. 挤压

C. 碰撞　　　　　　　　　　　　D. 冲击

【答案】A。

例2：机械性危害是指致伤物通过机械运动作用于人体，致使人体组织或机能被破坏。产生机械性危害的条件因素主要有（　　）。

A. 动能　　　　　　　　　　　　B. 相对位置

C. 势能　　　　　　　　　　　　D. 质量和稳定性

E. 危险温度

【答案】ABCD。

二、机械伤害类型

机械装置在正常工作状态、非正常工作状态乃至非工作状态都存在危险性。在机械行业，伤害类型包括物体打击、车辆伤害、机械伤害、起重伤害、触电、灼烫、火灾、高处坠落、坍塌、火药爆炸、化学性爆炸、物理性爆炸、中毒、窒息及其他伤害。

三、机械设备的危险部位及预防对策措施

1. 机械设备的危险部位

1）转动的危险部位。包括无凸起部分转动轴、有凸起部分转动轴、对旋式轧辊、牵引辊、辊式输送机（辊轴交替驱动）、轴流风扇（机）、径流通风机、啮合齿轮、旋转的有副轮、砂轮机、旋转的刀具。

2）直线运动的危害部位。包括切割刀刃、砂带机、机械工作台和滑枕、配重块、带锯机、冲压机和铆接机、剪式升降机。

3）转动和直线运动的危险部位。包括齿条和齿轮、传送带传动、输送链和链轮。

2. 预防机械伤害的对策

1）实现机械本质安全设计。通过适当选择机器的设计特性和暴露人员与机器的交互作用，消除或减少相关的风险。

2）安全防护或补充保护措施。

3）提示性安全技术措施。使用信息明确警告剩余风险。

典型例题

实现本质安全，是预防机械伤害事故的治本之策，下列机械安全措施中，不属于机械本质安全措施的是（　　）。

A. 避免材料毒性　　　　　　　　B. 事故急停装置

C. 采用安全电源　　　　　　　　D. 机器的稳定性

【答案】B。

四、机械安全防护措施

1. 防护装置（表2-1）

表2-1　防护装置

项目		设施
类型		固定式防护装置、活动式防护装置和联锁防护装置
功能	隔离	阻止人体任何部位进入机械的危险区触及各种运动零部件
	阻挡	阻止飞出物打击，高压液体意外喷射或防止人体灼烫、腐蚀伤害
	容纳	接受可能由机械抛出、掉落、射出的零件及其破坏后的碎片
一般要求		（1）满足安全防护装置的功能要求 （2）构成元件及安装的抗破坏性 （3）不应成为新的危险源 （4）不应出现漏保护区 （5）满足安全距离的要求 （6）不影响机器的预定使用 （7）遵循安全人机工程学原则 （8）满足某些特殊要求
安全技术要求		（1）固定防护装置应该用永久固定（通过焊接等）方式或借助紧固件（螺钉、螺栓、螺母等）固定方式，将其固定在所需的地方，若不用工具就不能使其移动或打开 （2）进出料的开口部分尽可能小，应满足安全距离的要求，使人不可能从开口处接触危险 （3）活动防护装置或防护装置的活动体打开时，尽可能与防护的机械借助铰链或导链保持连接，防止挪开的防护装置或活动体丢失或难以复原 （4）活动防护装置出现丧失安全功能的故障时，被其"抑制"的危险机器功能不可能执行或停止执行；联锁装置失效不得导致意外启动 （5）防护装置应是进入危险区的唯一通道 （6）防护装置应能有效地防止飞出物的危险

2. 保护装置（表2-2）

表2-2　保护装置

项目		设施
类型		联锁装置、能动装置、保持—运行控制装置、双手操纵装置、敏感保护设备、有源光电保护装置、机械抑制装置、限制装置、有限运动控制装置
选择原则	机械正常运行期间操作者不需要进入危险区的场合	应优先考虑选用固定式防护装置，包括进料、取料装置，辅助工作台，适当高度的栅栏及通道防护装置等
	机械正常运转时需要进入危险区的场合	当操作者需要进入危险区的次数较多、经常开启固定防护装置会带来不便时，可考虑采用联锁装置、自动停机装置、可调防护装置、自动关闭防护装置、双手操纵装置、可控防护装置等
	对非运行状态等其他作业期间需进入危险区的场合	对于机器的设定、示教、过程转换、查找故障、清理或维修等作业，防护装置必须移开或拆除，或安全装置功能受到抑制，人为抑制安全装置功能时，可采用手动控制模式、止—动操纵装置或双手操纵装置、点动—有限运动操纵装置等

3. 补充保护措施

补充保护措施是指在设计机器时，除了一般通过设计减小风险，采用安全防护措施和提供各种信息外，还应另外采取的有关安全措施，包括实现急停功能的组件和元件；被困人员逃生和救援的措施；隔离和能量耗散的措施；提供方便且安全搬运机器及其重型零部件的装置；安全进入机器的措施。

属于机械安全保护装置的有（　　）。

A. 固定式防护装置　　　　　　　　B. 敏感保护设备

C. 能动装置　　　　　　　　　　　D. 机械抑制装置

E. 有源观点保护装置

【答案】BCDE。

第二节　电气安全技术基础

一、电气事故危险因素

电气事故危险因素分为触电危险、电气火灾爆炸危险、静电危险、雷电危险、射频电磁辐射危害和电气系统故障等。

二、电气事故的种类

（一）触电事故

1. 电击

（1）电击的概念　电击是电流通过人体，刺激机体组织，使肌体产生针刺感、压迫感、打击感、痉挛疼痛、血压异常、昏迷、心律不齐、心室颤动等造成伤害的形式。

（2）电击的类型

1）按照发生电击时电气设备的状态，电击分为直接接触电击和间接接触电击。

直接接触电击也称为正常状态下的电击，是指触及正常状态下带电的带电体发生的电击，比如误触接线端子。防止直接接触电击的安全措施包括绝缘、屏护、间距等。

间接接触电击也称为故障状态下的电击，是指触及正常状态下不带电，而在故障状态下意外带电的带电体时发生的电击，比如触及漏电设备的外壳。防止间接接触电击的安全措施包括接地、接零、等电位联结等。

2）按照人体触及带电体的方式，电击可分为单线电击、两线电击和跨步电压电击三种。

单线电击是发生最多的触电事故，是指人体站在导电性地面或接地导体上，人体某一部分触及带电导体由接触电压造成的电击。

两线电击是不接地状态的人体某两个部位同时触及不同电位的两个导体时由接触电压造成的电击。

跨步电压电击是人体进入地面带电的区域时，两脚之间承受的跨步电压造成的电击。可能发生跨步电压电击的场所或部位有：故障接地点附近、有大电流流过的接地装置附近、防雷接地装置附近、可能落雷的高大树木或高大设施所在地的地面。

2. 电伤

（1）电伤的概念　电伤是电流的热效应、化学效应、机械效应等对人体所造成的伤害。伤害多见于机体的外部，往往在机体表面留下伤痕。

（2）电伤的类型

1）电烧伤。可分为电流灼伤和电弧烧伤。电流灼伤是指人体与带电体接触，电流通过人体时，因电能转换成的热能引起的伤害。电弧烧伤是指由弧光放电造成的烧伤，是最严重的电伤。电弧烧伤既可以发生在高压系统，也可以发生在低压系统。高压电弧的烧伤更为严重。

2）电烙印。是指电流通过人体后在人体与带电体接触的部位留下的永久性斑痕。

3）皮肤金属化。是由高温电弧使周围金属熔化、汽化，金属微粒深入皮肤造成的危害。

4）机械性伤害。多数是由于电流作用于人体，由于中枢神经强烈反射和肌肉强烈收缩等作用造成的机体组织断裂、骨折等伤害。

5）电光性眼炎。弧光放电时的红外线、可见光、紫外线都会损伤眼睛。

（二）电气火灾爆炸事故

电气火灾爆炸事故是由电气引燃源引起的火灾和爆炸。作为火灾和爆炸的电气引燃源，电气设备及装置在运行中产生的危险温度、电火花和电弧是电气火灾爆炸的要因。

1. 危险温度

形成危险温度的典型情况有：短路、过载、漏电、接触不良、铁心过热、散热不良、机械故障、电压异常、电磁辐射能量等。

2. 电火花和电弧

电火花是电极间的击穿放电，电弧是大量电火花汇集而成的。电火花和电弧分为工作电火花及电弧、事故电火花及电弧。

（1）工作电火花及电弧　是指电气设备正常工作或正常操作过程中所产生的电火花。如刀开关、断路器、接触器、控制器接通和断开线路时会产生电火花；插销拔出或插入时的火花；直流电动机的电刷与换向器的滑动接触处、绕线式异步电动机的电刷与滑环的滑动接触处也会产生电火花等。

（2）事故电火花及电弧　包括线路或设备发生故障时出现的火花。如绝缘损坏、导线断线或连接松动导致短路或接地时产生的火花；电路发生故障，熔丝熔断时产生的火花；沿绝缘表面发生的闪络。

（三）雷击事故

雷击事故是由自然界正、负电荷形态的能量，在强烈放电时造成的事故。雷电放电具有电流大、电压高、冲击性强的特点。其能量释放出来可表现出极大的破坏力。雷击除可能毁坏设施和设备外，还可能伤及人、畜，引起火灾和爆炸，造成大规模停电等。

（四）静电事故

静电事故是工艺过程中或人们生产活动中，相对静止的正电荷和负电荷形态的电能造成的伤害。

（五）电磁辐射事故

电磁辐射事故是由电磁波形态的能量造成的事故。

（六）电路事故

电路事故是由电能传递、分配、转换失去控制或电气元件损坏等电路故障发展所造成的事故。

典型例题

例1：在触电引发的伤亡事故中，85%以上的死亡事故是电击造成的，电击可分为单线电击、两线电击和跨步电压电击。下列人员的行为中，可能发生跨步电压电击的是（　　　）。

A. 甲站在泥地里，左手和右脚同时接触带电体

B. 乙左右手同时触及不同电位的两个导体

C. 丙在打雷下雨时跑向大树下面避雨

D. 丁站在水泥地面上，身体某一部位触及带电体

【答案】C。

例2：间接接触电击是指触及在故障状态下意外带电的带电体时发生的触电。下列触电事故中，属于间接接触电击的是（　　）。

A. 小张在带电更换断路器时，由于使用螺钉旋具不规范造成触电事故

B. 小李清扫配电柜的电闸时，使用绝缘的毛刷清扫，精力不集中造成触电事故

C. 小赵在配电作业时，无意中触碰带电导线的裸露部分发生触电事故

D. 小王使用手持电动工具时，由于使用时间过长绝缘破坏造成触电事故

【答案】D。

例3：直接接触电击是触及正常状态下带电的带电体时发生的电击。间接接触电击是触及正常状态下不带电而在故障状态下带电的带电体时发生的电击。下列触电事故中，属于间接接触电击的是（　　）。

A. 作业人员在清扫配电箱时，手指触碰电闸发生触电

B. 作业人员在带电抢修时，绝缘鞋突然被钉子扎破发生触电

C. 作业人员在使用手电钻时，手电钻漏电发生触电

D. 作业人员在清扫控制柜时，手臂触到接线端子发生触电

【答案】C。

第三节　特种设备安全技术基础

一、锅炉的分类（表2-3）

表2-3　锅炉的分类

划分依据	类型
按用途	电站锅炉、工业锅炉
按锅炉产生的蒸汽压力	超临界压力锅炉、亚临界压力锅炉、超高压锅炉、高压锅炉、中压锅炉、低压锅炉
按锅炉的蒸发量	大型、中型、小型锅炉
按载热介质	蒸汽锅炉、热水锅炉和有机热载体锅炉
按燃料种类	燃煤锅炉、燃油锅炉、燃气锅炉、电热锅炉、余热锅炉、废料锅炉
按燃烧方式	层燃炉、室燃炉、旋风炉、流化床燃烧锅炉
按锅炉结构	锅壳锅炉、水管锅炉
按制造、安装许可	A级锅炉、B级锅炉

典型例题

锅炉按制造、安装许可划分可分为（　　）。

A. 大型锅炉　　　　　　　　　B. 中型锅炉

C. 小型锅炉　　　　　　　　　D. A级锅炉

E. B级锅炉

【答案】DE。

二、锅炉的工作性质

（1）**爆炸危害性** 锅炉具有爆炸性。锅炉在使用中容器或管路破裂、超压、严重缺水等均可能导致爆炸。

（2）**易于损坏性** 锅炉由于长期运行在高温高压的恶劣工况下，因而经常受到局部损坏，如不能及时发现处理，会进一步导致重要部件和整个系统的全面受损。

（3）**应用的广泛性** 由于锅炉为整个社会生产提供了能源和动力，因而其应用范围极其广泛。

（4）**连续运行性** 锅炉一旦投用，一般要求连续运行，而不能任意停炉，否则会影响一条生产线、一个厂甚至一个地区的生活和生产，其间接经济损失巨大，有时还会造成恶劣的后果。

典型例题

锅炉的工作性质包括（　　）。

A. 应用的广泛性　　　　　　　　B. 连续运行性
C. 事故频发性　　　　　　　　　D. 易于损坏性
E. 爆炸危害性

【答案】ABDE。

三、锅炉事故发生原因及特点 （表2-4）

表2-4　锅炉事故发生原因及特点

项目		内容
发生原因	超压运行	安全阀、压力表等安全装置失灵，或者在水循环系统发生故障，造成锅炉压力超过许用压力，严重时会发生锅炉爆炸
	超温运行	烟气流差或燃烧工况不稳定等原因，使锅炉出口气温过高、受热面温度过高，造成金属烧损或发生爆管事故
	缺水、满水	锅炉水位过低会引起严重缺水事故；锅炉水位过高会引起满水事故，长时间高水位运行，还容易使压力表管口结垢而堵塞，使压力表失灵而导致锅炉超压事故
	水质管理不善	锅炉水垢太厚，又未定期排污，会使受热面水侧积存泥垢和水垢，热阻增大，而使受热面金属烧坏；给水中带有油质或给水呈酸性，会使金属壁过热或腐蚀；碱性过高，会使钢板产生苛性脆化
	水循环被破坏	结垢会造成水循环被破坏；锅炉碱度过高，锅筒水面起泡沫、汽水共腾易使水循环遭到破坏
	违章操作	锅炉工的误操作、错误的检修方法和未对锅炉进行定期检查等都可能导致事故的发生
特点		（1）锅炉在运行中受高温、压力和腐蚀等的影响，容易造成事故，且事故种类呈现出多种多样的形式 （2）锅炉一旦发生故障，将造成停电、停产、设备损坏，其损失非常严重 （3）锅炉是一种密闭的压力容器，在高温和高压下工作，一旦发生爆炸，将摧毁设备和建筑物，造成人身伤亡

典型例题

锅炉事故发生的原因很多，如果是超压运行，可能会导致（　　）。

A. 钢板产生苛性脆化　　　　　　B. 安全阀、压力表等安全装置失灵

C. 造成金属烧损或发生爆管事故　　　　D. 水循环系统发生故障

E. 发生锅炉爆炸

【答案】BDE。

四、锅炉事故的类型

（一）锅炉爆炸事故

1. 水蒸气爆炸

锅炉中容纳水及水蒸气较多的大型部件（如锅筒及水冷壁集箱等），在正常工作时，或者处于水汽两相共存的饱和状态，或者是充满了饱和水，容器内的压力则等于或接近锅炉的工作压力，水的温度则是该压力对应的饱和温度。一旦该容器破裂，容器内液面上的压力瞬间下降为大气压力，与大气压力相对应的水的饱和温度是100℃，原工作压力下高于100℃的饱和水此时成了极不稳定、在大气压力下难于存在的"过饱和水"，其中的一部分即瞬时汽化，体积骤然膨胀多倍，在空间形成爆炸。

2. 超压爆炸

超压爆炸是指由于安全阀、压力表不齐全、损坏或装设错误，操作人员擅离岗位或放弃监视责任，关闭或关小出汽通道，无承压能力的生活锅炉改作承压蒸汽锅炉等原因，致使锅炉主要承压部件筒体、封头、管板、炉胆等承受的压力超过其承载能力而造成的锅炉爆炸。超压爆炸是小型锅炉最常见的爆炸情况之一。

预防这类爆炸的主要措施是加强运行管理。

3. 缺陷导致爆炸

缺陷导致爆炸是指锅炉承受的压力并未超过额定压力，但因锅炉主要承压部件出现裂纹、严重变形、腐蚀、组织变化等情况，导致主要承压部件丧失承载能力，突然大面积破裂爆炸。缺陷导致的爆炸也是锅炉常见的爆炸情况之一。

预防这类爆炸的主要措施是加强锅炉的设计、制造、安装、运行中的质量控制和安全监察，加强锅炉检验，发现锅炉缺陷及时处理，避免锅炉主要承压部件带缺陷运行。

4. 严重缺水导致爆炸

锅炉的主要承压部件如锅筒、封头、管板、炉胆等，大多是直接受火焰加热的。锅炉一旦严重缺水，上述主要受压部件得不到正常冷却，金属温度急剧上升甚至被烧红。这样的缺水情况是严禁加水的，应立即停炉。如给严重缺水的锅炉上水，往往酿成爆炸事故。长时间缺水干烧的锅炉也会爆炸。

防止这类爆炸的主要措施也是加强运行管理。

（二）缺水事故

1. 缺水事故的含义

在锅炉运行中，锅炉水位低于最低安全水位而危及锅炉安全运行的现象称为缺水事故。缺水事故可分为轻微缺水和严重缺水两种。

2. 锅炉缺水的处理

1）首先判断是轻微缺水还是严重缺水，然后酌情予以不同的处理。通常判断缺水程度的方法是"叫水"。"叫水"操作一般只适用于相对容水量较大的小型锅炉，不适用于相对容水量很小的电站锅炉或其他锅炉。

2）如水位在最低安全水位以下，但还能看见或虽然已看不见水位，但对允许采用"叫水法"

的锅炉进行"叫水"后水位很快出现时，属于轻微缺水。如水位已看不见，用"叫水法"也不能出现时，属于严重缺水。

3）轻微缺水时，可以立即向锅炉上水，使水位恢复正常。如果上水后水位仍不能恢复正常，应立即停炉检查。

4）严重缺水时，必须紧急停炉。

3. 锅炉缺水的后果

严重缺水会使锅炉蒸发受热面管子过热变形甚至烧塌，胀口渗漏，胀管脱落，受热面钢材过热或过烧，降低或丧失承载能力，管子爆破，炉墙损坏。如锅炉缺水处理不当，甚至会导致锅炉爆炸。

（三）满水事故

1. 满水事故的含义

在锅炉运行中，锅炉水位高于最高安全水位而危及锅炉安全运行的现象称为满水事故。满水事故可分为轻微满水和严重满水两种。

2. 锅炉满水的处理

1）冲洗水位表，检查是否有假水位，判断是轻微满水还是严重满水。先关闭水旋塞，再开启放水旋塞，观察水位表内是否有水位出现，如果有水位出现为轻微满水，如果只看见水位下流，而没有水位下降，表明严重满水应紧急停炉。

2）如果是轻微满水，应减弱燃烧，停止给水，必要时可开启排污阀，放出少量锅水，同时开启分汽缸底部疏水阀及疏水旁通阀加速疏水，待水位降到正常水位后，再恢复正常运行。

3）如果是严重满水，应做紧急停炉处理，停止给煤、鼓风，减弱引风，停止给水，迅速通过排污阀放水，将分汽缸底部疏水阀及疏水旁通阀打开加速疏水，待水位恢复正常，管道、阀门等经检查可以使用，在查清原因并消除后，可恢复运行。

3. 锅炉满水的后果

满水发生后，高水位报警器动作并发出警报，过热蒸汽温度降低，给水流量不正常地大于蒸汽流量。严重满水时，锅水可进入蒸汽管道和过热器，造成水击及过热器结垢。因而满水的主要危害是降低蒸汽品质，损害以致破坏过热器。

（四）汽水共腾

1. 汽水共腾的含义

汽水共腾是指锅炉蒸发表面汽、水共同升起，产生大量泡沫并上下波动的现象。

2. 汽水共腾的处理

1）减弱燃烧力度，降低负荷，关小主汽阀。

2）加强蒸汽管道和过热器的疏水。

3）全开连续排污阀，并打开定期排污阀放水，同时上水，以改善锅水品质。

4）待水质改善、水位清晰时，可逐渐恢复正常运行。

3. 汽水共腾的后果

汽水共腾会使蒸汽带水，降低蒸汽品质，造成过热器结垢及水击振动，损坏过热器或影响用汽设备的安全运行。

（五）锅炉爆管

1. 爆管处理

炉管爆破时，通常必须紧急停炉修理。

2. 爆管后果

炉管爆破时，往往能听到爆破声，随之水位降低，蒸汽及给水压力下降，炉膛或烟道中有汽水喷出的声响，负压减小，燃烧不稳定，给水流量明显地大于蒸汽流量，有时还有其他比较明显的症状。

（六）省煤器损坏

1. 省煤器损坏处理

省煤器损坏是指省煤器管子破裂或省煤器其他零件损坏所造成的事故。省煤器损坏时，如能经直接上水管给锅炉上水，并使烟气经旁通烟道流出，则可不停炉进行省煤器修理，否则必须停炉进行修理。

2. 省煤器损坏的后果

省煤器损坏时，给水流量不正常地大于蒸汽流量；严重时，锅炉水位下降，过热蒸汽温度上升；省煤器烟道内有异常声响，烟道潮湿或漏水，排烟温度下降，烟气阻力增大，引风机电流增大。

（七）过热器损坏

1. 过热器损坏处理

过热器损坏通常需要停炉修理。

2. 过热器损坏的后果

过热器损坏发生后，蒸汽流量明显下降，且不正常地小于给水流量；过热蒸汽温度上升，压力下降；过热器附近有明显声响，炉膛负压减小，过热器后的烟气温度降低。

（八）水击事故

1. 水击事故的预防与处理

为了预防水击事故，给水管道和省煤器管道的阀门启闭不应过于频繁，开闭速度要缓慢；对可分式省煤器的出口水温要严格控制，使之低于同压力下的饱和温度40℃；防止满水和汽水共腾事故，暖管之前应彻底疏水；上锅筒进水速度应缓慢，下锅筒进汽速度也应缓慢。发生水击时，除立即采取措施使之消除外，还应认真检查管道、阀门、法兰、支撑等，如无异常情况，才能使锅炉继续运行。

2. 水击事故的后果

水击是指水在管道中流动时，因速度突然变化导致压力突然变化，形成压力波并在管道中传播的现象。发生水击时管道承受的压力骤然升高，发生猛烈振动并发出巨大声响，常常造成管道、法兰、阀门等的损坏。

（九）炉膛爆炸事故

炉膛爆炸常发生于燃油、燃气、燃煤粉的锅炉。炉膛爆炸（外爆）要同时具备三个条件：
1）燃料必须以游离状态存在于炉膛中。
2）燃料和空气的混合物达到爆燃的浓度。
3）有足够的点火能源。

（十）锅炉结渣

1. 锅炉结渣的后果

结渣是在锅炉内烟气侧受热面出现的严重影响锅炉正常稳定运行的故障现象，通常是煤中的矿物质和无机成分经炉内燃烧后变成灰渣，灰渣沉积到受热面上所形成。由于煤粉炉炉膛温度较高，煤粉燃烧后的细灰呈飞腾状态，因而更易在受热面上结渣。结渣使受热面吸热能力减弱，降低锅炉的出力和效率；局部水冷壁管结渣会影响和破坏水循环，甚至造成水循环故障；结渣会造成过热蒸汽温度的变化，使过热器金属超温；严重的结渣会妨碍燃烧设备的正常运行，甚至造成被迫停炉。结渣对锅炉的经济性、安全性都有不利影响。

2. 锅炉结渣预防措施

1）在设计上要控制炉膛燃烧热负荷，在炉膛中布置足够的受热面，控制炉膛出口温度，使之不超过灰渣变形温度；合理设计炉膛形状，正确设置燃烧器，在燃烧器结构性能设计中充分考虑结渣问题；控制水冷壁间距不要太大，要把炉膛出口处受热面管间距拉开；炉排两侧装设防焦集箱等。

2）在运行上要避免超负荷运行；控制火焰中心位置，避免火焰偏斜和火焰冲墙；合理控制过量空气系数和减少漏风。

3）对沸腾炉和层燃炉，要控制送煤量，均匀送煤，及时调整燃料层和煤层厚度。

4）发现锅炉结渣要及时清除。清渣应在负荷较低、燃烧稳定时进行，操作人员应注意防护和安全。

（十一）尾部烟道再燃烧

1. 尾部烟道再燃烧事故的后果

锅炉燃烧室内未完全燃烧的燃料，在锅炉尾部受热面及烟道区域不断积聚，积聚物重新燃烧的现象称为尾部烟道再燃烧。当锅炉运行中燃烧不完好时，部分可燃物随着烟气进入尾部烟道，积存于烟道内或粘附在尾部受热面上，在一定条件下这些可燃物自行着火燃烧。尾部烟道再燃烧常将空气预热器、省煤器破坏。引起尾部烟道再燃烧的条件是：在锅炉尾部烟道上有可燃物堆积下来，并达到一定的温度，有一定量的空气可供燃烧。这三个条件同时满足时，可燃物就有可能自燃或被引燃着火。

2. 尾部烟道再燃烧的预防

为防止产生尾部二次燃烧，要提高燃烧效率，尽可能减少不完全燃烧损失，减少锅炉的启停次数；加强尾部受热面的吹灰，保证烟道各种门孔及烟气挡板的密封良好；应在燃油锅炉的尾部烟道上装设灭火装置。

3. 尾部烟道再燃烧的处理

1）锅炉运行中发生尾部烟道二次燃烧要立即停炉后停止送、引风机运行并关闭所有烟风挡板。

2）强制投入再燃烧点区域的蒸汽吹灰器进行灭火。

3）如果省煤器处再燃烧，启动电动给水泵以150t/h的流量进行上水冷却。

4）如果空气预热器受热面再燃烧，空气预热器能正常运行，提升扇形密封板，必要时联系检修缩回所有密封装置，保持空气预热器正常运行；空气预热器发生卡涩，主驱动电动机和辅助驱动电动机跳闸，除提升扇形密封板，缩回所有密封装置外，联系检修连续手动盘动空气预热器转子。投入空气预热器蒸汽吹灰进行灭火，不能扑灭时投入空气预热器消防水进行灭火。

5）当省煤器出口给水温度接近入口温度（省煤器处再燃烧），空气预热器入口烟气温度、排烟温度、热风温度降低到80℃以下，各人孔和检查孔不再有烟气和火星冒出后停止蒸汽吹灰或消防水。打开人孔和检查孔检查确认再燃烧熄灭后，开启烟道排水门排尽烟道内的积水后开启烟风挡板进行通风。

6）炉膛经过全面冷却，进入再燃烧处检查确认设备无损坏，受热面积聚的可燃物彻底清理

干净后重新启动锅炉。

典型例题

例1：锅炉水位高于水位表最高安全水位刻度线的现象，称为锅炉满水。严重满水时，锅炉水可进入蒸汽管道和过热器，造成水位及过热器水击及过热器结垢，降低蒸汽品质，损害以致破坏过热器。下列针对锅炉满水的处理措施中，正确的是（   ）。

A. 加强燃烧，开启排污阀及过热器、蒸汽管道上的疏水器

B. 启动"叫水"程序，判断满水的严重程度

C. 立即停炉，打开主汽阀加强疏水

D. 立即关闭给水阀停止向锅炉上水，启用省煤器再循环管路

【答案】D。

例2：锅炉蒸发表面（水面）汽水共同升起，产生大量泡沫并上下波动翻腾的现象称为汽水共腾。汽水共腾会使蒸汽带水，降低蒸汽品质，造成过热器结垢，损坏过热器或影响用汽设备的安全运行，下列处理锅炉汽水共腾的方法中，正确的是（   ）。

A. 加大燃烧力度   B. 开大主汽阀

C. 加强蒸汽管道和过热器的疏水   D. 全开连续排污阀，关闭定期排风阀

【答案】C。

例3：一台正在运行的蒸汽锅炉，运行人员发现锅炉水位表内出现泡沫，汽水界限难以区分，过热蒸汽温度下降，过热蒸汽带水。下列针对该故障采取的处理措施中，正确的是（   ）。

A. 减少给水，同时开启排污阀放水，打开过热器、蒸汽管道上的疏水阀，加强疏水

B. 降低负荷，关闭给水阀，停止给水，打开省煤器疏水阀，启用省煤器再循环管路

C. 减少给水，降低负荷，开启省煤器再循环管路，开启排污阀放水

D. 降低负荷，调小主汽阀，开启过热器、蒸汽管道上的疏水阀，开启排污阀放水，同时给水

【答案】D。

五、锅炉事故的应急处理措施

1）锅炉一旦发生事故，司炉人员一定要保持清醒的头脑，不要惊慌失措，应立即判断和查明事故原因，并及时进行事故处理。发生重大事故和爆炸事故时应启动应急预案，保护现场，并及时报告有关领导和监察机构。

2）发生锅炉爆炸事故时，必须设法躲避爆炸物和高温水、汽，在可能的情况下尽快将人员撤离现场；爆炸停止后立即查看是否有伤亡人员，并进行救助。

3）发生锅炉重大事故时，要停止供给燃料和送风，减弱引风；熄灭和清除炉膛内的燃料（是指火床燃烧锅炉），注意不能用向炉膛浇水的方法灭火，而用黄砂或湿煤灰将红火压灭；打开炉门、灰门、烟风道闸门等，以冷却炉子；切断锅炉同蒸汽总管的联系，打开锅筒上放空排放或安全阀以及过热器出口集箱和疏水阀；向锅炉内进水、放水，以加速锅炉的冷却；但是发生严重缺水事故时，切勿向锅炉内进水。

典型例题

发生锅炉重大事故时，要采取（   ）应急处理措施。

A. 停止供给燃料和送风，减弱引风   B. 切断锅炉同蒸汽总管的联系

C. 用黄砂或湿煤灰将红火压灭   D. 熄灭和清除炉膛内的燃料

E. 向炉膛浇水灭火

【答案】ABCD。

六、压力容器的分类（表2-5）

表2-5　压力容器的分类

划分依据		类型
按压力等级	按承压方式	内压容器和外压容器
	按设计压力（p）	（1）低压容器，$0.1\text{MPa} \leqslant p < 1.6\text{MPa}$ （2）中压容器，$1.6\text{MPa} \leqslant p < 10.0\text{MPa}$ （3）高压容器，$10.0\text{MPa} \leqslant p < 100.0\text{MPa}$ （4）超高压容器，$p \geqslant 100.0\text{MPa}$
按容器在生产中的作用		反应压力容器、换热压力容器、分离压力容器、储存压力容器
按安装方式		固定式压力容器、移动式压力容器
按制造许可		制造许可A级、制造许可B级、制造许可C级、制造许可D级
按安全技术管理		按《固定式压力容器安全技术监察规程》将压力容器划分为Ⅰ、Ⅱ、Ⅲ三类

典型例题

压力容器按容器在生产中的作用来分类，可以划分为（　　　）。

A. 内部压力容器
B. 反应压力容器
C. 分离压力容器
D. 换热压力容器
E. 储存压力容器

【答案】BDCE。

七、压力容器的参数

1. 压力

压力容器的压力可以来自两个方面，一是在容器外产生（增大）的，二是在容器内产生（增大）的。

1）最高工作压力，是指在正常操作情况下，容器顶部可能出现的最高压力。

2）设计压力，是指在相应设计温度下用以确定压力容器壳体厚度的压力，即标注在铭牌上的容器设计压力，其值不得小于容器的最大工作压力。

2. 温度

1）工作温度，是指容器内部工作介质在正常操作过程中的温度，即介质温度。

2）金属温度，是指容器受压元件沿截面厚度的平均温度。任何情况下，元件金属的表面温度不得超过钢材的允许使用温度。

3）设计温度，为压力容器设计载荷条件之一，它是指容器在正常情况下，设定元件的金属温度（沿元件金属截面的温度平均值）。设计温度与设计压力一起作为设计载荷条件。当壳壁或元件金属的温度低于$-20℃$，按最低温度确定设计温度；除此之外，设计温度一律按最高温度选取。

3. 介质

1）按物质状态分类，有气体、液体、液化气体、单质和混合物等。

2）按化学特性分类，则有可燃、易燃、惰性和助燃四种。

3）按对人类毒害程度，可分为极度危害（Ⅰ）、高度危害（Ⅱ）、中度危害（Ⅲ）、轻度危害（Ⅳ）四级。

4）按对容器材料的腐蚀性可分为强腐蚀性、弱腐蚀性和非腐蚀性。

典型例题

压力容器一般泛指工业生产中用于盛装反应、传热、分离等生产工艺过程的气体或液体，并能承载一定压力的密闭设备。下列关于压力容器压力设计的说法中，正确的是（　　）。

A. 设计操作压力应高于设计压力　　　　B. 设计压力应高于最高工作压力

C. 设计操作压力应高于最高工作压力　　D. 安全阀起跳压力应高于设计压力

【答案】B。

八、压力容器事故的特点、类型及预防措施

（一）压力容器事故的特点

1）压力容器在运行中由于超压、过热，而超出受压元件可以承受的压力；或腐蚀、磨损，而造成受压元件承受能力下降到不能承受正常压力的程度，发生爆炸、撕裂等事故。

2）压力容器发生爆炸事故后，不但事故设备被毁，而且还波及周围的设备、建筑和人群。其爆炸所直接产生的碎片能飞出数百米远，并能产生巨大的冲击波，其破坏力与杀伤力极大。

3）压力容器发生爆炸、撕裂等重大事故后，有毒物质的大量外溢会造成人畜中毒的恶性事故；而可燃性物质的大量泄漏，还会引起重大的火灾和二次爆炸事故。

（二）压力容器事故的类型

1. 压力容器爆炸

压力容器爆炸分为物理爆炸和化学爆炸。物理爆炸是容器内高压气体迅速膨胀并以高速释放内在能量。化学爆炸是容器内的介质发生化学反应，释放能量生成高压、高温，其爆炸危害程度往往比物理爆炸严重。

压力容器爆炸的危害：冲击波及其破坏作用；爆破碎片的破坏作用；介质伤害；二次爆炸及燃烧危害；压力容器快开门事故危害。

2. 压力容器泄漏

压力容器的元件开裂、穿孔、密封失效等造成容器内的介质泄漏的现象。

压力容器泄漏的危害：有毒介质伤害；爆炸及燃烧危害；高温灼烫伤。

（三）压力容器事故的预防措施

1）在设计上，应采用合理的结构，如采用全焊透结构，能自由膨胀等，避免应力集中、几何突变。针对设备使用工况，选用塑性、韧性较好的材料。强度计算及安全阀排量计算符合标准规定。

2）制造、修理、安装、改造时，加强焊接管理，提高焊接质量并按规范要求进行热处理和探伤；加强材料管理，避免采用有缺陷的材料或用错钢材、焊接材料。

3）在压力容器的使用过程中，加强管理，避免操作失误，超温、超压、超负荷运行，失检、失修、安全装置失灵等。

4）加强检验工作，及时发现缺陷并采取有效措施。

5）在压力容器的使用过程中，发生下列异常现象时，应立即采取紧急措施，停止容器的运行：

①超温、超压、超负荷时，采取措施后仍不能得到有效控制。

②压力容器主要受压元件发生裂纹、鼓包、变形等现象。

③安全附件失效。

④接管、紧固件损坏，难以保证安全运行。

⑤发生火灾、撞击等直接威胁压力容器安全运行的情况。

⑥充装过量。

⑦压力容器液位超过规定，采取措施仍不能得到有效控制。

⑧压力容器与管道发生严重振动，危及安全运行。

典型例题

压力容器爆炸的危害主要包括（　　）。

A. 冲击波及其破坏作用　　　　　　　B. 环境污染

C. 爆破碎片的破坏作用　　　　　　　D. 介质伤害

E. 二次爆炸及燃烧危害

【答案】ACDE。

九、压力容器事故的应急处理措施

1）发生重大事故时应启动应急预案，保护现场，并及时报告有关领导和监察机构。

2）压力容器发生超压超温时要马上切断进汽阀门；对于反应容器停止进料；对于无毒非易燃介质，要打开放空管排汽；对于有毒易燃易爆介质要打开放空管，将介质通过接管排至安全地点。

3）如果属超温引起的超压，除采取上述措施外，还要通过水喷淋冷却以降温。

4）压力容器发生泄漏时，要马上切断进料阀门及泄漏处前端阀门。

5）压力容器本体泄漏或第一道阀门泄漏时，要根据容器、介质不同使用专用堵漏技术和堵漏工具进行堵漏。

6）易燃易爆介质泄漏时，要对周边明火进行控制，切断电源，严禁一切用电设备运行，并防止静电产生。

典型例题

一台储存有毒易燃易爆介质的压力容器由于焊接质量存在问题，受压元件强度不够，导致元件开裂，造成容器内介质发生泄漏。操作人员处理时，错误的做法是（　　）。

A. 马上切断进料阀门和泄漏处前端阀门　　B. 使用专用堵漏技术和堵漏工具封堵

C. 打开放空管就地排空　　　　　　　　　D. 对周边明火进行控制，切断电源

【答案】C。

十、压力管道的分类及工艺参数（表2-6）

表2-6　压力管道的分类及工艺参数

项目		内容
分类	按主体材料	金属管道和非金属管道
	按敷设位置	架空管道、埋地管道、地沟敷设管道
	按介质压力	超高压管道、高压管道、中压管道、低压管道
	按介质温度	高温管道、常温管道、低温管道
	按管道用途	长输油气管道、城镇燃气管道、热力管道、工业管道、动力管道、制冷管道
	按安全监督管理	长输管道（GA类）、公用管道（GB类）、工业管道（GC类）
工艺参数	设计压力、操作压力、设计温度、灌输介质温度、介质、公称直径、公称压力、设计壁厚	

典型例题

压力管道的工艺参数包括（　　）。

A. 设计压力   B. 设计壁厚

C. 公称直径   D. 设计温度

E. 管道材质

【答案】ABCD。

十一、压力管道事故的特点

1）压力管道在运行中由于超压、过热，或腐蚀、磨损，而使受压元件难以承受，发生爆炸、撕裂等事故。

2）当管道发生爆管时，管内压力瞬间突降，释放出大量的能量和冲击波，危及周围环境和人身安全，甚至能将建筑物摧毁。

3）压力管道发生爆炸、撕裂等重大事故后，有毒物质的大量外溢会造成人、畜中毒和火灾、爆炸等恶性事故。

4）压力管道本体发生爆炸，或者泄漏的易燃易爆介质爆炸，不但事故设备毁坏和操作人员伤亡，而且还波及周围的设施和人员。

十二、压力管道事故的类型及预防措施（表2-7）

表 2-7　压力管道事故的类型及预防措施

事故类型	预防措施
管道焊接缺陷造成破坏	（1）制造、修理、安装、改造时，加强焊接管理，完善焊接质量管理体系 （2）在压力管道运行中，加强管理，避免操作失误及超温、超压运行 （3）加强检验工作，及时发现缺陷并采取有效措施
管系振动破坏	（1）避免管道结构固有频率、管道内砌筑固有频率与压缩机、机泵的激振频率相等而形成共振 （2）减轻气液两相流的激振力 （3）加强支架刚度
液击破坏	（1）装置开停和生产调节过程中，尽量缓慢开闭阀门 （2）缩短管子长度 （3）在管道靠近液击源附近设安全阀、蓄能器等装置，释放或吸收液击的能量 （4）采用具有防液击功能的阀门 （5）采用自控保护装置
疲劳破坏	（1）选用合适的抗疲劳材料 （2）管道系统设计时需要做疲劳分析 （3）考虑结构的抗疲劳性能 （4）制造及安装时注意 （5）加强定期检验
蠕变破坏	（1）根据使用温度选用合适的材料，并按材料的使用温度和相应寿命蠕变极限选取许用应力 （2）合理设计管系布置和结构 （3）严格控制焊接工艺和热处理工艺 （4）严格执行操作规程，杜绝超温超压运行，并加强检查，避免因局部过热而导致蠕变破坏 （5）加强定期检查

🔖 典型例题

根据压力管道事故的不同类型应该采取相应的预防措施，对于管系振动破坏类型，应采取的预防措施有（　　）。

A. 加强支架刚度　　　　　　　　　　　　B. 缩短管子长度

C. 减轻气液两相流的激振力　　　　　　　D. 采用自控保护装置

E. 避免管道结构固有频率、管道内砌筑固有频率与压缩机、机泵的激振频率相等而形成共振

【答案】　ACE。

十三、起重机械的类型

《起重机械分类》（GB/T 20776—2006）规定，按照起重机械的定义，起重机械按其功能和结构特点分为轻小型起重设备、起重机、升降机、工作平台、机械式停车设备五类，如图2-1所示。

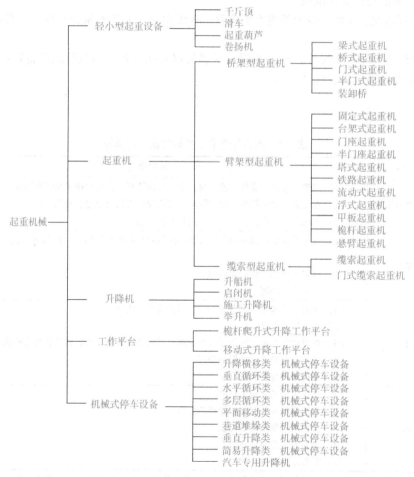

图2-1　起重机械的类型

🔖 典型例题

属于桥架型起重机的有（　　）。

A. 桅杆起重机　　　　　　　　　　　　　B. 梁式起重机

C. 甲板起重机　　　　　　　　　　D. 桥式起重机

E. 门式起重机

【答案】BDE。

十四、起重机械事故的类型

(一) 重物失落事故（表2-8）

表2-8　重物失落事故

类型		造成事故的主要原因
脱绳事故		(1) 重物的捆绑方法与要领不当，造成重物滑脱 (2) 吊装重心选择不当，造成偏载吊或吊装中心不稳，使重物脱落 (3) 吊载遭到碰撞、冲击而摇摆不定，造成重物失落
脱钩事故		(1) 吊钩缺少护钩装置 (2) 护钩保护装置功能失效 (3) 吊装方法不当，吊钩钩口变形引起开口过大
断绳事故	起升绳破断	(1) 超载起吊拉断钢丝绳 (2) 起升限位开关失灵造成过卷拉断钢丝绳 (3) 斜吊、斜拉造成乱绳挤伤切断钢丝绳 (4) 钢丝绳因长期使用又缺乏维护保养，造成疲劳变形、磨损损伤 (5) 达到或超过报废标准仍然使用
	吊装绳破断	(1) 吊钩上吊装绳夹角太大（>120°），使吊装绳上的拉力超过极限值而拉断 (2) 吊装钢丝绳品种规格选择不当，或仍使用已达到报废标准的钢丝绳捆绑吊装重物 (3) 吊装绳与重物之间接触处无垫片等保护措施，造成棱角割断钢丝绳
吊钩断裂事故		(1) 吊钩材质有缺陷 (2) 吊钩因长期磨损，使断面减小 (3) 已达到报废极限标准却仍然使用或经常超载使用，造成疲劳断裂

(二) 坠落事故

1. 从机体上滑落摔伤事故

从机体上滑落摔伤事故多发生在高空起重机上进行维护、检修作业中。检修作业人员缺乏安全意识，作业时不系安全带，由于脚下滑动、障碍物绊倒或起重机突然启动造成的晃动使作业人员失稳从高处坠落于地面而摔伤。

2. 机体撞击坠落事故

机体撞击坠落事故多发生在检修作业中。因缺乏严格的现场安全监督制度，检修人员遭到其他作业的起重机端梁或悬臂撞击，从高处坠落受伤。

3. 轿厢坠落摔伤事故

轿厢坠落摔伤事故多发生在载客电梯、货梯或建筑升降机升降运转中。由于起升钢丝绳破断、钢丝绳固定端脱落，使乘客及操作者随轿厢、货箱一起坠落，造成人员伤亡事故。

4. 维修工具、零部件坠落砸伤事故

在高处起重机上从事检修作业时，常常因不小心，使维修更换的零部件或维护检修工具从起重机机体上滑落，造成砸伤地面作业人员和机器设备等事故。

5. 制动下滑坠落事故

制动下滑坠落事故产生的主要原因是起升机构的制动器性能失效，多为制动器制动环或制动

衬料磨损严重而未能及时调整或更换，导致刹车失灵，或制动轴断裂，造成重物急速下滑坠落于地面，砸伤地面作业人员或机器设备。

6. 振动坠落事故

起重机个别零部件因安装连接不牢，如螺栓未能按要求拧入一定的深度，螺母锁紧装置失效，或因年久失修个别连接环节松动，当起重机遇到冲击或振动时，就会出现因连接松动造成某一零部件从机体脱落，造成砸伤地面作业人员或砸伤机器设备的事故。

（三）挤伤事故

1. 吊具或吊载与地面物体间的挤伤事故

在车间、仓库等室内场所，地面作业人员处于大型吊具或吊载与机器设备、土建墙壁、牛腿立柱等障碍物之间的狭窄地带，在进行吊装、指挥、操作或从事其他作业时，由于指挥失误或误操作，作业人员躲闪不及被挤压在大型吊具（吊载）与各种障碍物之间，造成挤伤事故。或者由于吊装不合理，造成吊载剧烈摆动，冲撞作业人员致伤。

2. 升降设备的挤伤事故

电梯、升降货梯、建筑升降机的维修人员或操作人员，不遵守操作规程，发生被挤压在轿厢、吊笼与井壁、井架之间而造成挤伤的事故也时有发生。

3. 机体与建筑物间的挤伤事故

机体与建筑物间的挤伤事故多发生在高处从事桥式起重机维护检修人员中，被挤在起重机端梁与支承、承轨梁的立柱或墙壁之间，或在高处承轨梁侧通道通过时被运行的起重机挤伤。

4. 机体回转挤伤事故

机体回转挤伤事故多发生在野外作业的汽车、轮胎和履带起重机作业中，往往由于此类作业的起重机回转时配重部分将吊装、指挥和其他作业人员撞伤，或把上述人员挤压在起重机配重与建筑物之间致伤。

5. 翻转作业中的挤伤事故

从事吊装、翻转、倒个作业时，由于吊装方法不合理，装卡不牢，吊具选择不当，重物倾斜下坠，吊装选位不佳，指挥及操作人员站位不好，造成吊载失稳、吊载摆动冲击，造成翻转作业中的砸、撞、碰、挤、压等各种伤亡事故。

（四）机体毁坏事故

1. 断臂事故

各种类型的悬臂起重机，由于悬臂设计不合理、制造装配有缺陷或者长期使用已有疲劳损坏隐患，一旦超载起吊就易造成断臂或悬臂严重变形等毁机事故。

2. 倾翻事故

倾翻事故是自行式起重机的常见事故，自行式起重机倾翻事故大多是由起重机作业前支撑不当引发，如野外作业场地支撑地基松软，起重机支腿未能全部伸出等。起重机限制器或起重力矩限制器等安全装置动作失灵、悬臂伸长与规定起重量不符、超载起吊等因素也都会造成自行式起重机倾翻事故。

3. 机体摔伤事故

在室外作业的门式起重机、门座起重机、塔式起重机等，由于无防风夹轨器，无车轮止垫或无固定锚链等，或者上述安全设施功能失效，当遇到强风吹击时，可能会倾倒、移位，甚至从栈轿上翻落，造成严重的机体摔伤事故。

4. 相互撞毁事故

在同一跨中的多台桥式类型起重机由于相互之间无缓冲碰撞保护措施，或缓冲碰撞保护设施毁坏失效，易引起起重机相互碰撞致伤。在野外作业的多台悬臂起重机群中，悬臂回转作业中也难免相互撞击而出现碰撞事故。

（五）触电事故

触电事故可以按作业场所分为室内作业的触电事故和室外作业的触电事故。

触电安全防护措施包括：①保证安全电压。②保证绝缘的可靠性。③加强屏护保护。④严格保证配电最小安全净距。⑤保证接地与接零的可靠性。⑥加强漏电触电保护。

典型例题

倾翻事故是自行式起重机的常见事故。下列情形中，容易造成自行式起重机倾翻事故的是（　　）。

A. 没有车轮止垫　　　　　　　　B. 没有设置固定锚链
C. 悬臂伸长与规定起重量不符　　D. 悬臂制造装配有缺陷

【答案】C。

十五、起重机械事故的预防措施

1）加强对起重机械的管理。认真执行起重机械各项管理制度和安全检查制度，做好起重机械的定期检查、维护、保养，及时消除隐患，使起重机械始终处于良好的工作状态。

2）加强对起重机械操作人员的教育和培训，严格执行安全操作规程，提高操作技术能力和处理紧急情况的能力。

3）加强触电安全防护措施。如安全电压、加强绝缘、屏护、安全距离、接地与接零、漏电保护等措施。

4）起重机械操作过程中要坚持"十不吊"，即：①指挥信号不明或乱指挥不吊。②物体质量不清或超负荷不吊。③斜拉物体不吊。④重物上站人或有浮置物不吊。⑤工作场地昏暗，无法看清场地、被吊物及指挥信号不吊。⑥遇有拉力不清的埋置物时不吊。⑦工件捆绑、吊挂不牢不吊。⑧重物棱角处与吊绳之间未加衬垫不吊。⑨结构或零部件有影响安全工作的缺陷或损伤时不吊。⑩钢（铁）水装得过满不吊。

十六、场（厂）内专用机动车辆事故类型及预防措施

1. 场（厂）内机动车辆事故

（1）**超速造成事故**　装载机在码头超速行驶，为躲避前方情况，操作不当，坠入海中；叉车转弯不减速，车辆侧翻、倾翻造成事故；汽车载货高速转弯，货物甩出。

（2）**无证驾驶造成事故**　搬运工无证驾驶电瓶车，由于对车辆性能不熟，车辆启动过猛，将旁人挤压造成事故；无证驾驶装载机，违章指挥自翻伤亡。

（3）**违章载人造成事故**　站在货车脚踏板上违章乘车，行驶途中掉下，或车未停稳就跳下车，造成人员伤亡；前翻斗车载人，车厢翻起人落，造成事故；货车车厢中同时载物载人，行驶途中货物挤压人，或者转弯时将人甩出。

（4）**违章作业造成事故**　包括汽车起重机臂杆触电，造成事故；检修时，自卸汽车不落斗，货斗坠落造成事故；装载机驾驶员误操作，升降臂下降造成事故；货车不关车帮，造成事故；履带拖拉机自溜，造成事故；履带起重机超载，倾翻事故。

（5）设备故障造成事故　叉车货叉断裂，造成事故；刹车失灵，造成事故。

2. 场（厂）内机动车辆事故的预防措施

1）加强对场（厂）内机动车辆的管理。认真执行场（厂）内机动车辆各项管理制度和安全检查制度，做好场（厂）内机动车辆的定期检查、维护、保养，及时消除隐患，使场（厂）内机动车辆始终处于良好的工作状态。

2）加强对场（厂）内机动车辆操作人员的教育和培训，严格执行安全操作规程，提高操作技术能力和处理紧急情况的能力。

3）各种场（厂）内机动车辆操作过程中要严格遵守安全操作规程。

4）加强厂区直路行车、企业内交叉路口、企业内倒车、装卸过程、夜间行车、信号灯和交通标志等环节的管理。

第四节　防火防爆安全技术基础

一、火灾的分类

1. 按照可燃物类型和燃烧特性分类

《火灾分类》（GB/T 4968—2008）按物质的燃烧特性将火灾分为六类。

A类火灾：是指固体物质火灾，这种物质通常具有有机物质，一般在燃烧时能产生灼热灰烬，如木材、棉、毛、麻、纸张火灾等。

B类火灾：是指液体火灾和可熔化的固体物质火灾，如汽油、煤油、柴油、原油、甲醇、乙醇、沥青、石蜡火灾等。

C类火灾：是指气体火灾，如煤气、天然气、甲烷、乙烷、丙烷、氢气火灾等。

D类火灾：是指金属火灾，如钾、钠、镁、钛、锆、锂、铝镁合金火灾等。

E类火灾：是指带电火灾，是物体带电燃烧的火灾，如发电机、电缆、家用电器等。

F类火灾：是指烹饪器具内烹饪物火灾，如动植物油脂等。

2. 按照一次火灾事故造成的人员伤亡情况和直接财产损失严重程度的分类

《关于调整火灾等级标准的通知》（公消〔2007〕234）指出，火灾等级标准调整如下：

（1）特别重大火灾　是指造成30人以上死亡，或者100人以上重伤，或者1亿元以上直接财产损失的火灾。

（2）重大火灾　是指造成10人以上30人以下死亡，或者50人以上100人以下重伤，或者5000万元以上1亿元以下直接财产损失的火灾。

（3）较大火灾　是指造成3人以上10人以下死亡，或者10人以上50人以下重伤，或者1000万元以上5000万元以下直接财产损失的火灾。

（4）一般火灾　是指造成3人以下死亡，或者10人以下重伤，或者1000万元以下直接财产损失的火灾。

注："以上"包括本数，"以下"不包括本数。

典型例题

某企业由于雷击引燃了汽油储罐导致火灾，根据《火灾分类》（GB/T 4968—2008），此次火灾属于（　　）。

A. A类火灾　　　　B. B类火灾　　　　C. C类火灾　　　　D. D类火灾

【答案】B。

二、燃烧的形式及火灾的发展过程

1. 燃烧的形式（表 2-9）

表 2-9　燃烧的形式

燃烧形式	内容
扩散燃烧	可燃气体分子与空气分子互相扩散、混合，混合浓度达到爆炸极限范围内的可燃气体遇到火源即着火并能形成稳定火焰的燃烧
混合燃烧	可燃气体和助燃气体在管道、容器和空间扩散混合，混合气体的浓度在爆炸范围内，遇到火源即发生燃烧，混合燃烧是在混合气体分布的空间快速进行的，称为混合燃烧
蒸发燃烧	可燃液体在火源和热源的作用下，蒸发出的蒸气发生氧化分解而进行的燃烧
分解燃烧	分子结构复杂的固体可燃物，在受热分解出其组成成分及加热温度相应的热分解产物，再氧化燃烧
表面燃烧	有些固体可燃物的蒸气压非常小或难于发生热分解，不能发生蒸发燃烧或分解燃烧，当氧气包围物质的表层时，呈炽热状态发生无火焰燃烧，它属于非均相燃烧。如木炭、焦炭、铁、钨等

2. 火灾的发展过程

典型火灾事故的发展分为初起期、发展期、最盛期、减弱至熄灭期。

初起期是火灾开始发生的阶段，主要特征是冒烟、阴燃。

发展期是火势由小到大发展的阶段，轰燃就发生在这一阶段。

最盛期的火灾燃烧方式是通风控制火灾，火势的大小由建筑物的通风情况决定。

减弱至熄灭期是火灾由最盛期开始消减直至熄灭的阶段，熄灭的原因可以是燃料不足、灭火系统的作用等。

典型例题

典型火灾事故的发展分为初起期、发展期、最盛期、减弱至熄灭期。所谓的"轰燃"发生在（　）阶段。

A. 初起期　　　　B. 发展期　　　　C. 最盛期　　　　D. 减弱至熄灭期

【答案】B。

三、爆炸的分类

1. 按初始能量分类（表 2-10）

表 2-10　按初始能量分类

类型	反应方式	举例
物理爆炸	由物理变化（温度、体积和压力等因素）引起的，在爆炸的前后，爆炸物质的性质及化学成分均不改变是一种机械能转化为另一种机械能、热能	蒸汽锅炉爆炸、轮胎爆炸、水的大量急剧汽化
化学爆炸	物质发生高速放热化学反应	炸药爆炸，可燃气体、可燃粉尘与空气的爆炸混合物爆炸
核爆炸	剧烈核反应中能量迅速释放的结果，可能是由核裂变、核聚变或者是这两者的多级串联组合所引发	原子弹、氢弹爆炸

2. 按照爆炸反应相分类（表2-11）

表2-11　按照爆炸反应相分类

类型	类别	举例
气相爆炸	可燃性气体和助燃性气体混合物的爆炸	空气和氢气、丙烷、乙醚等混合气的爆炸
	气体的分解爆炸	乙炔、乙烯、氯乙烯等在分解时引起的爆炸
	粉尘爆炸	空气中飞散的铝粉、镁粉、亚麻、玉米淀粉引起的爆炸
	喷雾爆炸	油压机械喷出的油雾、喷漆作业引起的爆炸
液相爆炸和固相爆炸	混合危险物质爆炸	硝酸和油脂、液氧和煤粉、高锰酸钾和浓酸、无水顺丁烯二酸和烧碱等混合时引起的爆炸
	蒸汽爆炸	熔融的矿渣与水接触、钢水与水混合产生蒸汽爆炸
	易爆化合物爆炸	丁酮过氧化物、三硝基甲苯、硝基甘油等的爆炸；乙炔铜的爆炸
	导线爆炸	电流过载引起的爆炸
	固相转化时造成的爆炸	无定形锑转化成结晶锑时，由于放热而造成的爆炸

3. 按燃烧速度分类（表2-12）

表2-12　按燃烧速度分类

类型	反应方式	特点
爆燃	火炸药或燃爆性气体混合物的一种快速燃烧现象 可燃气体混合物在爆炸浓度上限或下限时的爆炸	燃烧速度为每秒数米，无多大破坏力，声响不大
爆炸	可燃气体混合物在多数情况下的爆炸 火药遇火源引起的爆炸	燃烧速度为每秒十几米至数百米，较大破坏力，震耳的声音
爆轰	突然引起极高压力，产生超音速"冲击波"	燃烧速度为1000~7000m/s

典型例题

爆炸是物质系统的一种极为迅速的物化或化学能量的释放或转化过程，在此过程中，系统的能量将转化为机械功、光和热的辐射等。按照能量来源，爆炸可分为物理爆炸、化学爆炸和核爆炸。下列爆炸现象中，属于物理爆炸的是（　　）。

A. 导线因电流过载而引起的爆炸　　　　B. 活泼金属与水接触引起的爆炸

C. 空气中的可燃粉尘引起的爆炸　　　　D. 液氧和煤粉混合而引起的爆炸

【答案】A。

四、爆炸破坏作用

1. 冲击波

物质爆炸时，产生的高温、高压气体以极高的速度膨胀，像活塞一样挤压周围空气，把爆炸反应释放出的部分能量传递给压缩的空气层，空气受冲击而发生扰动，使其压力、密度等产生突变，这种扰动在空气中传播称为冲击波。冲击波的传播速度极快，在传播过程中，可以对周围环境中的机械设备和建筑物产生破坏作用和使人员伤亡。

2. 碎片冲击

爆炸的机械破坏效应会使容器、设备、装置以及建筑材料等的碎片，在相当大的范围内飞散

而造成伤害。

3. 震荡作用

爆炸发生时，特别是较猛烈的爆炸往往会引起短暂的地震波。在爆炸波及的范围内，这种地震波会造成建筑物的震荡、开裂、松散倒塌等危害。

4. 次生事故

发生爆炸时，如果车间、库房（如制氢车间、汽油库或其他建筑物）里存放有可燃物，会造成火灾；高处作业人员受冲击波或震荡作用，会造成高处坠落事故；粉尘作业场所轻微的爆炸冲击波会使积存在地面上的粉尘扬起，造成更大范围的二次爆炸等。

5. 中毒和环境污染

发生爆炸事故时，会使有毒物质外泄，造成中毒和环境污染。

典型例题

某亚麻厂由于生产车间内空气中亚麻粉尘浓度偏高，车间除尘系统的火花引发了亚麻粉尘的爆炸，造成严重人员伤亡和厂房、设施的损坏。亚麻粉尘爆炸的破坏作用不包括（　　）。

A. 冲击波　　　　　B. 硫化氢中毒　　　　　C. 地震波　　　　　D. 火灾

【答案】B。

五、可燃气体爆炸

1. 分解爆炸性气体爆炸

在没有氧气的条件下，也能被点燃爆炸。这类气体包括乙炔、乙烯、环氧乙烷、臭氧、联氨、丙二烯、甲基乙炔、乙烯基乙炔、一氧化氮、二氧化氮、氰化氢、四氟乙烯。

2. 可燃性混合气体爆炸

燃烧反应分为三个阶段：

（1）扩散阶段　可燃气分子和氧气分子分别从释放源通过扩散达到相互接触。煤气由管道喷出后在空气中燃烧是典型的扩散燃烧。

（2）感应阶段　可燃气分子和氧化分子接受点火源能量，离解成自由基或活性分子。

（3）化学反应阶段　自由基与反应物分子相互作用。

典型例题

可燃气分子和氧化分子接受点火源能量，离解成自由基或活性分子，属于燃烧反应的（　　）阶段。

A. 扩散　　　　　　　　　　　　B. 化学反应

C. 感应　　　　　　　　　　　　D. 接触

【答案】C。

六、粉尘爆炸

1. 具有粉尘爆炸危险性的物质

具有粉尘爆炸危险性的物质较多，常见的有金属粉尘（如镁粉、铝粉等）、煤粉、粮食粉尘、饲料粉尘、棉麻粉尘、烟草粉尘、纸粉、木粉、火炸药粉尘和大多数含有 C、H 元素及与空气中氧反应能放热的有机合成材料粉尘等。

2. 粉尘爆炸的特点

1）粉尘爆炸速度或爆炸压力上升速度比气体爆炸小，但燃烧时间长，产生的能量大，破坏程度大。

2）爆炸感应期较长。粉尘的爆炸过程比气体的爆炸过程复杂，要经过尘粒的表面分解或蒸发阶段及由表面向中心延烧的过程，所以感应期比气体爆炸长得多。

3）有产生二次爆炸的可能性。

3. 粉尘爆炸的条件

1）粉尘本身具有可燃性。

2）粉尘虚浮在空气中并达到一定浓度。

3）有足以引起粉尘爆炸的起始能量。

4. 粉尘爆炸过程

可燃粉尘与空气混合物遇点火源也可能发生爆炸，粉尘爆炸是一种链式联锁反应，当外界热量足够时，火焰传播速度将越来越快，最后引起爆炸；若热量不足，火焰则会熄灭。

5. 粉尘爆炸的特性

评价粉尘爆炸危险性的主要特征参数是爆炸极限、最小点火能量、最低着火温度、粉尘爆炸压力及压力上升速率。

6. 粉尘爆炸极限

粉尘爆炸极限不是固定不变的，它的影响因素主要有粉尘粒度、分散度、湿度、点火源的性质、可燃气含量、氧含量、惰性粉尘和灰分温度等。

粉尘爆炸在管道中传播碰到障碍片时，因湍流的影响，粉尘呈漩涡状态，使爆炸波阵面不断加速。当管道长度足够长时，甚至会转化为爆轰。

典型例题

粉尘爆炸是一瞬间的联锁反应，属于不稳定的汽固二相流反应，其爆炸过程比较复杂，下列关于粉尘爆炸特性的说法中，错误的是（　　　）。

A. 具有发生二次爆炸的可能性　　　B. 产生的能力大，破坏作用大

C. 爆炸压力上升速度比气体大　　　D. 感应期比气体爆炸长很多

【答案】C。

第五节　危险化学品安全技术基础

一、危险化学品的分类及主要危险特性

1. 危险化学品的分类

《化学品分类和危险性公示　通则》（GB 13690—2009）按理化危险将化学品分为：爆炸物、易燃气体、易燃气溶胶、氧化性气体、压力下气体、易燃液体、易燃固体、自反应物质或混合物、自燃液体、自燃固体、自热物质和混合物、遇水放出易燃气体的物质或混合物、氧化性液体、氧化性固体、有机过氧货物、金属腐蚀剂。

《化学品分类和危险性公示　通则》（GB 13690—2009）按健康危险将化学品分为：急性中毒、皮肤腐蚀/刺激、严重眼损伤/眼刺激、呼吸或皮肤过敏、生殖细胞致突变性、致癌性、生殖毒性、特异性靶器官系统毒性（一次接触、反复接触）、吸入危险。

《化学品分类和危险性公示　通则》（GB 13690—2009）按环境危险将化学品分为：危害水生环境、急性水生毒性、生物积累潜力、快速降解性、慢性水生毒性。

2. 危险化学品的主要危险特性

危险化学品的主要危险特性有燃烧性、爆炸性、毒害性、腐蚀性和放射性。

典型例题

根据《化学品分类和危险性公示 通则》（GB 13690—2009），按环境危险将化学品分为（　　）等。

A. 急性中毒　　　　　　　　　B. 危害水生环境

C. 生物积累潜力　　　　　　　D. 快速降解性

E. 慢性水生毒性

【答案】BCDE。

二、化学品安全技术说明书的内容

《化学品安全技术说明书 内容和项目顺序》（GB/T 16483—2008）规定化学品安全技术说明书按照下面16部分提供化学品的信息，每部分的标题、编号和前后顺序不应随意变更。

1）化学品及企业标识。

2）危险性概述。

3）成分/组成信息。

4）急救措施。

5）消防措施。

6）泄露应急处理。

7）操作处置与储存。

8）接触控制和个体防护。

9）理化特性。

10）稳定性和反应性。

11）毒理学信息。

12）生态学信息。

13）废弃处置。

14）运输信息。

15）法规信息。

16）其他信息。

三、危险化学品燃烧爆炸的分类（图2-2）

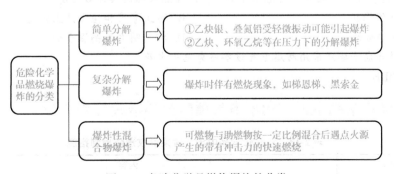

图2-2　危险化学品燃烧爆炸的分类

典型例题

例1：危险化学品爆炸按照爆炸反应物质分为简单分解爆炸、复杂分解爆炸和爆炸性混合物爆炸。关于危险化学品分解爆炸的说法，正确的是（   ）。

A. 简单分解爆炸需要外部环境提供一定的热量

B. 复杂分解爆炸物的危险性较简单分解爆炸物高

C. 简单分解爆炸或者复杂分解爆炸不需要助燃性气体

D. 简单分解爆炸一定发生燃烧反应

【答案】C。选项A错误，简单分解爆炸所需要的热量是由爆炸物本身分解产生的。选项B错误，复杂分解爆炸物的危险性较简单分解爆炸物稍低。选项D错误，简单分解爆炸不一定发生燃烧反应。

例2：危险化学品的爆炸按照爆炸反应物质分类分为简单分解爆炸、复杂分解爆炸和爆炸性混合物爆炸。下列物质爆炸中，属于简单分解爆炸的有（   ）。

A. 乙炔银　　　　　B. 环氧乙烷　　　　　C. 甲烷　　　　　D. 叠氮铅

E. 梯恩梯

【答案】ABD。

四、防止火灾、爆炸事故发生的基本原则

1. 防止燃烧、爆炸系统的形成

防止燃烧、爆炸系统的形成主要有五个方法，即替代、密闭、惰性气体保护、通风置换、安全监测及联锁。

2. 消除点火源

能引发事故的点火源有明火、高温表面、冲击、摩擦、自燃、发热、电气火花、静电火花、化学反应热、光线照射等。具体的做法有：

1）控制明火和高温表面。

2）防止摩擦和撞击产生火花。

3）火灾爆炸危险场所采用防爆电气设备避免电气火花。

3. 限制火灾、爆炸蔓延扩散的措施

限制火灾、爆炸蔓延扩散的措施包括阻火装置、防爆泄压装置及防火防爆分隔等。

典型例题

在防止火灾、爆炸事故发生的基本原则中，消除点火源的具体做法有（   ）。

A. 惰性气体保护　　　　　　　　　　B. 防止摩擦和撞击产生火花

C. 防火防爆分隔　　　　　　　　　　D. 控制明火和高温表面

E. 火灾爆炸危险场所采用防爆电气设备避免电气火花

【答案】BDE。

五、危险化学品中毒、污染事故预防控制措施（表2-13）

表2-13　危险化学品中毒、污染事故预防控制措施

控制措施	内容
替代	选用无毒或低毒的化学品替代已有的有毒有害化学品

（续）

控制措施	内容
变更工艺	通过变更工艺消除或降低化学品危害。比如以往用乙炔制乙醛，采用汞做催化剂，现在用乙烯为原料，通过氧化或氧氯化制乙醛，不需用汞做催化剂
隔离	最常用的隔离方法是将生产或使用的设备完全封闭起来，使工人在操作中不接触化学品
通风	（1）局部排风。把污染源罩起来，抽出污染空气，所需风量小，经济有效，并便于净化回收 （2）全面通风。用新鲜空气将作业场所中的污染物稀释到安全浓度以下，所需风量大，不能净化回收
个体防护	（1）当作业场所中有害化学品的浓度超标时，工人就必须使用合适的个体防护用品 （2）只能作为一种辅助性措施
保持卫生	保持作业场所清洁和作业人员的个人卫生

典型例题

预防控制危险化学品事故的主要措施是替代、变更工艺、隔离、通风、个体防护和保持卫生等。关于危险化学品中毒、污染事故预防控制措施的说法，错误的是（　　）。

A. 可以通过变更工艺消除或者降低危险化学品的危害

B. 隔离是通过封闭、设置屏障等措施，避免作业人员直接暴露于有害环境中

C. 个体防护应作为预防中毒、控制污染等危害的主要手段

D. 通风是控制作业场所中有害气体、蒸汽或者粉尘最有效的措施之一

【答案】C。

六、危险化学品的危害及防护

（一）工业毒性危险化学品对人体的危害

工业毒性危险化学品对人体的危害包括刺激、过敏、窒息、麻醉和昏迷、中毒、致癌、致畸、致突变、尘肺。

（二）急性中毒的现场抢救

1. 救护者的个人防护

急性中毒发生多由呼吸系统和皮肤进入人体。因此，救护者在进入危险区抢救之前，首先要做好呼吸系统和皮肤的个人防护，佩戴好供养式防毒面具或氧气呼吸器，穿好防护服。进入设备内抢救时要系上安全带，然后再进行抢救。否则，不但中毒者不能获救，救护者也会中毒，致使中毒事故扩大。

2. 采取有效措施防止毒物继续浸入人体

1）救护人员应迅速将中毒者移至空气新鲜、通风良好的地方。在抢救抬运过程中，不能强拖硬拉以防造成外伤，使病情加重，应松开患者衣服、腰带并使其仰卧，以保持呼吸道通畅。同时要注意保暖。救护人员进入现场后，除对中毒者进行抢救外，还应认真查看，并采取有力措施，如关闭泄漏管道阀门、堵塞设备泄漏处、停止输送物料等以切断毒性危险化学品来源。对于已经泄漏出来的有毒气体或蒸气，应迅速启动通风排毒设施或打开门窗，或者进行中和处理，降低毒性危险化学品在空气中的浓度，为抢救工作创造有利条件。

2）清除毒物，防止沾染皮肤和黏膜。迅速脱去被毒性危险化学品污染的衣服、鞋袜、手套等，并用大量清水或解毒液彻底清洗被毒性危险化学品污染的皮肤。要注意防止清洗剂促进毒性危险化学品的吸收，以及清洗剂本身所致的呼吸中毒。对于黏稠性毒性危险化学品，可以用大量肥皂水冲洗（敌百虫不能用碱性液冲洗），尤其要注意皮肤褶皱、毛发和指甲内的污染，对于水溶性毒性危险化学品，应先用棉絮、干布擦掉毒性危险化学品，再用清水冲洗。

3）若毒性危险化学品经口引起急性中毒，对于非腐蚀性毒性危险化学品，应迅速用 1/5000 的高锰酸钾溶液或 1%～2% 的碳酸氢钠溶液洗胃，然后用硫酸镁溶液导泻。对于腐蚀性毒性危险化学品，一般不宜洗胃，可用蛋清、牛奶或氢氧化铝凝胶灌服，以保护胃黏膜。

4）令中毒患者呼吸氧气。若患者呼吸停止或心跳骤停，应立即施行复苏术。

典型例题

若毒性危险化学品经口引起急性中毒，对于非腐蚀性毒性危险化学品，应迅速用（　　）洗胃。

A. 高锰酸钾溶液　　　　　　　　B. 硫酸镁溶液

C. 蛋清　　　　　　　　　　　　D. 氢氧化铝凝胶

【答案】A。

第三章　其他安全生产技术

学习要求

运用机械、电气、特种设备、防火防爆及其他相关的安全技术和标准，解决安全生产实际问题。

第一节　机械安全技术

一、机械制造生产场所安全技术

1. 总平面布置

1）多层厂房应将运输量、荷载、噪声较大及有振动、有腐蚀溶液和用水量较多的工部布置在厂房的底层，将工艺生产过程中排出粉尘、毒气和腐蚀性气体及火灾危险性较大的工部布置在顶层；联合厂房应将散发烟尘、高温或排出有害介质的车间布置在靠外墙处。

2）散发热量、腐蚀性、尘毒危害较严重及使用易燃易爆物料或气体、电磁电离辐射危害严重的工序，布置在靠外墙和厂房的下风向，与其他生产工序隔开，生产中产生不同危害的生产工序之间也应相互隔离。产生危害相同的生产工序宜集中（或相邻）布置。对于危害影响严重的局部工段，可采用排烟排气罩机械送、排风，或者采取密闭措施。

2. 通道

1）主要生产区、仓库区、动力区的道路，应环形布置。厂区尽端式道路，应有便捷的消防车回转场地。

2）厂区道路在弯道、交叉路口的视距范围内，不得有妨碍驾驶员视线的障碍物。道路上部管架和栈桥等，在干道上的净高不得小于5m。

3）车间通道一般分为纵向主要通道、横向主要通道和机床之间的次要通道。每个加工车间都应有一条纵向主要通道，通道宽度应根据车间内的运输方式和经常搬运工件的尺寸确定，工件尺寸越大，通道应越宽。车间横向主要通道根据需要设置，其宽度不应小于2000mm；机床之间的次要通道宽度一般不应小于1000mm。

4）主要人流与货流通道的出入口分开设置；货流出入口应位于主要货流方向，应靠近仓库、堆场，并与外部运输线路方便连接；车间厂房出入口的位置和数量，应根据生产规模、总体规划、用地面积及平面布置等因素综合确定，并确保出入口的数量不少于2个。厂房大门宽度、高度净尺寸应分别比最大运输件宽度高度大600mm、300mm；车辆出入频繁的大门宜设置防撞措施。对于特大的设备可设专门安装洞口。

5）除厂房四周应设消防通道外，在厂房内部尚需设置纵横贯通的消防通道。

3. 设备布置

1）机床应设防止切屑、磨屑和冷却液飞溅或零件、工件意外甩出伤人的防护挡板，重型机床高于500mm的操作平台周围应设高度不低于1050mm的防护栏杆。

2）产生有害物质排放的设备，应根据其特点和操作、维修要求，采取整体密闭、局部密闭或设置在密闭室内。密闭后应设排风装置，不能密闭时，应设吸风罩。可能突然产生大量有害气体或爆炸危险的工作场所，应设浓度探测和事故报警及事故排风装置。

3）有高压、高温、高速、高电压或深冷等实验台和装置的各类实验站，必须配备各种信号、报警装置和安全防护设施。

4）高噪声设备宜相对集中，并应布置在厂房的端头，尽可能设置隔声窗或隔声走廊等；人员多、强噪声源比较分散的大车间，可设置隔声屏障或带有生产工艺孔洞的隔墙，或根据实际条件采用隔声、吸声、消声等降噪减噪措施。

5）高振动设备设施宜相对集中布置，采取减振降噪等措施。高振动的设备应避开对防振要求较高的仪器、设备，保持有足够防振间距。对振动、爆炸敏感的设备，应进行隔离或设置屏蔽、防护墙、减振设施等。

6）输送有毒、有害、易燃、易爆、高温、高压和有腐蚀性气体或液体的管道、管件、阀门及其连接件等，必须分别具有密封、耐压、防腐蚀、防静电等措施。

7）加热设备及反应釜等的作业孔、操作器、观察孔等应有防护设施，作业区热辐射强度不应超过有关规定；设置必要的提示、标志和警告信号。

4. 采光与照明

《工业企业设计卫生标准》（GBZ 1—2010）第6.5.3条规定，照明设计宜避免眩光，充分利用自然光，选择适合目视工作的背景，光源位置选择宜避免产生阴影。

1）照明设计宜采取相应措施减少来自窗户眩光，如工作台方向设计宜使劳动者侧对或背对窗户，采用百叶窗、窗帘、遮盖布或树木，或半透明窗户等。

2）应减少裸光照射或使用深颜色灯罩，以完全遮蔽眩光或确保眩光在视野之外，避免来自灯泡眩光的影响。

3）应采取避免间接眩光（反射眩光）的措施，如合理设置光源位置，降低光源亮度，调整工作场所背景颜色。

4）在流水线从事关键技术工作岗位间的隔板不应影响光线或照明。

5）应使设备和照明配套，避免孤立的亮光光区，提高能见度及适宜光线方向。

5. 物料堆放

1）生产场所应划分毛坯区，成品、半成品区，工位器具区，废物垃圾区。原材料、半成品、成品应按操作顺序摆放整齐，有固定措施，平衡可靠。

2）生产场所的工位器具、工具、模具、夹具应放在指定的部位，安全稳妥，防止坠落和倒塌伤人。

3）堆放物品的场地要用黄色或白色画出明显界线或架设围栏，堆放物品的场所应悬挂标牌，写明放置物品的名称和要求。

4）产品坯料等应限量存入，白班存放量为每班加工量的1.5倍，夜班存放量为加工量的2.5倍，但大件不得超过当班定额。

5）成垛堆放生产物料、产品和剩余物料应堆垛稳固。当直接存放在地面上时，堆垛高度不应超过1.4m，且高与底边长之比不应大于3，垛的基础要牢固，不得产生下沉、歪斜或倾塌，垛之间的距离应便于搬移或机械化装卸作业。

典型例题

道路上部的管架和栈桥等，在干道上的净高不得小于（　　　）m。

A. 2　　　　　　　　B. 3　　　　　　　　C. 5　　　　　　　　D. 6

【答案】C。

二、金属切削机床存在的主要危险及安全技术措施

（一）机械危险及安全技术措施

1. 机械危险

1）卷绕和交缠危险。旋转运动的机械部件将人的长发、饰物、手套、肥大衣袖或衣服下摆绞缠进回转件对人造成伤害。常见的危险部件有：做回转运动的机械部件、回转件上的凸出形状、旋转运动的机械部件。

2）接近型挤压、通过型剪切和冲击危险。

3）引入或卷入、辗轧危险。产生于相互配合的运动副或接触面。

4）飞出物打击危险。

①失控的动能。机床零件或被加工材料/工件、运动的机床零件或工件掉下或甩出；切屑飞溅引起的烫伤、划伤，以及砂轮的磨料和细切屑使眼睛受伤。

②弹性元件的位能。如弹簧、传送带等的断裂引起的弹射。

③液体或气体位能。机床冷却系统、液压系统、气动系统由于泄漏或元件失效引起流体喷射，负压和真空导致吸入的危险。

5）物体坠落打击危险。危险产生部位有：①高处坠掉的零件、工具或其他物体。②悬挂物体的吊挂零件破坏或夹具夹持不牢引起物体坠落。③物体由于质量分布不均、外形布局不合适、重心不稳或有外力作用，丧失稳定性，发生倾翻、滚落。④运动部件运行超行程脱轨等。

6）形状或表面特征危险。存在的危险有：①锋利物件的切割、戳、刺、扎危险。②粗糙表面的擦伤。③碰撞、剐蹭和冲击危险。

7）滑倒、绊倒和跌落危险。

2. 防止机械危险的安全技术措施

根据《金属切削机床 安全防护通用技术条件》（GB 15760—2004）规定，防止机械危险安全技术措施包括以下几个方面：

（1）运动部件

1）有可能造成缠绕、吸入或卷入等危险的运动部件和传动装置（如链、链轮、齿轮、齿条、带轮、传送带、蜗轮、蜗杆、轴、丝杠、排屑装置等）应予以封闭或设置安全防护装置（或使用信息），除非它们所处位置是安全的。

2）运动部件与运动部件之间或运动部件与静止部件之间，不应存在挤压危险和/或剪切危险，否则应按有关规定采取安全措施。

3）运动部件在有限滑轨运行或有行程距离要求的，应设置可靠的限位装置。

4）有惯性冲击的机动往复运动部件应设置可靠的限位装置，必要时可采取可靠的缓冲措施。若设置限位装置有困难时，应采取必要的安全措施。

5）可能由于超负荷发生损坏的运动部件应设置超负荷保险装置。因结构原因不能设置时，应在机床上（或说明书中）标明机床的极限使用条件。

6）运动中有可能松脱的零件、部件应设置防松装置。

7）对于单向转动的部件应在明显位置标出转动方向。

8）在紧急停止或动力系统发生故障时，运动部件应就地停止或返回设计规定的位置，垂直或倾斜运动部件的下沉不应造成危险。

9）运动部件不允许同时运动时，其控制机构应联锁。不能实现联锁的，应在控制机构附近设置警告标志，并在说明书中说明。

（2）夹持装置

1）夹持装置应确保不会使工件、刀具坠落或被甩出。必要时，在说明书中规定随机供应的夹持装置的最高安全转速。

2）手动夹持装置应采取安全措施，防止意外危险，如钥匙或扳手停留在夹持装置上随机床运转。

3）机床运转的开始应与机动夹持装置夹紧过程的结束相联锁；机动夹持装置的放松应与机床运转的结束相联锁；装有自动上、下料装置的机床，允许在上、下料时主轴回转，但应防止工件被甩出的危险。

4）紧急停止或动力系统发生故障时，机动夹持装置或电磁吸盘应采取安全措施，防止危险产生。

（3）平衡装置

1）与机床部件及其运动有关的构成危险的配重，应采取完善的安全防护措施（如将其置于机床体内或置于固定式防护装置内使用等），并应防止由于配重系统元件断裂而造成的危险。

2）采用动力平衡装置时，应防止动力系统发生故障时机床部件跌落。

（4）排屑装置　排屑装置不应对操作者构成危险，必要时可与防护装置的打开和机床运转的停止联锁。

（5）工作平台、通道、开口

1）不能在地面操作的机床，应设置钢梯和工作平台。平台和通道应防滑和防跌落，并应尽量不使操作者接近机床的危险区。必要时可设置踏板和栏杆。

2）根据操作需要，机床可设置用于进出的开口，开口的尺寸应符合有关规定。

（二）电气危险及安全技术措施

1. 电气危险

1）触电的危险（直接或间接触电）。带电体无保护或保护不当、电气设备绝缘不当或绝缘失效、电气设备未按规定采取接地措施。

2）电气设备的保护措施不当。电气设备无短路保护或保护不当，电动机无过载保护或保护不当，电动机超速引起的危险，电压过低、电压过高或电源中断引起的危险。

3）电气设备引起的燃烧、爆炸危险。

2. 防止电气危险的安全技术措施

根据《金属切削机床　安全防护通用技术条件》（GB 15760—2004）规定，为防止触电危险应符合下列规定：

1）电气设备的防护应符合《机械电气安全　机械电气设备　第1部分：通用技术条件》（GB/T 5226.1—2019）的有关规定。

2）加强电气设备的带电体、绝缘、保护接地和电磁兼容的防护。

3）过电流的保护、电动机的过载和超速保护、电压波动和电源中断的保护、接地故障（或剩余电流）保护等各种电气保护应符合有关规定。

4）电气设备应防止或限制静电放电，必要时可设置放电装置。

（三）物质和材料危害及安全技术措施

1. 物质和材料危害

1）接触或吸入有害液体、气体、烟雾、油雾和粉尘等。

2）现场的发火因素引起的火灾危险和抛光金属零件产生具有爆炸性粉尘的危险。

3）生物和微生物，切削液、油液发霉和变质的危险。

2. 防止物质和材料危害的安全技术措施

1）优先采用无毒和低毒的材料或物质，构成机器的材料应是不可燃、不易燃或已降低可燃性（如阻燃材料）的材料。若使用危险和有害作用的生产物料时，应采取相应的防护措施，并制定使用、处理、储存、运输的安全卫生操作规程。

2）总体设计应采取有效措施消除或最大程度减少有害物质排放，最大限度减少人员暴露于有害物质中。对机床工作时难以避免的生产性毒物、有害气体或烟雾、油雾，应加强监测，采取有效的通风、净化和个体防护措施。工作时产生大量粉尘的机床，应采取有效的防护、除尘、净化等措施并配置监测装置。机床的油箱、冷却箱等宜加盖并便于清理，定期更换切削液和油液，以防止外来生物和微生物进入。对剩余风险用信息告知。对毒物泄漏可能造成重大事故的设备，应有应急防护措施。

3）消除或最大程度减小机器自身或物质的过热风险，限制现场可燃助燃物的量，控制爆炸性气体、粉尘的浓度，防止气体、液体、粉尘等物质产生火灾和爆炸危险；有可燃性气体和粉尘的作业场所，应采取避免产生火花的措施，配置良好的通风系统设施，综合考虑防火防爆措施和报警系统，合理选择和配备消防设施。

（四）热危险及安全技术措施

1. 热危险

1）热源辐射引起烧伤和烫伤。

2）接触液压系统发热的元件或油液引起的烫伤危险。

3）作业环境过热对人的伤害。

2. 防止热危险的安全技术措施

机床或其组成部件、液压系统的元件、材料存在异常温度热危险时，可采取降低表面温度、绝热材料包覆、设置保护装置（屏障或栅栏）、表面结构糙化、液压系统控制油温等工程措施，加设警示标志，必要时提供个人防护装备。

（五）噪声和振动危险及安全技术措施

1. 噪声和振动危险

1）作业场所的噪声不符合规定对人的听力造成损伤和其他生理紊乱。

2）振动影响加工件表面质量，降低机床和刀具的寿命，引起噪声。

2. 防止噪声和振动危险的安全技术措施

1）应采取措施降低机床的噪声。根据《金属切削机床 安全防护通用技术条件》（GB 15760—2004）规定，在空运转条件下，机床的噪声声压级应符合表3-1的规定。

表3-1 机床空运转噪声声压级的限值

机床质量/t	≤10	>10 ~ 30	≥30
普通机床/dB（A）	85	85	90
数控机床/dB（A）	83		

2）应采取措施减少机床的振动对人体健康的影响。

（六）辐射危险及安全技术措施

1. 辐射危险

1）电弧、激光辐射造成人视力下降、皮肤损伤。

2）离子化辐射源造成的损害。

3）电磁干扰使电气设备无法正常运行或产生误动作。

2. 防止辐射危险的安全技术措施

1）高频、微波、激光、紫外线、红外线等非电离辐射作业，除合理选择作业点、减少辐射源的辐射外，应按危害因素的不同性质，采取屏蔽辐射源、加强个体防护等相应防护措施；使用激光的作业环境，禁止使用镜面反射的材料，光通路应设置密封式防护罩。

2）对于存在电离辐射的放射源库、放射性物料及废料堆放处理场所，应有安全防护措施，外照射防护的基本方法是时间、距离、屏蔽防护，并应设有明显的标志、警示牌和画出禁区范围。

典型例题

例1：金属切削机床是加工机器零件的设备，其工作原理是利用刀具与工件的相对运动加工出符合要求的机器零件。导致金属切削机床操作人员绞手事故的主要原因是（　　）。

    A. 零件装卡不牢 　　　　　　　　　　B. 操作旋转机床时戴手套

    C. 旋转部位有埋头螺栓 　　　　　　　D. 清除铁屑无专用工具

【答案】B。

例2：金属切削机床作业存在的机械危险多表现为人员与可运动部件的接触伤害。当通过设计不能避免或不能充分限制机械危险时，应采取必要的安全防护措施。下列防止机械危险的安全措施中，正确的有（　　）。

    A. 危险的运动部件和传动装置应予以封闭，设置防护装置

    B. 有行程距离要求的运动部件，应设置可靠的限位装置

    C. 两个运动部件不允许同时运动时，控制机构禁止联锁

    D. 有惯性冲击的机动往复运动部件，应设置缓冲装置

    E. 有可能松脱的零部件，必须采取有效紧固措施

【答案】ABDE。选项C错误，运动部件不允许同时运动时，其控制机构应联锁，不能实现联锁的，应在控制机构附近设置警告标志，并在说明书中加以说明。

三、砂轮机安全技术措施

（一）砂轮机的安全要求

1. 砂轮机主轴

砂轮机主轴端部螺纹应满足防松脱的紧固要求，其旋向须与砂轮工作时旋转方向相反，砂轮机应标明砂轮的旋转方向；端部螺纹应足够长，切实保证整个螺母旋入压紧（$L > 1\text{cm}$）；主轴螺纹部分须延伸到紧固螺母的压紧面内，但不得超过砂轮最小厚度内孔长度的1/2（$h < H/2$）。

2. 砂轮卡盘

一般用途的砂轮卡盘直径不得小于砂轮直径的1/3，切断用砂轮的卡盘直径不得小于砂轮直径的1/4；卡盘结构应均匀平衡，各表面平滑无锐棱，夹紧装配后，与砂轮接触的环形压紧面应平整、不得翘曲；卡盘与砂轮侧面的非接触部分应有不小于1.5mm的足够间隙。

3. 砂轮防护罩

防护罩是砂轮机最主要的防护装置，其作用是当砂轮在工作中因故破坏时，能够有效地罩住砂轮碎片，保证人员的安全。防护罩应满足以下安全技术要求：

1）砂轮防护罩的总开口角度应不大于90°，如果使用砂轮安装轴水平面以下砂轮部分加工

时，防护罩开口角度可以增大到125°。而在砂轮安装轴水平面的上方，在任何情况下防护罩开口角度都应不大于65°。

2）砂轮防护罩任何部位不得与砂轮装置各运动部件接触，砂轮卡盘外侧面与砂轮防护罩开口边缘之间的间距一般应不大于15mm。

3）防护罩上方可调护板与砂轮圆周表面间隙应可调整至6mm以下；托架台面与砂轮主轴中心线等高，托架与砂轮圆周表面间隙应小于3mm。

4）防护罩的圆周防护部分应能调节或配有可调护板，以便补偿砂轮的磨损。当砂轮磨损时，砂轮的圆周表面与防护罩可调护板之间的距离应不大于1.6mm。

5）应随时调节工件托架以补偿砂轮的磨损，使工件托架和砂轮间的距离不大于2mm。

（二）砂轮机的操作要求

1）在任何情况下都不允许超过砂轮的最高工作速度，安装砂轮前应核对砂轮主轴的转速，在更换新砂轮时应进行必要的验算。

2）用圆周表面做工作面的砂轮不宜使用侧面进行磨削。

3）使用砂轮机磨削工件时，操作者应站在砂轮的侧面，不得在砂轮的正面进行操作。

4）禁止多人共用一台砂轮机同时操作。

5）砂轮机的除尘装置应定期检查和维修，及时清除通风装置管道里的粉尘，保持有效的通风除尘能力。

6）发生砂轮破坏事故后，必须检查砂轮防护罩是否有损伤，砂轮卡盘有无变形或不平衡，检查砂轮主轴端部螺纹和紧固螺母，合格后方可使用。

典型例题

例1：砂轮防护罩任何部位不得与砂轮装置各运动部件接触，砂轮卡盘外侧面与砂轮防护罩开口边缘之间的间距一般应不大于（　　　）mm。

A. 5　　　　　　　　B. 10　　　　　　　　C. 12　　　　　　　　D. 15

【答案】D。

例2：砂轮装置由砂轮、主轴、卡盘和防护罩组成，砂轮装置的安全与其组成部分的安全技术要求直接相关。关于砂轮装置的组成部分安全技术要求的说法，正确的是（　　　）。

A. 砂轮主轴端部螺纹旋向应与砂轮工作时的旋转方向一致

B. 一般用途的砂轮卡盘直径不得小于砂轮直径的1/5

C. 卡盘与砂轮侧面的非接触部分应有不小于1.5mm的间隙

D. 砂轮防护罩的总开口角度一般不应大于120°

【答案】C。选项A错误，方向应相反。选项B错误，不得小于砂轮直径的1/3。选项D错误，应不大于90°。

四、压力机安全技术措施

（一）操作控制系统

操作控制系统包括离合器、制动器和脚踏或操作装置。离合器与制动器是操纵曲柄连杆机构的关键控制装置，如果离合器与制动器工作异常，会导致滑块运动失去控制，引发冲压事故。

《机械压力机　安全技术要求》（GB 27607—2011）第5.2条规定，离合器与制动器在设计时应符合下列规定：

1）不允许使用液压或气动装置来操纵制动器制动，也不允许使用膜片来操纵制动器。

2）离合器和制动器的结合和脱开不应影响其安全功能，应避免离合器与制动器同时结合的可能性。一般应采用离合器-制动器组合结构，以减少同时结合的可能性。

3）制动器和离合器设计时应保证任一零件（如能量传递或螺栓）的失效，不能使其他零件快速产生危险的联锁失效。

4）产生的热量如能造成危险，应采取散热措施。

5）制动器设计时应采取有效措施防止润滑剂浸入制动器摩擦表面。

6）离合器和制动器在设计上应保证破坏或侵蚀密封材料（例如密封圈、密封垫）的水汽、灰尘或润滑油不会对所要求的功能产生不利影响，如堵塞空气管路或其他不利影响。

7）在设计上应保证使灰尘、液体或微粒的积聚降低到最小限度，避免随着积聚的增长影响制动器性能，使得部件损坏或松弛进而引起制动失效。

8）禁止在机械压力机上使用带式制动器停止滑块。

（二）安全防护装置

《机械压力机 安全技术要求》（GB 27607—2011）第 5.3.2 条规定，设计者、制造者及供应商在考虑压力机及其辅助上、下料装置（为设备一部分）的严重危险和操作模式的基础上，应选择尽可能减小风险的安全防护措施。安全防护装置包括安全模具、固定式封闭防护装置、带防护锁定的联锁防护装置；带防护锁定的可控防护装置；超前开启的联锁防护装置；光电保护装置；双手操纵装置；止-动控制装置；安全辅助装置。

（三）消减冲模危险区的措施

1）减少上、下模非工作部分的接触面，将上模座正面和侧面制成斜面、倒钝外廓和非工作部件的尖角。

2）当冲模闭合时，从下模座上平面至上模座下平面的最小间距应大于 60mm。

3）手工上下料时，在冲模的相应部位应开设避免压手的空手槽。

（四）其他保护措施

其他保护措施包括装备超载保护装置，将支撑装置作为支撑置于模具空间内；必须装设红色紧急停止按钮；设置安全监督、控制、显示装置；采取防松措施等。

典型例题

例1：压力机危险性较大，其作业区应安装安全防护装置，以保护暴露于危险区的人员安全。下列安全防护装置中，属于压力机安全保护控制装置的是（　　）。

A. 推手式安全装置　　　　　　　　B. 拉手式安全装置

C. 光电式安全装置　　　　　　　　D. 栅栏式安全装置

【答案】C。

例2：压力机是危险性较大的设备，从劳动安全卫生角度看，压力加工过程的危险有害因素来自机械危险、电气危险、热危险、噪声振动危险、材料和物质危险以及违反安全人机工程学原则导致危险等。下列压力机的危险有害因素中，危险性最大的是（　　）。

A. 噪声伤害　　　　　　　　　　　B. 振动伤害

C. 机械伤害　　　　　　　　　　　D. 电击伤害

【答案】C。

五、剪板机安全技术措施

1）剪板机应有单次循环模式。选择单次循环模式后，即使控制装置持续有效，刀架和压料脚也只能工作一个行程。

2）压料装置（压料脚）应确保剪切前将剪切材料压紧，压紧后的板料在剪切时不能移动。

3）安装在刀架上的刀片应固定可靠，不能仅靠摩擦安装固定。

4）剪板机上的所有紧固件应紧固，并应采取防松措施，以免引起伤害。

5）在使用剪板机时，剪板机后部落料危险区域一般应设置阻挡装置，以防止人员发生危险。如果剪板机配备了可调整的前托料和后挡料，即使配备了后托料，后挡料（电动或非电动）和前托料（如果配备）不能将其调整到刀口下方，后挡料的设计也不允许将后挡料调整到刀口之间。

6）应根据剪板机自身的结构性能特点，设置合适的安全监督控制装置，对机器的安全运行状况进行监控。

7）剪板机上必须设置紧急停止按钮，一般应在剪板机的前面和后面分别设置。

8）如果剪板机配有激光器（指示剪切线），应符合安全标准的规定，以保证其不致对人身产生伤害。

典型例题

例1：以下对剪板机安全技术措施的叙述中，错误的是（　　）。

A. 安装在刀架上的刀片应靠摩擦安装固定　　B. 压紧后的板料在剪切时不能移动

C. 剪板机上的所有紧固件应紧固　　D. 剪板机上必须设置紧急停止按钮

【答案】A。

例2：剪板机因其具有较大危险性，必须设置紧急停止按钮，其安装位置应便于操作人员及时操作。紧急停止按钮一般应设置在（　　）。

A. 剪板机的前面和后面　　B. 剪板机的前面和右侧面

C. 剪板机的左侧面和后面　　D. 剪板机的左侧面和右侧面

【答案】A。

六、木材加工危险有害因素及安全技术措施（表3-2）

表3-2　木材加工危险有害因素及安全技术措施

危险有害因素	内容	安全技术措施
机械伤害	主要包括刀具的切割伤害、木料的冲击伤害、飞出物的打击伤害，这些是木材加工中常见的伤害类型	（1）通过提高设备的可靠性、操作机械化或自动化，来减少或限制操作者涉入危险区 （2）应使木工机械具有完善的安全装置，其安全技术要求为： 　1）功能安全可靠 　2）木工机械的刀轴与电器应有安全联控装置，在装卸或更换刀具及维修时，能切断电源并保持断开位置，以防止误触电源开关或突然供电启动机械，造成人身伤害事故 　3）针对木材加工作业中的木料反弹危险，应采用安全送料装置或设置分离刀、防反弹安全屏护装置，以保障人身安全 　4）传动装置有可能造成危险的，尽量置于箱体，否则应对危险部位设置安全防护装置 　5）配备必要的手用工具

（续）

危险有害因素	内容	安全技术措施
火灾和爆炸	火灾危险存在于木材加工全过程的各个环节，木工作业场所是防火的重点。木料加工产生大量的粉尘，可导致呼吸道疾病，严重的可表现为肺叶纤维化症状。悬浮在空中的木粉尘在一定情况下还会发生爆炸	（1）在机床设备、材料堆放、加工工艺设计和维护上以及防护装置设计方面，消除和降低燃烧和爆炸的危险 （2）阻止或减少粉尘和木屑堆集在机床上或机罩内 （3）在预见有爆炸风险处，以安全方式和导向消耗或减弱爆炸释放出的能量
木材的生物、化学危害	木材的生物效应可分有毒性、过敏性、生物活性等，可引发多种症状，如皮肤症状、视力失调、对呼吸道黏膜的刺激和病变、过敏症状，以及各种混合症状。化学危害是因为木材防腐和粘接时采用了多种化学物质，其中很多会引起中毒、皮炎或损害呼吸道黏膜，甚至诱发癌症	安装吸尘通风装置和采集系统，以便木屑、粉尘和气体排放
噪声和振动危害	加工过程中噪声大、振动大，使作业环境恶化，影响职工身心健康	降噪：安装消声、降噪装置，使用吸声材料 减振：使用平衡刀具；充分支承工件；将工作台或工作台唇板开孔或开槽；设计减振基础

典型例题

针对木材加工的各种危险有害因素，应提出相应的安全技术措施。针对机械伤害危险有害因素，应提出的安全技术措施包括（   ）。

A. 提高设备的可靠性、操作机械化

B. 木工机械的刀轴与电器应有安全联控装置

C. 采用安全送料装置或设置分离刀

D. 配备必要的手用工具

E. 阻止和减少粉尘和木屑堆集在机床上或机罩内

【答案】ABCD。

七、铸造作业危险有害因素及安全技术措施

（一）铸造作业危险有害因素

1）机械伤害。

2）高处坠落。

3）火灾及爆炸。

4）灼烫。

5）尘毒。

6）噪声、振动。

7）高温和热辐射。

（二）铸造作业安全技术措施

1. 建筑方面安全技术措施

1）铸造车间应安排在高温车间、动力车间的建筑群内，建在厂区其他不释放有害物质的生产建筑的下风侧。

2）厂房主要朝向宜南北向。

3) 厂房平面布置应在满足产量和工艺流程的前提下同建筑、结构和防尘等要求综合考虑。

4) 铸造车间四周应有一定的绿化带。

5) 铸造车间除设计有局部通风装置外，还应利用天窗通风或设置屋顶通风器。

6) 熔化、浇注区和落砂、清理区应设避风天窗。

2. 工艺方面安全技术措施

(1) 工艺布置

1) 应根据生产工艺流程、设备特点、厂区场地和厂房条件等，结合防尘防毒技术综合考虑工艺设备和生产流程的布局。

2) 污染较小的造型、制芯工段在集中采暖地区应布置在非采暖季节最小频率风向的下风侧，在非集中采暖地区应位于全年最小频率风向的下风侧。

3) 砂处理、清理等工段宜用轻质材料或实体墙等设施与其他部分隔开；大型铸造车间的砂处理、清理工段可布置在单独的厂房内。

4) 造型、落砂、清砂、打磨、切割、焊补等工序宜固定作业工位或场地，以方便采取防尘措施。

5) 在布置工艺设备和工作流程时，应为除尘系统的合理布置提供必要条件。

(2) 工艺设备

1) 凡产生粉尘污染的定型铸造设备（如混砂机、筛砂机、带式运输机等），制造厂应配置密闭罩，非标准设备在设计时应附有防尘设施。

2) 型砂准备及砂的处理应密闭化、机械化。输送散料状干物料的带式运输机应设封闭罩。

3) 混砂不宜采用扬尘大的爬式翻斗加料机和外置式定量器，宜采用带称量装置的密闭混砂机。

4) 炉料准备的称量、送料及加料应采用机械化装置。

(3) 工艺方法 在采用新工艺、新材料时，应防止产生新污染。应改进各种加热炉窑的结构、燃料和燃烧方法，以减少烟尘污染。回用热砂应进行降温去灰处理。

(4) 工艺操作 在工艺可能的条件下，宜采用湿法作业。落砂、打磨、切割等操作条件较差的场合，宜采用机械手遥控隔离作业。

3. 除尘方面安全技术措施

(1) 炼钢电弧炉 排烟宜采用炉外排烟、炉内排烟、炉内外结合排烟。通风除尘系统的设计参数应按冶炼氧化期最大烟气量考虑。电弧炉的烟气净化设备宜采用干式高效除尘器。

(2) 冲天炉 冲天炉的排烟净化宜采用机械排烟净化设备，包括高效旋风除尘器、颗粒层除尘器、电除尘器。当粉尘的排放浓度在 $400 \sim 600 mg/m^3$ 时，最好利用自然通风和喷淋装置进行排烟净化。

(3) 破碎与碾磨设备 颚式破碎机上部直接给料，落差小于 1m 时，可只做密闭罩而不排风。不论上部有无排风，当下部落差大于或等于 1m 时，下部均应设置排风密封罩。球磨机的旋转滚筒应设在全密闭罩内。

典型例题

金属铸造是将熔融的金属注入、压入或吸入铸模的空腔中使之成型的加工方法。铸造作业中存在多种危险有害因素。下列危险有害因素中，不属于铸造作业危险有害因素的是（　　）。

A. 机械伤害　　　　　　　　B. 高处坠落

C. 噪声与振动　　　　　　　D. 氢气爆炸

【答案】D。

八、锻造作业危险有害因素及安全技术措施

1. 锻造作业危险有害因素

1) 机械伤害。主要包括锻锤锤头击伤；打飞锻件伤人；辅助工具打飞击伤；模具、冲头打

崩、损坏伤人；原料、锻件等在运输过程中砸伤；操作杆打伤、锤杆断裂击伤等。

2）火灾爆炸。

3）灼烫。

2. 锻造作业安全技术措施

1）锻压机械的机架和凸出部分不得有棱角或毛刺。

2）外露的传动装置（齿轮传动、摩擦传动、曲柄传动或带式传动等）必须有防护罩。防护罩需用铰链安装在锻压设备的不动部件上。

3）锻压机械的启动装置的结构应能防止锻压机械意外地开动或自动开动。启动装置必须能保证对设备进行迅速开关，并保证设备运行和停车状态的连续可靠。电动启动装置的按钮盒，其按钮上需标有"启动""停车"等字样。停车按钮为红色，其位置比启动按钮高 10~12mm。

4）高压蒸汽管道上必须装有安全阀和凝结罐，以消除水击现象，降低突然升高的压力。

5）安全阀的重锤必须封在带锁的锤盒内。

6）蓄力器通往水压机的主管上必须装有当水耗量突然增高时能自动关闭水管的装置。任何类型的蓄力器都应有安全阀。安全阀必须由技术检查员加铅封，并定期进行检查。

7）安设在独立室内的重力式蓄力器必须装有荷重位置指示器，使操作人员能在水压机的工作地点上观察到荷重的位置。

8）新安装和经过大修的锻压设备应该根据设备图样和技术说明书进行验收和试验。

9）操作人员应认真学习锻压设备安全技术操作规程，加强设备的维护、保养，保证设备的正常运行。

典型例题

例1：锻造加工过程中，当红热的坯料、机械设备、工具等出现不正常情况时，易造成人身伤害。因此，在作业过程中必须对设备采取安全措施加以控制。关于锻造作业安全措施的说法，错误的是（　　）。

A. 外露传动装置必须有防护罩　　　　　B. 机械的凸出部分不得有毛刺

C. 锻造过程必须采用湿法作业　　　　　D. 各类型蓄力器必须配安全阀

【答案】C。

例2：锻造是金属压力加工的方法之一，是机械制造的一个重要环节，可分为热锻、温锻和冷锻。锻造机械在加工过程中危险有害因素较多。下列危险有害因素中，属于热锻加工过程中存在的危险有害因素有（　　）。

A. 火灾　　　　　B. 机械伤害　　　　　C. 刀具切割　　　　　D. 爆炸

E. 灼烫

【答案】ABDE。

第二节　电气安全技术

一、防止直接接触电击的安全技术措施

1. 绝缘

（1）概念　绝缘是用绝缘物把带电体封闭起来，是防止触及带电体的安全保障。

（2）绝缘材料的性能　绝缘材料有电性能、热性能、力学性能、吸潮性能、抗生物性能等。

（3）绝缘检测

1）绝缘电阻试验。绝缘电阻是衡量绝缘性能优劣的最基本的指标。在绝缘结构的制造和使用中，经常需要测定其绝缘电阻。绝缘材料的电阻通常用绝缘电阻表测量。绝缘电阻表主要由作为电源的手摇发电机（或其他直流电源）和作为测量机构的磁电式比率计（双动线圈比率计）组成。测量时实际上是给被测物加上直流电压，测量其通过的泄漏电流，在表的盘面上读到的是经过换算的绝缘电阻值。

2）外观检查。主要是绝缘机构物理性能的观察和检查。

（4）绝缘破坏

1）绝缘击穿。绝缘材料所承受的电压超过某一程度时，或者外加电压作用下产生很大的漏电流使绝缘材料发热，以至由于游离、电化学反应等因素都会使绝缘材料遭到破坏，丧失绝缘性能。由强电场作用产生的击穿称为电击穿。此外还有固体绝缘击穿、气体绝缘击穿以及液体绝缘击穿。

2）绝缘老化。绝缘材料在运行过程中受到热、电、光、氧、机械力、微生物等因素的长期作用，发生的一系列不可逆的物理化学变化，导致电气性能和力学性能的劣化。

3）绝缘损坏。绝缘材料受到外界腐蚀性液体、气体、蒸汽、潮气、粉尘的污染和侵蚀，以及受到外界热源、机械力、生物因素的作用，失去电气性能、力学性能的现象。

2. 屏护

屏护是一种对电击危险因素进行隔离的手段，即采用遮栏、护罩、护盖、箱匣等把危险的带电体同外界隔离开来，以防止人体触及或接近带电体所引起的触电事故。

屏护装置应符合下列安全条件：

1）屏护装置应安装牢固。凡用金属材料制成的屏护装置，为了防止屏护装置意外带电造成触电事故，必须接地或接零。

2）屏护装置应有足够的尺寸，与带电体之间应保持必要的距离。

遮栏高度不应低于1.7m，下部边缘离地不应超过0.1m。栅遮栏的高度户内不应小于1.2m、户外不应小于1.5m，栏条间距离不应大于0.2m。

对于低压设备，遮栏与裸导体之间的距离不应小于0.8m。户外变配电装置围墙的高度一般不应小于2.5m。

3）遮栏、栅遮栏等屏护装置上，应有"止步，高压危险！"等标志。

4）必要时应配合采用声光报警信号和联锁装置。

3. 间距

1）根据《66kV及以下架空电力线路设计规范》（GB 50061—2010）第12.0.7条规定，导线与地面的最小距离，在最大计算弧垂情况下应符合表3-3的规定。

表3-3   导线与地面的最小距离   （单位：m）

线路经过区域	最小距离		
	线路电压		
	3kV以下	3～10kV	35～66kV
人口密集地区	6.0	6.5	7.0
人口稀少地区	5.0	5.5	6.0
交通困难地区	4.0	4.5	5.0

2）根据《66kV及以下架空电力线路设计规范》（GB 50061—2010）第12.0.9条规定，导线与建筑物之间的垂直距离，在最大计算弧垂情况下应符合表3-4的规定。

表 3-4　导线与建筑物的垂直距离　　　　　　　（单位：m）

线路电压	3kV 以下	3 ~ 10kV	35kV	66kV
距离	3.0	3.0	4.0	5.0

3）根据《66kV 及以下架空电力线路设计规范》（GB 50061—2010）第 12.0.10 条规定，架空电力线路在最大计算风偏情况下，边导线与城市多层建筑物或城市规划建筑线间的最小水平距离，以及边导线与不在规划范围内的城市建筑间的最小距离应符合表 3-5 的规定。

表 3-5　边导线与建筑物的最小距离　　　　　　（单位：m）

线路电压	3kV 以下	3 ~ 10kV	35kV	66kV
距离	1.0	1.5	3.0	4.0

4）检修间距。

低压作业时，人体及其所携带工具与带电体之间的距离不应小于 0.1m。

在 10kV 无遮栏作业时，人体及其所携带工具与带电体之间的距离不应小于 0.7m。

在 10kV 有遮栏作业时，遮栏与带电体之间的距离不应小于 0.35m。

典型例题

例 1：触电防护技术包括屏护、间距、绝缘、接地等，屏护是采用护罩、护盖、栅栏、箱体、遮拦等将带电体与外界隔绝。下列针对用于触电防护的户外栅栏的高度要求中，正确的是（　　）。

A. 户外栅栏的高度不应小于 1.2m　　　　B. 户外栅栏的高度不应小于 1.8m

C. 户外栅栏的高度不应小于 2.0m　　　　D. 户外栅栏的高度不应小于 1.5m

【答案】D。

例 2：根据《66kV 及以下架空电力线路设计规范》（GB 50061—2010）的规定，线路电压为 35kV 时，导线与建筑物之间的垂直距离大约为（　　）m。

A. 3　　　　　　B. 4　　　　　　C. 5　　　　　　D. 6

【答案】B。

二、防止间接接触电击的安全技术措施

（一）保护接地

保护接地就是将正常情况下不带电，而在绝缘材料损坏后或其他情况下可能带电的电器金属部分（即与带电部分相绝缘的金属结构部分）用导线与接地体可靠连接起来的一种保护接线方式。

1. IT 系统

IT 系统就是保护接地系统。保护接地的做法是将电气设备在故障情况下可能呈现危险电压的金属部位经接地线、接地体同大地紧密地连接起来；其安全原理是通过低电阻接地，把故障电压限制在安全范围以内。但应注意漏电状态并未因保护接地而消失。

保护接地适用于各种不接地配电网。在这类配电网中，凡由于绝缘损坏或其他原因而可能呈现危险电压的金属部分，除另有规定外，均应接地。

2. TT 系统

TT 系统主要用于低压用户，即用于未装备配电变压器，从外面引进低压电源的小型用户。采用 TT 系统必须装设剩余电流动作保护装置或过电流保护装置，并优先采用前者。

（二）保护接零

1. 保护接零的安全原理

保护接零的安全原理是当某相带电部分碰连设备外壳时，形成该相对零线的单相短路，短路电流促使线路上的短路保护元件迅速动作，从而把故障设备电源断开，消除电击危险。虽然保护接零也能降低漏电设备上的故障电压，但一般不能降低到安全范围以内。其第一位的安全作用是迅速切断电源。

2. TN 系统

TN 系统就是保护接零系统。TN 系统分为 TN-S，TN-C-S，TN-C 三种类型。

1）TN-S 系统是保护零线与中性线完全分开的系统，可用于有爆炸危险，或火灾危险性较大，或安全要求较高的场所，宜用于独立附设变电站的房间。

2）TN-C-S 系统是干线部分的前一段保护零线与中性线共用，后一段保护零线与中性线分开的系统，宜用于厂内设有总变电站，厂内低压配电的场所及非生产性楼房。

3）TN-C 系统是干线部分保护零线与中性线安全共用的系统，可用于无爆炸危险、火灾危险性不大、用电设备较少、用电线路简单且安全条件较好的场所。

3. 重复接地

在工作中，对于工作零线回路来说，为了避免出现断开现象，一方面对中性点接地处理，另一方面对工作零线进行重复接地处理。重复接地的安全作用是：

1）减轻 PE 线和 PEN 线断开或接触不良的危险性。

2）进一步降低漏电设备对地电压。

3）缩短漏电故障持续时间，加速了线路保护装置的作用。

4）改善架空线路的防雷性能。

4. 工作接地

工作接地是电在工作中产生的余电，为了不使余电击伤人，让它能够使余电排入到大地体中。在不接地的 10kV 系统中，工作接地与变压器外壳的接地、避雷器的接地是共用的。在直接接地的 10kV 系统中，工作接地与变压器外壳的接地、避雷器的接地是分开的。

5. 等电位联结

等电位联结是指保护导体与建筑物的金属结构、生产用的金属装备以及允许用作保护线的金属管道等用于其他目的的不带电导体之间的联结。

（三）保护导体和接地装置

1. 保护导体

（1）保护导体的组成 保护导体包括保护接线、保护接零线和等电位联结线。所有保护导体，包括有保护作用的 PEN 线上均不得安装单级开关和熔断器；保护导体应有防机械损伤和化学腐蚀的措施。

（2）保护导体的安全性 保护导体断开或缺陷除可能导致触电事故外，还可能导致电气火灾和设备损坏。因此，必须保证保护导体的可靠性。

2. 接地装置

（1）概念 接地装置是接地体（极）和接地线的总称。接地体包括自然接地体和人工接地体。自然接地体至少应有两根导体在不同地点和接地网相连（线路杆塔除外）。

（2）安装

1）为了减小自然因素对接地电阻的影响，接地体上端离地面深度不应小于 0.6m（农田地带不应小于1m），并应在冰冻层以下。

2）接地体宜避开人行道和建筑物出入口附近。

3）接地体的引出导体应引出地面0.3m以上。

4）接地体离独立避雷针接地体之间的地下水平距离不得小于3m；离建筑物墙基之间的地下水平距离不得小于1.5m。

5）接地装置应尽量避免敷设在腐蚀性较强的地带。

6）接地线穿过墙壁、楼板、地坪时，应敷设在明孔、管道或其他坚固的保护管中。

（3）连接　接地装置地下部分的连接应采用焊接，并应采用搭焊，不得有虚焊。

利用建筑物的钢结构、起重机轨道、工业管道等自然导体作接地线时，其伸缩缝或接头处应另加跨接线，以保证连续可靠。自然接地体与人工接地体之间的连接必须可靠。

接地线与管道的连接可采用螺纹连接或抱箍螺纹连接，但必须采用镀锌件，以防止锈蚀。在有振动的地方，应采取放松措施。

（四）电气隔离和不导电环境

1. 电气隔离

电气隔离就是将电源与用电回路做电气上的隔离，即将用电的分支电路与整个电气系统隔离，使之成为一个在电气上被隔离的、独立的不接地安全系统，以防止在裸露导体故障带电情况下发生间接触电危险。其安全原理是在隔离变压器的二次侧构成了一个不接地的电网，阻断在二次侧工作的人员单相电击电流的通路。电气隔离的回路必须符合以下条件：

1）电源变压器必须是隔离变压器。

2）二次侧保持独立。

3）二次侧线路电压过高或二次侧线路过长，都会降低这种措施的可靠性。按照规定，应保证电源电压 $U \leqslant 500\text{V}$ 时线路长度 $L \leqslant 200\text{m}$、电压与长度的乘积 $UL \leqslant 100000\text{V} \cdot \text{m}$。

4）等电位联结。

2. 不导电环境

不导电环境是指地板和墙都用不导电材料制成，即大大提高了绝缘水平的环境。不导电环境必须符合以下安全要求：

1）电压500V及以下者，地板和墙每一点的电阻不应低于50kΩ；电压500V以上者不应低于100kΩ。

2）保持间距或设置屏障，防止人体在工作绝缘损坏后同时触及不同电位的导体。

3）具有永久性特征。

4）为了保持不导电特征，场所内不得有保护零线或保护地线。

5）有防止场所内高电位引出场所范围外和场所外低电位引入场所范围内的措施。

（五）双重绝缘

（1）工作绝缘　又称基本绝缘，是保证电气设备正常工作和防止触电的基本绝缘，位于带电体与不可触及金属件之间。

（2）加强绝缘　又称附加绝缘，是在工作绝缘因机械破损或击穿等而失效的情况下，可防止触电的独立绝缘，位于不可触及金属件与可触及金属件之间。在绝缘强度和力学性能上具备了与双重绝缘同等防触电能力的单一绝缘。

具有双重绝缘和加强绝缘的设备属于Ⅱ类设备。

典型例题

例1：下列电气保护系统中，属于PE保护接零的是（   ）。

A. IT系统　　　　　　B. TT系统　　　　　　C. TN-C系统　　　　　　D. TN-S系统

【答案】D。

例2：电气隔离是指工作回路与其他回路实现电气上的隔离。其安全原理是在隔离变压器的二次侧构成了一个不接地的电网，防止在二次侧工作的人员被电击。关于电气隔离技术的说法，正确的是（   ）。

A. 隔离变压器一次侧应保持独立，隔离回路应与大地有连接

B. 隔离变压器二次侧线路电压高低不影响电气隔离的可靠性

C. 为防止隔离回路中各设备相线漏电，各设备金属外壳采用等电位接地

D. 隔离变压器的输入绕组与输出绕组没有电气连接，并具有双重绝缘的结构

【答案】D。

例3：重复接地是指PE线或PEN线上除工作接地外的其他点再次接地。关于重复接地作用的说法，正确的是（   ）。

A. 减小零线断开的故障率　　　　　　B. 加速线路保护装置的动作

C. 提高漏电设备的对地电压　　　　　　D. 不影响架空线路的防雷性能

【答案】B。

例4：电气设备在运行中，接地装置应始终保持良好状态，接地装置包括接地体和接地线。关于接地装置连接的说法，正确的是（   ）。

A. 有伸缩缝的建筑物的钢结构可直接作接地线

B. 接地线与管道的连接可采用镀铜件螺纹连接

C. 接地装置地下部分的连接应采用搭焊

D. 接地线的连接处有振动隐患时应采用螺纹连接

【答案】C。

三、兼有直接接触电击和间接接触电击防护的安全措施

1. 安全电压

安全电压是属于兼有直接接触电击和间接接触电击防护的安全措施。具有依靠安全电压供电的设备属于Ⅲ类设备。

特别危险环境中使用的手持电动工具应采用42V安全电压的Ⅲ类工具；有电击危险环境中使用的手持照明灯和局部照明灯应采用36V或24V安全电压；金属容器内、隧道内、水井内以及周围有大面积接地导体等工作地点狭窄、行动不便的环境中使用的手持照明灯应采用12V安全电压。

2. 剩余电流动作保护

剩余电流动作保护装置主要用于防止间接接触电击和直接接触电击。用于防止直接接触电击时，只作为基本防护措施的补充保护措施。剩余电流动作保护装置也可用于防止漏电火灾，以及用于监测一相接地故障。

典型例题

特别危险环境中使用的手持电动工具应采用（   ）V安全电压的Ⅲ类工具。

A. 12　　　　　　B. 24　　　　　　C. 36　　　　　　D. 42

【答案】D。

四、爆炸危险环境

1. 爆炸性气体环境危险区域划分

《爆炸危险环境电力装置设计规范》（GB 50058—2014）第3.2.1条规定，爆炸性气体环境应根据爆炸性气体混合物出现的频繁程度和持续时间分为0区、1区、2区，分区应符合下列规定：

1）0区应为连续出现或长期出现爆炸性气体混合物的环境。

2）1区应为在正常运行时可能出现爆炸性气体混合物的环境。

3）2区应为在正常运行时不太可能出现爆炸性气体混合物的环境，或即使出现也仅是短时存在的爆炸性气体混合物的环境。

《爆炸危险环境电力装置设计规范》（GB 50058—2014）第3.2.5条规定，爆炸危险区域的划分应按释放源级别和通风条件确定，存在连续级释放源的区域可划为0区，存在一级释放源的区域可划为1区，存在二级释放源的区域可划为2区，并应根据通风条件按下列规定调整区域划分：

1）当通风良好时，可降低爆炸危险区域等级；当通风不良时，应提高爆炸危险区域等级。

2）局部机械通风在降低爆炸性气体混合物浓度方面比自然通风和一般机械通风更为有效时，可采用局部机械通风降低爆炸危险区域等级。

3）在障碍物、凹坑和死角处，应局部提高爆炸危险区域等级。

4）利用堤或墙等障碍物，限制比空气重的爆炸性气体混合物的扩散，可缩小爆炸危险区域的范围。

2. 爆炸性粉尘环境危险区域划分

《爆炸危险环境电力装置设计规范》（GB 50058—2014）第4.2.2条规定，爆炸危险区域应根据爆炸性粉尘环境出现的频繁程度和持续时间分为20区、21区、22区，分区应符合下列规定：

1）20区应为空气中的可燃性粉尘云持续地或长期地或频繁地出现于爆炸性环境中的区域。

2）21区应为在正常运行时，空气中的可燃性粉尘云很可能偶尔出现于爆炸性环境中的区域。

3）22区应为在正常运行时，空气中的可燃粉尘云一般不可能出现于爆炸性粉尘环境中的区域，即使出现，持续时间也是短暂的。

典型例题

例1：爆炸性粉尘环境是指在一定条件下，粉尘、纤维或飞絮的可燃物质与空气形成的混合物被点燃后，能够保持燃烧自行传播的环境，根据粉尘、纤维或飞絮的可燃物质与空气形成的混合物出现的频率和持续时间及粉尘厚度进行分类，将爆炸性危险环境分为（   ）。

A. 00区、01区、02区　　　　　　　B. 10区、11区、12区
C. 20区、21区、22区　　　　　　　D. 30区、31区、32区

【答案】C。

例2：释放源是划分爆炸危险区域的基础，通风条件是划分爆炸危险区域的重要因素。因此，划分爆炸危险区域时应综合考虑释放源和通风条件。关于爆炸危险区划分原则的说法，正确的有（   ）。

A. 局部机械通风不能降低爆炸危险区域等级

B. 存在连续级释放源的区域可划分为1区

C. 存在第一级释放源的区域可划分为2区

D. 在凹坑处，应局部提高爆炸危险区域等级

E. 如通风良好，可降低爆炸危险区域等级

【答案】DE。

五、防爆电气设备保护级别 EPL

《爆炸危险环境电力装置设计规范》（GB 50058—2014）规定，气体/蒸汽环境中设备的保护级别为 Ga、Gb、Gc，粉尘环境中设备的保护级别要达到 Da、Db、Dc。

"EPL Ga" 爆炸性气体环境用设备，具有"很高"的保护等级，在正常运行过程中、在预期的故障条件下或者在罕见的故障条件下不会成为点燃源。

"EPL Gb" 爆炸性气体环境用设备，具有"高"的保护等级，在正常运行过程中、在预期的故障条件下不会成为点燃源。

"EPL Gc" 爆炸性气体环境用设备，具有"加强"的保护等级，在正常运行过程中不会成为点燃源，也可采取附加保护，保证在点燃源有规律预期出现的情况下（如灯具的故障）不会点燃。

"EPL Da" 爆炸性粉尘环境用设备，具有"很高"的保护等级，在正常运行过程中、在预期的故障条件下或者在罕见的故障条件下不会成为点燃源。

"EPL Db" 爆炸性粉尘环境用设备，具有"高"的保护等级，在正常运行过程中、在预期的故障条件下不会成为点燃源。

"EPL Dc" 爆炸性粉尘环境用设备，具有"加强"的保护等级，在正常运行过程中不会成为点燃源，也可采取附加保护，保证在点燃源有规律预期出现的情况下（如灯具的故障）不会点燃。

电气设备分为三类。

1）Ⅰ类电气设备用于煤矿瓦斯气体环境。

2）Ⅱ类电气设备用于除煤矿甲烷气体之外的其他爆炸性气体环境。Ⅱ类电气设备按照其拟使用的爆炸性环境的种类可进一步再分类：

①ⅡA类：代表性气体是丙烷。

②ⅡB类：代表性气体是乙烯。

③ⅡC类：代表性气体是氢气。

3）Ⅲ类电气设备用于除煤矿以外的爆炸性粉尘环境。Ⅲ类电气设备按照其拟使用的爆炸性粉尘环境的特性可进一步再分类。

①ⅢA类：可燃性飞絮。

②ⅢB类：非导电性粉尘。

③ⅢC类：导电性粉尘。

典型例题

Ⅱ类防爆电气设备用于除煤矿（　　　）气体之外的其他爆炸性气体环境。

A. 甲烷　　　　　　　B. 乙烯　　　　　　　C. 丙烷　　　　　　　D. 氢气

【答案】A。

六、防爆电气线路的保护

《爆炸危险环境电力装置设计规范》（GB 50058—2014）第5.4.3条规定，爆炸性环境电气线路的安装应符合下列规定：

1）电气线路宜在爆炸危险性较小的环境或远离释放源的地方敷设，并应符合下列规定：

①当可燃物质比空气重时，电气线路宜在较高处敷设或直接埋地；架空敷设时宜采用电缆桥架；电缆沟敷设时沟内应充砂，并宜设置排水措施。

②电气线路宜在有爆炸危险的建筑物、构筑物的墙外敷设。

③在爆炸粉尘环境，电缆应沿粉尘不易堆积并且易于粉尘清除的位置敷设。

2）敷设电气线路的沟道、电缆桥架或导管，所穿过的不同区域之间墙或楼板处的孔洞应采用非燃性材料严密堵塞。

3）敷设电气线路时宜避开可能受到机械损伤、振动、腐蚀、紫外线照射以及可能受热的地方，不能避开时，应采取预防措施。

4）钢管配线可采用无护套的绝缘单芯或多芯导线。当钢管中含有三根或多根导线时，导线包括绝缘层的总截面面积不宜超过钢管截面面积的40%。钢管应采用低压流体输送用镀锌焊接钢管。钢管连接的螺纹部分应涂以铅油或磷化膏。在可能凝结冷凝水的地方，管线上应装设排除冷凝水的密封接头。

5）在爆炸性气体环境内钢管配线的电气线路应做好隔离密封，且应符合下列规定：

①在正常运行时，所有点燃源外壳的450mm范围内应做隔离密封。

②直径50mm以上钢管距引入的接线箱450mm以内处应做隔离密封。

③相邻的爆炸性环境之间以及爆炸性环境与相邻的其他危险环境或非危险环境之间应进行隔离密封。进行密封时，密封内部应用纤维作填充层的底层或隔层，填充层的有效厚度不应小于钢管的内径，且不得小于16mm。

④供隔离密封用的连接部件，不应作为导线的连接或分线用。

6）在1区内电缆线路严禁有中间接头，在2区、20区、21区内不应有中间接头。

7）当电缆或导线的终端连接时，电缆内部的导线如果为绞线，其终端应采用定型端子或接线鼻子进行连接。铝芯绝缘导线或电缆的连接与封端应采用压接、熔焊或钎焊，当与设备（照明灯具除外）连接时，应采用铜-铝过渡接头。

8）架空电力线路不得跨越爆炸性气体环境，架空线路与爆炸性气体环境的水平距离不应小于杆塔高度的1.5倍。在特殊情况下，采取有效措施后，可适当减少距离。

典型例题

在防爆电气线路中，当钢管中含有三根或多根导线时，导线包括绝缘层的总截面不宜超过钢管截面的（   ）。

A. 20%   B. 30%   C. 40%   D. 50%

【答案】C。

七、防雷装置与防雷技术

（一）防雷装置

1. 外部防雷装置

（1）接闪器　常用的接闪器有接闪杆（避雷针）、接闪带（避雷带）、接闪线（避雷线）、接闪网（避雷网）。

（2）引下线　《建筑物防雷设计规范》（GB 50057—2010）第5.3.3条规定，引下线宜采用热镀锌圆钢或扁钢，宜优先采用圆钢。当独立烟囱上的引下线采用圆钢时，其直径不应小于12mm；采用扁钢时，其截面面积不应小于100mm²，厚度不应小于4mm。

（3）防雷接地装置　除独立接闪杆外，在接地电阻满足要求的前提下，防雷接地装置可以和其他接地装置共用。

避雷针分为独立避雷针和附设避雷针两种。独立避雷针是离开建筑物单独装设的，一般情况下，其接地装置应当单设。独立避雷针的冲击接地电阻一般不应大于10Ω；附设接闪器每一引下线的冲击接地电阻一般也不应大于10Ω，但对于不太重要的第三类建筑物可放宽至30Ω。附设避雷针是装设在建筑物或构筑物屋面上的避雷针，其接地装置可以与其他接地装置共用，接地电阻不宜超过1~2Ω。

2. 内部防雷装置

内部防雷装置主要指防雷等电位联结及防雷间距。

（二）防雷技术

1. 直击雷防护

各类防雷建筑物，特别是有火灾或爆炸危险的建筑物和易受雷击的建筑物；可能遭受雷击，且一旦遭受雷击后果比较严重的设施或堆料；高压架空电力线路、发电厂和变电站等均应采取直击雷防护措施。

装设独立接闪杆、接闪线、接闪网、接闪带是最常用的，也是比较成熟的直击雷防护措施。

1）第一类防雷建筑物、第二类防雷建筑物和第三类防雷建筑物均应设置防直击雷的外部防雷装置。

2）可能遭受雷击，且一旦遭受雷击后果比较严重的设施或堆料应采取防直击雷的措施。

3）35kV及以上的高压架空电力线路、发电厂、变电站等应采取防直击雷的措施。

2. 二次放电防护

二次放电是指由于雷电冲击过电压的作用，在雷击点以外其他点发生的再次放电。二次放电可能引起爆炸和火灾，也可能造成电击，跨接是防止二次放电的基本方法。

为了防止二次放电，必须保证接闪器、引下线、接地装置与邻近导体之间有足够的安全距离。在任何情况下，第一类防雷建筑物防止二次放电的最小距离不得小于3m，第二类防雷建筑物防止二次放电的最小距离不得小于2m。

3. 感应雷防护

第一类和第二类防雷建筑物应考虑防雷电感应的措施。为了防止静电感应，应将建筑物内的金属设备、金属管道、金属构架、钢屋架、钢窗、电缆金属外皮，以及凸出屋面的放散管、风管等金属物件与接地装置相连；屋面结构钢筋宜绑扎或焊接成闭合回路；相邻引下线之间的距离不应大于18~24m；非金属屋顶上加装网格，并予以接地。

在电力系统、有爆炸和火灾危险的建筑中应采取雷电感应防护措施。

1）静电感应防护—为了防止静电感应产生的过电压，应将建筑物内的设备、管道、构架、钢屋架、钢窗、电缆金属外皮等较大金属物和凸出屋面的放散管、风管等金属物，均应与防闪电感应的接地装置相连。

2）电磁感应防护—为了防止电磁感应，平行敷设的管道、构架和电缆金属外皮等长金属物，其净距小于100mm时，应采用金属线跨接，跨接点之间的距离不应超过30m；交叉净距小于100mm时，其交叉处也应跨接。当长金属物的弯头、阀门、法兰等连接处的过渡电阻大于0.03Ω时，连接处也应用金属线跨接。

4. 雷电冲击波防护

变配电装置、可能有雷电冲击波进入室内的建筑物应考虑雷电冲击波防护。为了防止雷电冲击波侵入变配电装置，可在线路引入端安装阀型接闪器。对于建筑物，可采用以下措施：

1) 全长直接埋地电缆供电，入户处电缆金属外皮接地。

2) 架空线转电缆供电，架空线与电缆连接处装设阀型接闪器，接闪器、电缆金属外皮、绝缘子铁脚、金具等一起接地。

3) 架空线供电，入户处装设阀型接闪器或保护间隙，并与绝缘子铁脚、金具一起接地。

5. 电涌防护

电涌防护是指对室内浪涌电压的防护。采取的措施是在配电箱或开关箱内安装电涌保护器。

典型例题

例1：防雷装置包括外部防雷装置和内部防雷装置。外部防雷装置由接闪器和接地装置组成，内部防雷装置由避雷器、引下线和接地装置组成。下列安全技术要求中，正确的是（   ）。

A. 金属屋面不能作为外部防雷装置的接闪器

B. 独立避雷针的冲击接地电阻应小于100Ω

C. 独立避雷针可与其他接地装置共用

D. 避雷器应装设在被保护设施的引入端

【答案】D。

例2：针对直击雷、电磁感应雷、静电感应雷、雷电行进波（冲击波）的不同危害方式，人们设计了多种防雷装置。下列防雷装置中，用于直击雷防护的是（   ）。

A. 阀型接闪器   B. 易击穿间隙

C. 电涌保护器   D. 接闪杆

【答案】D。

八、静电防护技术

（一）静电的产生

静电产生最常见的方式是接触—分离起电。静电的产生和积累受材质、工艺设备和工艺参数、环境条件等因素的影响。

1) 电阻率很高的材料容易产生和积累静电。静电在很大程度上取决于所含杂质的成分。一般情况下，杂质有增强静电的趋势。

2) 接触面积越大，双电层正、负电荷越多，产生的静电越多。接触压力越大或摩擦越强烈，会增加电荷分离强度，产生较多静电。

3) 湿度对静电泄漏的影响很大。随着湿度增加，绝缘体表面凝成薄薄的水膜，并溶解空气中的二氧化碳气体和绝缘体析出的电解质，使绝缘体表面电阻大为降低，从而加速静电泄漏。

（二）静电危害与防护措施

1. 静电危害

工艺过程中产生的静电可能引起爆炸和火灾，可能给人以电击，还可能妨碍生产。最为严重的危险是引起爆炸和火灾。

2. 静电防护措施

（1）环境危险程度的控制

1) 取代易燃介质。例如，用三氯乙烯、四氯化碳、苛性钠或苛性钾代替汽油、煤油。

2) 降低爆炸性气体、蒸气混合物的浓度。在爆炸和火灾危险环境，采用机械通风装置。

3）减少氧化剂含量。充填氮、二氧化碳或其他不活泼的气体，减少爆炸性气体、蒸气或爆炸性粉尘中氧的含量，以消除燃烧条件。

（2）工艺控制　主要是从材料的选用、摩擦速度或流速的限制、静电松弛过程的增强、附加静电的消除等方面采取措施。

（3）静电接地　接地目的是使工艺设备与大地之间构成电气上的泄漏通路，将产生在工艺过程的静电泄漏于大地，防止静电的积聚。在静电危险场所，所有属于静电导体的物体必须接地。

（4）增湿　增湿的作用主要是增强静电沿绝缘体表面的泄漏。

（5）抗静电添加剂　抗静电添加剂是具有良好导电性或较强吸湿性的化学药剂。

（6）静电消除器　主要用来消除非导体上的静电。

典型例题

例1：生产过程中产生的静电可能造成人员电击，甚至引起火灾或爆炸。静电的产生受多种因素的影响。关于产生静电的说法，正确的是（　　）。

A. 接触面积越大，接触压力越小，产生的静电越多

B. V带比平带产生的静电更多

C. 空气湿度越大，越容易产生静电

D. 材料的电阻率越高，越容易产生静电

【答案】D。

例2：电气设备运行过程中，可能产生静电积累，应对电气设备采取有效的静电防护措施。关于静电防护措施的说法，正确的是（　　）。

A. 用非导电性工具可有效泄放接触—分离静电

B. 接地措施可以从根本上消除感应静电

C. 静电消除器主要用来消除导体上的静电

D. 增湿措施不宜用于消除高温绝缘体上的静电

【答案】D。

第三节　特种设备安全技术

一、锅炉安全附件（表3-6）

表3-6　锅炉安全附件

项目	内容
安全阀	安全阀对锅炉内部压力极限值的控制及对锅炉的安全保护起着重要的作用。安全阀应按规定配置，合理安装，结构完整，灵敏、可靠。应每年对其检验、定压一次并铅封完好，每月自动排放试验一次，每周手动排放试验一次，做好记录并签名
压力表	（1）锅炉必须装有与锅筒（锅壳）蒸汽空间直接相连接的压力表 （2）根据工作压力选用压力表的量程范围，一般应在工作压力的1.5～3倍 （3）表盘直径不应小于100mm，表的刻盘上应画有最高工作压力红线标志 （4）压力表装置齐全（压力表、存水弯管、三通旋塞）。应每半年对其校验一次，并铅封完好

（续）

项目	内容
水位计	水位计用于显示锅炉内水位的高低。水位计应安装合理，便于观察，且灵敏可靠。每台锅炉至少应装两只独立的水位计，额定蒸发量小于或等于0.2t/h的锅炉可只装一只
温度测量装置	在锅炉热力系统中，锅炉的给水、蒸汽、烟气等介质均需依靠温度测量装置进行测量监视
保护装置 超温报警和联锁保护装置	超温报警装置安装在热水锅炉的出口处，当锅炉的水温超过规定的水温时，自动报警，提醒司炉人员采取措施减弱燃烧。超温报警和联锁保护装置联锁后，还能在超温报警的同时，自动切断燃料的供应和停止鼓、引风，以防止热水锅炉发生超温而导致锅炉损坏或爆炸
高低水位警报和低水位联锁保护装置	当锅炉内的水位高于最高安全水位或低于最低安全水位时，水位警报器就自动发出警报，提醒司炉人员采取措施防止事故发生
超压报警装置	当锅炉出现超压现象时，能发出警报，并通过联锁装置控制燃烧，如停止供应燃料、停止通风，使司炉人员能及时采取措施，以免造成锅炉超压爆炸事故
锅炉熄火保护装置	当锅炉炉膛熄火时，锅炉熄火保护装置作用，切断燃料供应，并发出相应信号
排污阀或放水装置	排污阀或放水装置的作用是排放锅水蒸发而残留下的水垢、泥渣及其他有害物质，将锅水的水质控制在允许的范围内，使受热面保持清洁，以确保锅炉的安全、经济运行
防爆门	为防止炉膛和尾部烟道再次燃烧造成破坏，常采用在炉膛和烟道易爆处装设防爆门
锅炉自动控制装置	通过工业自动化仪表对温度、压力、流量、物位、成分等参数进行测量和调节，达到监视、控制、调节生产的目的，使锅炉在最安全、经济的条件下运行

典型例题

例1：以下对锅炉安全阀的表述中，错误的是（　　　）。

A. 结构完整，灵敏、可靠　　　　　　B. 每年对其检验、定压一次并铅封完好

C. 每月自动排放试验一次　　　　　　D. 每月手动排放试验一次

【答案】D。

例2：锅炉通常装设防爆门防止再次燃烧造成破坏。当作用在防爆门上的总压力超过其本身的质量或强度时，防爆门就会被冲开或冲破，达到泄压的目的，下列锅炉部件中，防爆门通常装设在（　　　）易爆处。

A. 过热器和再热器　　　　　　　　　B. 高压蒸汽管道

C. 锅筒和锅壳　　　　　　　　　　　D. 烟道和炉膛

【答案】D。

二、锅炉使用安全技术

1. 检查准备

对新装、移装和检修后的锅炉，启动之前要进行全面检查。主要内容有：

1）检查受热面、承压部件的内外部，看其是否处于可投入运行的良好状态。

2）检查燃烧系统各个环节是否处于完好状态。

3）检查各类门孔、挡板是否正常，使之处于启动所要求的位置。

4）检查安全附件和测量仪表是否齐全、完好并使之处于启动所要求的状态。

5）检查锅炉架、楼梯、平台等钢结构部分是否完好。

6）检查各种辅机特别是转动机械是否完好。

2. 上水

从防止产生过大热应力出发，上水温度最高不超过90℃，水温与筒壁温差不超过50℃。对水管锅炉，全部上水时间在夏季不小于1h，在冬季不小于2h。冷炉上水至最低安全水位时应停止上水，以防止受热膨胀后水位过高。

3. 烘炉

新装、移装、大修或长期停用的锅炉，其炉膛和烟道的墙壁非常潮湿，一旦骤然接触高温烟气，将会产生裂纹、变形，甚至发生倒塌事故。为防止此种情况发生，此类锅炉在上水后，启动前要进行烘炉。

4. 煮炉

煮炉是对新装、移装、改装或大修后的锅炉，在投入运行前清除制造、修理和安装过程中带入锅炉内部的铁锈、油脂和污垢，以防蒸汽品质恶化，以及避免受热面过热烧坏而对锅炉进行加热清洗的过程。

5. 点火升压

一般上水后即可点火。进行烘炉和煮炉的，待煮炉完毕，排水清洗后，再重新上水，然后点火升压。点火操作因锅炉的不同而有差异，但总的要求是，炉温缓慢上升，尽量使锅炉各部件受热均匀。点火后，应密切注意锅炉水位。

升压过程是锅水饱和温度不断升高的过程。点火方法因燃烧方式和燃烧设备而异。层燃炉一般用木材引火，严禁用挥发性强烈的油类或易燃物引火，以免造成爆炸事故。在升压过程中，应注意以下事项：

1）防止炉膛爆炸。点火前，开动引风机给锅炉通风5~10min，没有风机的可自然通风5~10min，以清除炉膛及烟道中的可燃物质。点燃气、燃油、煤粉炉时，应先送风，之后投入点燃火炬，最后送入燃料。一次点火未成功需重新点燃火炬时，一定要在点火前给炉膛烟道重新通风，待充分清除可燃物之后再进行点火操作。

2）控制升温升压速度。为防止产生过大的热应力，锅炉的升压过程一定要缓慢进行。点火过程中，应对各热承压部件的膨胀情况进行监督。发现有卡住现象应停止升压，待排除故障后再继续升压。发现膨胀不均匀时也应采取措施消除。

3）严密监视和调整仪表。为了防止异常情况及事故的出现，必须严密监视各种指示仪表，将锅炉压力、温度和水位控制在合理的范围之内。同时，点火升压过程中，要保证指示仪表的准确可靠。

4）保证强制流动受热面的可靠冷却。

对过热器的保护措施是：在升压过程中，开启过热器出口集箱疏水阀、对空排气阀，使一部分蒸汽流经过热器后被排除，从而使过热器得到足够的冷却。

对省煤器的保护措施是：对钢管省煤器，在省煤器与锅筒间连接再循环管，在点火升压期间，将再循环管上的阀门打开，使省煤器中的水经锅筒、再循环管（不受热）重回省煤器，进行循环流动。但在上水时应将再循环管上的阀门关闭。

6. 暖管与并汽

暖管，即用蒸汽慢慢加热管道、阀门、法兰等部件，使其温度缓慢上升，避免向冷态或较低温度的管道突然供入蒸汽，以防止热应力过大而损坏管道、阀门等部件；同时将管道中的冷凝水驱出，防止在供汽时发生水击。

并汽也称并炉、并列，即新投入运行锅炉向共用的蒸汽母管供汽。并汽前应减弱燃烧，打开蒸汽管道上的所有疏水阀，充分疏水以防水击；冲洗水位表，并使水位维持在正常水位线以下；使锅炉的蒸汽压力稍低于蒸汽母管内气压，缓慢打开主汽阀及隔绝阀，使新启动锅炉与蒸汽母管连通。

7. 停炉及停炉保养

（1）正常停炉　正常停炉是预先计划内的停炉。停炉中应注意的主要问题是防止降压降温过快，以避免锅炉部件因降温收缩不均匀而产生过大的热应力。

锅炉正常停炉的次序应该是先停燃料供应，随之停止送风，减少引风；与此同时，逐渐降低锅炉负荷，相应地减少锅炉上水，但应维持锅炉水位稍高于正常水位。对于燃气、燃油锅炉，炉膛停火后，引风机要继续引风5min以上。锅炉停止供汽后，应隔断与蒸汽母管的连接，排气降压。为保护过热器，防止其金属超温，可打开过热器出口集箱疏水阀适当放气。降压过程中，司炉人员应连续监视锅炉，待锅内无气压时，开启空气阀，以免锅内因降温形成真空。

停炉时应打开省煤器旁通烟道，关闭省煤器烟道挡板，但锅炉进水仍需经省煤器。对钢管省煤器，锅炉停止进水后，应开启省煤器再循环管；对无旁通烟道的可分式省煤器，应密切监视其出口水温，并连续经省煤器上水、放水至水箱中，使省煤器出口水温低于锅筒压力下饱和温度20℃。

为防止锅炉降温过快，在正常停炉的4~6h内，应紧闭炉门和烟道挡板。之后打开烟道挡板，缓慢加强通风，适当放水。停炉18~24h，在锅水温度降至70℃以下时，方可全部放水。

（2）紧急停炉　紧急停炉的操作次序是：立即停止添加燃料和送风，减弱引风；与此同时，设法熄灭炉膛内的燃料，对于一般层燃炉可以用砂土或湿灰灭火，链条炉可以开快档使炉排快速运转，把红火送入灰坑；灭火后即把炉门、灰门及烟道挡板打开，以加强通风冷却；锅内可以较快降压并更换锅水，锅水冷却至70℃左右允许排水。因缺水紧急停炉时，严禁给锅炉上水，并不得开启空气阀及安全阀快速降压。

锅炉遇有下列情况之一者，应紧急停炉：

1）锅炉水位低于水位表的下部可见边缘。

2）不断加大向锅炉进水及采取其他措施，但水位仍继续下降。

3）锅炉水位超过最高可见水位（满水），经放水仍不能见到水位。

4）给水泵全部失效或给水系统故障，不能向锅炉进水。

5）水位表或安全阀全部失效。

6）设置在汽空间的压力表全部失效。

7）锅炉元件损坏，危及操作人员安全。

8）燃烧设备损坏、炉墙倒塌或锅炉构件被烧红等，严重威胁锅炉安全运行。

9）其他异常情况危及锅炉安全运行。

（3）停炉保养　停炉保养主要是指锅内保养，即汽水系统内部为避免或减轻腐蚀而进行的防护保养。常用的保养方式有：压力保养、湿法保养、干法保养和充气保养。

◎典型例题

例1：锅炉启动是设备从冷态到热态的过程，启动过程中锅炉烟风系统和水汽系统的安全尤为重要。关于锅炉启动过程中安全要求的说法，错误的是（　　　）。

A. 空锅筒上水时，水温与锅筒筒壁温差控制不应超过65℃

B. 锅炉在点火前，对于设置有风机的锅炉，炉膛应强制通风5~10min

C. 锅炉升温过程中，水冷壁两侧膨胀指示器偏差较大时，应停止升温进行检查

D. 锅炉在点火升温期，省煤器再循环阀应处于开启状态

【答案】A。从防止产生过大热应力出发，上水温度最高不超过90℃，水温与筒壁温差不超过50℃。所以，选项A错误。

例2：锅炉正常停炉时，为避免锅炉部件因降温收缩不均匀产生过大的热应力，必须控制降温速度。下列关于停炉操作的说法中，正确的是（　　）。

A. 对燃油燃气锅炉，炉膛停火后，引风机应停止引风

B. 对无旁通烟道的可分式省煤器，应当停止省煤器上水

C. 在正常停炉的4~6h内，应紧闭炉门和烟道挡板

D. 当锅水降到90℃时，方可全部放水

【答案】C。

三、气瓶使用安全技术

（一）瓶阀

1. 瓶阀结构

《气瓶安全技术规程》（TSG 23—2021）第7.2.1.3条规定，瓶阀设计应当符合相关标准的规定，其结构应当满足以下要求：

1）瓶阀与气瓶的连接螺纹与瓶口螺纹匹配，保证密封可靠。

2）瓶阀出气口的连接形式和尺寸，采用能够防止错装、使用气体的结构。

3）工业用非重复充装焊接气瓶瓶阀，采用不可重复充装的结构，并且瓶阀与瓶体的连接采用焊接形式。

4）液化石油气瓶阀可以设计成角阀或者直阀，并且在出气口设置自闭装置或者在进气口装设过流关闭装置；对于分别设置液相和气相出口、公称容积大于或者等于100L的液化石油气钢瓶，液相出口所装设瓶阀的出气口采用快装接头。

5）氧气瓶阀结构具有剩余压力保持功能（采用先抽真空后充装工艺的气瓶阀门除外）。

2. 瓶阀安装

《气瓶安全技术规程》（TSG 23—2021）第7.2.1.4条规定，气瓶制造单位或者检验、充装等单位应当采用力矩扳手或者力矩装阀机安装瓶阀，并且应当防止异物落入气瓶；力矩大小应当符合相关标准的规定。

（二）安全泄压装置安全要求

《气瓶安全技术规程》（TSG 23—2021）第7.2.2.2条规定，装设及选用原则应符合下列规定：

1）车用气瓶、溶解乙炔气瓶、焊接绝热气瓶、液化气体气瓶集束装置以及长管拖车和管束式集装箱用大容积气瓶，应当装设安全泄压装置。

2）盛装剧毒气体、自燃气体的气瓶，禁止装设安全泄压装置。

3）盛装有毒气体的气瓶不应当单独装设安全阀，盛装高压有毒气体的气瓶应当选用爆破片—易熔合金塞复合装置。

4）燃气气瓶和氧气、氮气以及惰性气体气瓶，一般不装设安全泄压装置。

5）盛装易于分解或者聚合的可燃气体、溶解乙炔气体的气瓶，应当装设易熔合金塞装置。

6）盛装液化天然气以及其他可燃气体的低温绝热气瓶内胆，至少装设2只安全阀；盛装其他低温液化气体的低温绝热气瓶，应当装设爆破片装置和安全阀。

7）车用液化石油气钢瓶、车用二甲醚钢瓶，应当装设带安全阀的组合阀或者分立的安全阀；

车用压缩天然气气瓶，应当装设爆破片—易熔合金塞串联复合装置或者玻璃泡装置。

8）工业用非重复充装焊接钢瓶应当装设爆破片。

（三）充装作业安全要求

1. 充装单位要求

《气瓶安全技术规程》（TSG 23—2021）第8.4条规定，气瓶充装单位充装气瓶前应当取得安全生产许可证或者燃气经营许可证，具备对气瓶进行安全充装的各项条件。盛装易燃、助燃、有毒、腐蚀性气体气瓶的充装单位（仅从事非经营性充装活动的除外）以及非重复充装气瓶的充装单位，还应当按照有关安全技术规范的规定取得气瓶充装许可；气瓶充装单位办理所充装气瓶的使用登记后，方可从事气瓶充装。

2. 充装安全技术要求

（1）压缩气体充装　《气瓶安全技术规程》（TSG 23—2021）第8.6.4条规定：

1）充装压缩气体时，应当考虑充装温度对最高充装压力的影响。压缩气体充装后的压力（换算成20℃时，下同）不得超过气瓶的公称工作压力。

2）充装单位采用电解法制取氢气、氧气，应当装设氢、氧浓度自动测定仪器和超标报警装置，测定氢、氧浓度，同时应当定期对氢、氧浓度进行人工检测；当氢气中含氧量或者氧气中含氢量超过0.5%（体积比）时，应当停止充装作业，同时查明原因并采取有效措施进行处置。

3）充装氟或者二氟化氧的气瓶，最大充装量不得大于5kg，充装压力不得大于3MPa（20℃时）。

（2）高（低）压液化气体充装　《气瓶安全技术规程》（TSG 23—2021）第8.6.5.1条规定：

1）充装前应当逐瓶称重（车用气瓶除外）。

2）应当配置与充装接头相适应的衡器。

3）衡器的选用、规格以及检定等，应当符合相关技术规范以及相关标准的规定，衡器应当装设有超装警报或者自动切断气源的装置。

4）应当采用复检用衡器，对充装量逐瓶复检；自动化充装的，按照批量抽样有关规定进行复检；充装超量的气瓶应当及时采取有效措施进行处置，否则不允许出充装站。

（3）溶解乙炔充装　《气瓶安全技术规程》（TSG 23—2021）第8.6.7条规定：

1）溶解乙炔气体充装量以及乙炔气体与溶剂的重量比，应当符合相关标准的要求。

2）充装前，充装单位应当按照相关标准的要求测定溶剂补加量。对于溶剂量未满足相关标准要求的，应当补加。

3）溶解乙炔气体充装过程中，气瓶瓶壁温度不得超过40℃，充装溶解乙炔气体的容积流速应当小于0.015m³/（h·L）。

4）溶解乙炔气体充装应当采取多次充装的方式进行，每次充装间隔时间不少于8h，静置8h后的气瓶压力符合相关标准的要求时，方可再次充装。

（4）混合气体充装　《气瓶安全技术规程》（TSG 23—2021）第8.6.8条规定：

1）充装前，应当采用加温、抽真空等适当方式进行预处理，并且按照相应混合气体充装标准的规定，确定各气体组分的充装顺序。

2）充装每一气体组分之前，应当使用待充装的气体对充装装置和管道进行置换。

典型例题

气瓶充装作业安全是气瓶使用安全的重要环节之一。下列气瓶充装安全要求中，说法错误的

是（　　）。

　　A. 气瓶充装单位应当按照规定，取得气瓶充装许可

　　B. 充装高（低）压液化气体，应当对充装量逐瓶复检

　　C. 除特殊情况下，应当充装本单位自有并已办理使用登记的气瓶

　　D. 气瓶充装单位不得对气瓶充装混合气体

　　【答案】D。

四、压力容器安全附件（表3-7）

表3-7　压力容器安全附件

项目		内容
安全阀		安全阀如果出现故障，尤其是不能开启时，有可能会造成压力容器失效甚至爆炸的严重后果。安全阀的主要故障有：泄漏；到规定压力时不开启；不到规定压力时开启；排气后压力继续上升；排放泄压后阀瓣不回座
爆破片		爆破片装置是一种非重闭式泄压装置，由进口静压使爆破片受压爆破而泄放出介质以防止容器或系统内的压力超过预定的安全值
安全阀与爆破片装置的组合	安全阀进口和容器之间串联安装爆破片装置	（1）安全阀和爆破片装置组合的泄放能力应满足要求 （2）爆破片破裂后的泄放面积应不小于安全阀进口面积，同时应保证爆破片破裂的碎片不影响安全阀的正常动作 （3）爆破片装置与安全阀之间应装设压力表、旋塞、排气孔或报警指示器，以检查爆破片是否破裂或渗漏
	安全阀出口侧串联安装爆破片装置	（1）容器内的介质应是洁净的，不含有胶着物质或阻塞物质 （2）安全阀的泄放能力应满足要求 （3）当安全阀与爆破片之间存在背压时，安全阀仍能在开启压力下准确开启 （4）爆破片的泄放面积不得小于安全阀的进口面积 （5）安全阀与爆破片装置之间应设置放空管或排污管，以防止该空间的压力累积
爆破帽		爆破帽为一端封闭，中间有一薄弱层面的厚壁短管，爆破压力误差较小，泄放面积较小，多用于超高压容器
易熔塞		易熔塞的动作取决于容器壁的温度，主要用于中、低压的小型压力容器，在盛装液化气体的钢瓶中应用更为广泛
紧急切断阀		紧急切断阀的作用是在管道发生大量泄漏时紧急止漏，一般还具有过流闭止及超温闭止的性能，并能在近程和远程独立进行操作

典型例题

　　例1：某压力容器内的介质不洁净、易于结晶或聚合，为预防该容器内压力过高导致爆炸，拟安装安全泄压装置，下列安全泄压装置中，该容器应安装的是（　　）。

　　A. 爆破片　　　　　　　　　　B. 安全阀

　　C. 易熔塞　　　　　　　　　　D. 防爆门

　　【答案】A。

　　例2：在盛装危险介质的压力容器上，经常进行安全阀和爆破片的组合配置。下列关于安全阀和爆破片的组合设置的说法中，正确的是（　　）。

　　A. 并联设置时，爆破片的标定爆破压力不得小于容器的设计压力

B. 并联设置时，安全阀的开启压力应略高于爆破片的标定爆破压力

C. 安全阀出口侧串联安装爆破片时，爆破片的泄放面积不得小于安全阀的进口面积

D. 安全阀进口侧串联安装爆破片时，爆破片的泄放面积不得大于安全阀的进口面积

【答案】 C。

五、压力容器使用安全技术

（一）安全操作基本要求

1. 平稳操作

压力容器开始加载时，速度不宜过快，尤其要防止压力的突然升高。过高的加载速度会降低材料的断裂韧性，可能使存在微小缺陷的压力容器在压力的快速冲击下发生脆性断裂。

高温容器或工作壁温在0℃以下的压力容器，加热和冷却都应缓慢进行，以减小壳壁中的热应力。

2. 防止超载

防止压力容器过载主要是防止超压。防止超压应采取以下措施：

1）压力来自外部的压力容器，超压大多是由于操作失误而引起的。为了防止操作失误，除了装设联锁装置外，可实行安全操作挂牌制度。

2）由于内部物料的化学反应而产生压力的压力容器，往往因加料过量或原料中混入杂质，使反应后生成的气体密度增大或反应过速而造成超压。要预防这类压力容器超压，必须严格控制每次投料的数量及原料中杂质的含量，并有防止超量投料的严密措施。

3）储装液化气体的压力容器，为了防止液体受热膨胀而超压，一定要严格计量。

3. 防止超温

压力容器的操作温度应严格控制在设计规定的范围内，长期的超温运行将直接或间接导致压力容器的破坏。

（二）运行期间的检查

压力容器专职操作人员在压力容器运行期间应经常检查压力容器的工作状况，以便及时发现设备上的不正常状态，采取相应的措施进行调整或消除，防止异常情况的扩大或延续，保证压力容器安全运行。

对运行中的压力容器进行检查，包括工艺条件、设备状况以及安全装置等方面。

1）在工艺条件方面，主要检查操作压力、操作温度、液位是否在安全操作规程规定的范围内，压力容器工作介质的化学组成，特别是那些影响压力容器安全（如产生应力腐蚀、使压力升高等）的成分是否符合要求。

2）在设备状况方面，主要检查各连接部位有无泄漏、渗漏现象，压力容器的部件和附件有无塑性变形、腐蚀以及其他缺陷或可疑迹象，压力容器及其连接管件有无振动、磨损等现象。

3）在安全装置方面，主要检查安全装置以及与安全有关的计量器具是否保持完好状态。

（三）紧急停止运行的情形与步骤

压力容器在运行中出现下列情况时，应立即停止运行：

1）压力容器的操作压力或壁温超过安全操作规程规定的极限值，而且采取措施仍无法控制，并有继续恶化的趋势。

2）压力容器的承压部件出现裂纹、鼓包变形、焊缝或可拆连接处泄漏等危及压力容器安全

的迹象。

3）安全装置全部失效，连接管件断裂，紧固件损坏等，难以保证安全操作。

4）操作岗位发生火灾，威胁到压力容器的安全操作。

5）高压容器的信号孔或警报孔泄漏。

紧急停止运行的操纵步骤是：迅速切断电源，使向压力容器内输送物料的运转设备，如泵、压缩机等停止运行；联系有关岗位停止向压力容器内输送物料；迅速打开出口阀，泄放压力容器内的气体或其他物料；必要时打开放空阀，把气体排入大气中；对于系统性连续生产的压力容器，紧急停止运行时必须做好与前后有关岗位的联系工作；操作人员在处理紧急情况的同时，应立即与上级主管部门及有关技术人员取得联系，以便更有效地控制险情，避免发生更大的事故。

⬤典型例题

压力容器专职操作人员在容器运行期间应经常检查压力容器的工作状态，以便及时发现设备上的不正常状态，采取相应的措施进行调整或消除，保证压力容器安全运行。压力容器运行中出现下列异常情况时，应立即停止运行的是（　　　）。

A. 操作压力达到规定的标称值　　　　B. 运行温度达到规定的标称值

C. 安全阀起跳　　　　　　　　　　　D. 承压部件鼓包变形

【答案】D。

六、压力管道的故障处理（表3-8）

表3-8　压力管道的故障处理

故障	处理
接头和密封填料处泄漏（常见故障）	操作维修人员在可拆卸接头和密封填料处发现问题后，一般可采取紧急措施消除泄漏，但不得带压紧固连件
管道异常振动和摩擦	采取隔断振源、调整支撑、使相互摩擦的部位隔离等措施
安全阀动作失灵	应停车或泄压后对安全阀进行检查和调试，如发现阀座处有异物、密封副损坏、弹簧锈死或损坏等情况，应进行修理
管道内部堵塞	应停车进行清理。燃气管道发生不均匀沉降时，冷凝水会积存在下沉处的管道中，形成袋水，如果冷凝水达到一定数量，不及时抽除，就会堵塞管道。为防止积水堵塞，必须定期排除凝水缸中的冷凝水。如果出现袋水情况，可以采取校正管道坡度、增设凝水缸等方法消除袋水
仪表失灵	可能是仪表本身质量问题或由于操作条件超出仪表的最大测量能力而发生的，应由专业人员进行检查和更换

七、起重机械安全防护装置

（一）限制运动行程和工作位置的装置

1. 起升高度限位器

《起重机械安全规程　第1部分：总则》（GB 6067.1—2010）第9.2.1条规定，起升机构均应装设起升高度限位器。用内燃机驱动，中间无电气、液压、气压等传动环节而直接进行机械连接的起升机构，可以配备灯光或声响报警装置，以替代限位开关。当取物装置上升到设计规定的上极限位置时，应能立即切断起升动力源。在此极限位置的上方，还应留有足够的空余高度，以适应上升制动行程的要求。在特殊情况下，如吊运熔融金属，还应装设防止越程冲顶的第二级起升高度限位器，第二级起升高度限位器应分断更高一级的动力源。需要时，还应设下降深度限位器；当取物装置下降到设计规定的下极限位置时，应能立即切断下降动力源。上述运动方向的电源切断后，仍可进行相反方向运动（第二级起升高度限位器除外）。

2. 运行行程限位器

《起重机械安全规程 第1部分：总则》（GB 6067.1—2010）第9.2.2条规定，起重机和起重小车（悬挂型电动葫芦运行小车除外），应在每个运行方向装设运行行程限位器，达到设计规定的极限位置时自动切断前进方向的动力源。在运行速度大于100m/min，或停车定位要求较严的情况下，宜根据需要装设两级运行行程限位器，第一级发出减速信号并按规定要求减速，第二级应能自动断电并停车。如果在正常作业时起重机和起重小车经常到达运行的极限位置，驾驶员室的最大减速度不应超过2.5m/s²。

3. 幅度限位器

《起重机械安全规程 第1部分：总则》（GB 6067.1—2010）第9.2.3条规定，对动力驱动的动臂变幅的起重机（液压变幅除外），应在臂架俯仰行程的极限位置处设臂架低位置和高位置的幅度限位器。对采用移动小车变幅的塔式起重机，应装设幅度限位装置以防止可移动的起重小车快速达到其最大幅度或最小幅度处。最大变幅速度超过40m/min的起重机，在小车向外运行且当起重力矩达到额定值的80%时，应自动转换为低于40m/min的低速运行。

4. 幅度指示器

《起重机械安全规程 第1部分：总则》（GB 6067.1—2010）第9.2.4条规定，具有变幅机构的起重机械，应装设幅度指示器（或臂架仰角指示器）。

5. 防止臂架向后倾翻的装置

《起重机械安全规程 第1部分：总则》（GB 6067.1—2010）第9.2.5条规定，具有臂架俯仰变幅机构（液压油缸变幅除外）的起重机，应装设防止臂架后倾装置（例如一个带缓冲的机械式的止挡杆），以保证当变幅机构的行程开关失灵时，能阻止臂架向后倾翻。

6. 回转限位

《起重机械安全规程 第1部分：总则》（GB 6067.1—2010）第9.2.6条规定，需要限制回转范围时，回转机构应装设回转角度限位器。

7. 回转锁定装置

《起重机械安全规程 第1部分：总则》（GB 6067.1—2010）第9.2.7条规定，需要时，流动式起重机及其他回转起重机的回转部分应装设回转锁定装置。

8. 支腿回缩锁定装置

《起重机械安全规程 第1部分：总则》（GB 6067.1—2010）第9.2.8条规定，工作时利用垂直支腿支撑作业的流动式起重机械，垂直支腿伸出定位应由液压系统实现；且应装设支腿回缩锁定装置，使支腿在缩回后，能可靠地锁定。

9. 防碰撞装置

《起重机械安全规程 第1部分：总则》（GB 6067.1—2010）第9.2.9条规定，当两台或两台以上的起重机械或起重小车运行在同一轨道上时，应装设防碰撞装置。在发生碰撞的任何情况下，驾驶员室内的减速度不应超过5m/s²。

10. 缓冲器及端部止挡

《起重机械安全规程 第1部分：总则》（GB 6067.1—2010）第9.2.10条规定，在轨道上运行的起重机的运行机构、起重小车的运行机构及起重机的变幅机构等均应装设缓冲器或缓冲装置。缓冲器或缓冲装置可以安装在起重机上或轨道端部止挡装置上。轨道端部止挡装置应牢固可靠，防止起重机脱轨。有螺杆和齿条等的变幅驱动机构，还应在变幅齿条和变幅螺杆的末端装设端部止挡防脱装置，以防止臂架在低位置发生坠落。

11. 偏斜指示器或限制器

《起重机械安全规程　第1部分：总则》（GB 6067.1—2010）第9.2.11条规定，跨度大于40m的门式起重机和装卸桥应装设偏斜指示器或限制器。当两侧支腿运行不同步而发生偏斜时，能向驾驶员指示出偏斜情况，在达到设计规定值时，还应使运行偏斜得到调整和纠正。

12. 水平仪

《起重机械安全规程　第1部分：总则》（GB 6067.1—2010）第9.2.12条规定，利用支腿支撑或履带支撑进行作业的起重机，应装设水平仪，用来检查起重机底座的倾斜程度。

（二）防起重机超载的装置

1. 起重量限制器

《起重机械安全规程　第1部分：总则》（GB 6067.1—2010）第9.3.1条规定，对于动力驱动的1t及以上无倾覆危险的起重机械应装设起重量限制器。对于有倾覆危险的且在一定的幅度变化范围内额定起重量不变的起重机械也应装设起重量限制器。需要时，当实际起重量超过95%额定起重量时，起重量限制器宜发出报警信号（机械式除外）。

当实际起重量在100%～110%的额定起重量之间时，起重量限制器起作用，此时应自动切断起升动力源，但应允许机构做下降运动。内燃机驱动的起升和/或非平衡变幅机构，如果中间没有电气、液压或气压等传动环节而直接与机械连接，该起重机械可以配备灯光或声响报警装置来替代起重量限制器。

2. 起重力矩限制器

《起重机械安全规程　第1部分：总则》（GB 6067.1—2010）第9.3.2条规定，额定起重量随工作幅度变化的起重机，应装设起重力矩限制器。当实际起重量超过实际幅度所对应的起重量的额定值的95%时，起重力矩限制器宜发出报警信号。当实际起重量大于实际幅度所对应的额定值但小于110%的额定值时，起重力矩限制器起作用，此时应自动切断不安全方向（上升、幅度增大、臂架外伸或这些动作的组合）的动力源，但应允许机构做安全方向的运动。

内燃机驱动的起升和/或平衡变幅机构，如果中间没有电气、液压或气压等传动环节而直接与机械连接，该起重机械可以配备灯光或声响报警装置来替代起重力矩限制器。

3. 极限力矩限制装置

《起重机械安全规程　第1部分：总则》（GB 6067.1—2010）第9.3.3条规定，对有自锁作用的回转机构，应设极限力矩限制装置，保证当回转运动受到阻碍时，能由此力矩限制器发生的滑动而起到对超载的保护作用。

（三）抗风防滑和防倾翻的装置

1. 抗风防滑装置

《起重机械安全规程　第1部分：总则》（GB 6067.1—2010）第9.4.1.1条规定，室外工作的轨道式起重机应装设可靠的抗风防滑装置，并应满足规定的工作状态和非工作状态抗风防滑要求。

《起重机械安全规程　第1部分：总则》（GB 6067.1—2010）第9.4.1.2条规定，工作状态下的抗风制动装置可采用制动器、轮边制动器、夹轨器、顶轨器、压轨器、别轨器等，其制动与释放动作应考虑与运行机构联锁并应能从控制室内自动进行操作。

2. 防倾翻安全钩

《起重机械安全规程　第1部分：总则》（GB 6067.1—2010）第9.4.2条规定，起重吊钩装在主梁一侧的单主梁起重机、有抗震要求的起重机及其他有类似防止起重小车发生倾翻要求的起重机，应装设防倾翻安全钩。

（四）联锁保护装置

《起重机械安全规程　第1部分：总则》（GB 6067.1—2010）第9.5.1条~第9.5.6条规定，联锁保护的设置应符合下列规定：

1）进入桥式起重机和门式起重机的门，和从驾驶员室登上桥架的舱口门，应能联锁保护；当门打开时，应断开由于机构动作可能会对人员造成危险的机构的电源。

2）驾驶员室与进入通道有相对运动时，进入驾驶员室的通道口，应设联锁保护；当通道口的门打开时，应断开由于机构动作可能会对人员造成危险的机构的电源。

3）可在两处或多处操作的起重机，应有联锁保护，以保证只能在一处操作，防止两处或多处同时都能操作。

4）当既可以电动，也可以手动驱动时，相互间的操作转换应能联锁。

5）夹轨器等制动装置和锚定装置应能与运行机构联锁。

6）对小车在可俯仰的悬臂上运行的起重机，悬臂俯仰机构与小车运行机构应能联锁，使俯仰悬臂放平后小车方能运行。

（五）其他安全防护装置

1. 风速仪及风速报警器

《起重机械安全规程　第1部分：总则》（GB 6067.1—2010）第9.6.1条规定，对于室外作业的高大起重机应安装风速仪，风速仪应安置在起重机上部迎风处。对室外作业的高大起重机应装有显示瞬时风速的风速报警器，且当风力大于工作状态的计算风速设定值时，应能发出报警信号。

2. 轨道清扫器

《起重机械安全规程　第1部分：总则》（GB 6067.1—2010）第9.6.2条规定，当物料有可能积存在轨道上成为运行的障碍时，在轨道上行驶的起重机和起重小车，在台车架（或端梁）下面和小车架下面应装设轨道清扫器，其扫轨板底面与轨道顶面之间的间隙一般为5~10mm。

3. 防小车坠落保护

《起重机械安全规程　第1部分：总则》（GB 6067.1—2010）第9.6.3条规定，塔式起重机的变幅小车及其他起重机要求防坠落的小车，应设置使小车运行时不脱轨的装置，即使轮轴断裂，小车也不能坠落。

4. 检修吊笼或平台

《起重机械安全规程　第1部分：总则》（GB 6067.1—2010）第9.6.4条规定，需要经常在高处进行起重机械自身检修作业的起重机，应装设安全可靠的检修吊笼或平台。

5. 导电滑触线的安全防护

《起重机械安全规程　第1部分：总则》（GB 6067.1—2010）第9.6.5条规定，桥式起重机驾驶员室位于大车滑触线一侧，在有触电危险的区段，通向起重机的梯子和走台与滑触线间应设置防护板进行隔离。桥式起重机大车滑触线侧应设置防护装置，以防止小车在端部极限位置时因吊具或钢丝绳摇摆与滑触线意外接触。多层布置桥式起重机时，下层起重机应采用电缆或安全滑触

线供电。其他使用滑触线的起重机械，对易发生触电的部位应设防护装置。

6. 报警装置

《起重机械安全规程　第1部分：总则》（GB 6067.1—2010）第9.6.6条规定，必要时，在起重机上应设置蜂鸣器、闪光灯等作业报警装置。流动式起重机倒退运行时，应发出清晰的报警音响并伴有灯光闪烁信号。

7. 防护罩

《起重机械安全规程　第1部分：总则》（GB 6067.1—2010）第9.6.7条规定，在正常工作或维修时，为防止异物进入或防止其运行对人员可能造成危险的零部件，应设有保护装置。起重机上外露的、有可能伤人的运动零部件，如开式齿轮、联轴器、传动轴、链轮、链条、传动带、带轮等，均应装设防护罩/栏。在露天工作的起重机上的电气设备应采取防雨措施。

⬤ **典型例题**

例1：《起重机械安全规程　第1部分：总则》（GB 6067.1—2010）中规定，起重机在运行速度大于100m/min，或停车定位要求较严的情况下，宜根据需要装设（　　）。

A. 两级运行行程限位器　　　　　　　　　B. 起升高度限位器

C. 幅度限位器　　　　　　　　　　　　　D. 支腿回缩锁定装置

【答案】A。

例2：根据《起重机械安全规程 第1部分：总则》（GB 6067.1—2010），电动葫芦应配备的安全防护装置是（　　）。

A. 起重量限制器、起升高度限位器　　　　B. 起重量限制器、运行行程限位器

C. 联锁保护安全装置、起升高度限位器　　D. 联锁保护安全装置、运行行程限位器

【答案】A。

八、起重机械使用安全技术

（一）吊运前的准备

1）正确佩戴个人防护用品，包括安全帽、工作服、工作鞋和手套，高处作业还必须佩戴安全带和工具包。

2）检查清理作业场地，确定搬运路线，清除障碍物；室外作业要了解当天的天气预报；流动式起重机要将支撑地面垫实垫平，防止作业中地基沉陷。

3）对使用的起重机和吊装工具、辅件进行安全检查；不使用报废元件，不留安全隐患；熟悉被吊物品的种类、数量、包装状况以及与周围联系。

4）根据质量、几何尺寸、精密程度、变形要求的有关技术数据，进行最大受力计算，确定吊点位置和捆绑方式。

5）编制作业方案。对于大型、重要的物件的吊运或多台起重机共同作业的吊装，事先要在有关人员参与下，由指挥者、起重机驾驶员和司索工共同讨论，编制作业方案，必要时报请有关部门审查批准。

6）预测可能出现的事故，采取有效的预防措施，选择安全通道，制定应急对策。

（二）起重机驾驶员安全操作技术

1. 开机作业前

开机作业前，应确认处于安全状态方可开机：

1）所有控制器是否置于零位。

2）起重机上和作业区内是否有无关人员，作业人员是否撤离到安全区。

3）起重机运行范围内是否有未清除的障碍物。

4）起重机与其他设备或固定建筑物的最小距离是否在 0.5m 以上。

5）电源断路装置是否加锁或有警示标牌。

6）流动式起重机是否按要求平整好场地，支脚是否牢固可靠。

2. 开车前

开车前，必须鸣铃或示警；操作中接近人时，应给断续铃声或示警。

3. 操作过程中

1）驾驶员在正常操作过程中，不得利用极限位置限制器停车；不得利用打反车进行制动；不得在起重作业过程中进行检查和维修；不得带载调整起升、变幅机构的制动器，或带载增大作业幅度；吊物不得从人头顶上通过，吊物和起重臂下不得站人。

2）严格按指挥信号操作，对紧急停止信号，无论何人发出，都必须立即执行。

3）吊载接近或达到额定值，或起吊危险品（液态金属、有害物、易燃易爆物）时，吊运前认真检查制动器，并用小高度、短行程试吊，确认没有问题后再吊运。

4）起重机各部位、吊载及辅助用具与输电线的最小距离应满足安全要求。

5）工作中突然断电时，应将所有控制器置零，关闭总电源。重新工作前，应先检查起重机工作是否正常，确认安全后方可正常操作。

6）有主、副两套起升机构的，不允许同时利用主、副钩工作（设计允许的专用起重机除外）。

7）用两台或多台起重机吊运同一重物时，每台起重机都不得超载。吊运过程应保持钢丝绳垂直，保持运行同步。吊运时，有关负责人员和安全技术人员应在场指导。

4. 驾驶员不应操作的情况

有下述情况时，驾驶员不应操作：

1）起重机结构或零部件（如吊钩、钢丝绳、制动器、安全防护装置等）有影响安全工作的缺陷和损伤。

2）吊物超载或有超载可能，吊物质量不清。

3）吊物被埋置或冻结在地下、被其他物体挤压。

4）吊物捆绑不牢，或吊挂不稳，被吊重物棱角与吊索之间未加衬垫。

5）被吊物上有人或浮置物。

6）作业场地昏暗，看不清场地、吊物情况或指挥信号。

5. 停止作业

露天作业的轨道起重机，当风力大于 6 级时，应停止作业；当工作结束时，应锚定住起重机。

（三）司索工安全操作技术

1. 准备吊具

1）对吊物的质量和重心估计要准确，如果是目测估算，应增大 20% 来选择吊具。

2）每次吊装都要对吊具进行认真的安全检查，如果是旧吊索应根据情况降级使用，不能使用已报废的吊具。

2. 捆绑吊物

1）对吊物进行必要的归类、清理和检查。吊物不能被其他物体挤压，被埋或被冻的吊物要完全挖出。

2）防止超载。切断与周围管、线的一切联系，防止造成超载。

3）清除杂物。清除吊物表面或空腔内的杂物，将可移动的零件锁紧或捆牢，形状或尺寸不同的物品不经特殊捆绑不得混吊，防止坠落伤人。

4）对吊物毛刺部位进行打磨。吊物捆扎部位的毛刺要打磨平滑，尖棱利角应加垫物，防止起吊吃力后损坏吊索。

5）防止起吊后滑动或滑落。表面光滑的吊物应采取措施来防止起吊后吊索滑动或吊物滑脱。

6）吊运大而重的物体，应加诱导绳，诱导绳长度应能使司索工既可握住绳头，同时又能避开吊物正下方，以便发生意外时司索工可利用该绳控制吊物。

3. 挂钩起钩

1）吊钩要位于被吊物重心的正上方，不准斜拉吊钩硬挂，防止提升后吊物翻转、摆动。

2）吊物高大需要垫物攀高挂钩、摘钩时，脚踏物一定要稳固垫实，禁止使用易滚动物体（如圆木、管子、滚筒等）做脚踏物。攀高必须佩戴安全带，防止人员坠落跌伤。

3）挂钩要坚持"五不挂"，即起重或吊物质量不明不挂，重心位置不清楚不挂，尖棱利角和易滑工件无衬垫物不挂，吊具及配套工具不合格或报废不挂，包装松散捆绑不良不挂等，将不安全隐患消除在挂钩前。

4）当多人吊挂同一吊物时，应由一专人负责指挥，在确认吊挂完备，所有人员都离开站在安全位置以后，才可发起钩信号；起钩时，地面人员不应站在吊物倾翻、坠落可波及的地方；如果作业场地为斜面，则应站在斜面上方（不可在死角），防止吊物坠落后继续沿斜面滚移伤人。

4. 摘钩卸载

1）吊物运输到位前，应选择好安置位置，卸载不要挤压电气线路和其他管线，不要阻塞通道。

2）针对不同吊物种类应采取不同措施加以支撑、垫稳、归类摆放。不得混码、互相挤压、悬空摆放，防止吊物滚落、侧倒、塌垛。

3）摘钩时应等所有吊索完全松弛再进行，确认所有绳索从吊钩上卸下再起钩，不允许抖绳摘索，更不许利用起重机抽索。

5. 搬运过程的指挥

1）指挥信号必须规范、准确、明了。

2）指挥者所处位置应能全面观察作业现场，并使驾驶员、司索工都可清楚看到。

3）在作业进行的整个过程中（特别是重物悬挂在空中时），指挥者和司索工都不得擅离职守，应密切注意观察吊物及周围情况，发现问题，及时发出指挥信号。

🔶 **典型例题**

司索工是指在起重机械作业中从事地面工作的人员，负责吊具准备、捆绑、挂钩、摘钩、卸载等，其工作关乎整个吊装作业安全，关于司索工安全操作要求的说法，错误的是（　　）。

A. 捆绑吊物前必须清除吊物表面或空腔内的杂物

B. 可按照吊物质量的120%来准备吊具

C. 如果作业场地是斜面，必须站在斜面上方作业

D. 摘索时，应使用起重机抽索

【答案】D。

九、起重机械的定期检验

《起重机械定期检验规则》（TSG Q 7015—2016）第二条规定，定期检验是指在起重机械使用

单位进行经常性维护保养和自行检查的基础上，由国家质量监督检验检疫总局核准的特种设备检验机构，依据本规则对纳入使用登记的在用起重机械按照一定的周期进行的检验。

首次检验是指在起重机械使用单位自检的基础上，由检验机构依据本规则对不实施安装监督检验的起重机械，在投入使用之前进行的检验。

《起重机械定期检验规则》（TSG Q 7015—2016）第四条规定，在用起重机械定期检验周期如下：

1）塔式起重机、升降机、流动式起重机，每年1次。

2）桥式起重机、门式起重机、门座式起重机、缆索式起重机、桅杆式起重机、机械式停车设备，每2年1次，其中涉及吊运熔融金属的起重机，每年1次。

典型例题

根据《起重机械定期检验规则》（TSG Q 7015—2016）的规定，在用起重机械定期检验周期为每年1次的是（   ）。

A. 门座式起重机   B. 吊运熔融金属的起重机

C. 桅杆式起重机   D. 机械式停车设备

【答案】B。

十、场（厂）专用机动车辆涉及安全的主要部件（表3-9）

表3-9 场（厂）专用机动车辆涉及安全的主要部件

主要部件	相关要求
高压胶管	高压胶管应通过耐压试验、长度变化试验、爆破试验、脉冲试验、泄漏试验等试验检测
货叉	安装在叉车货叉梁上的L形承载装置，也称取物装置。货叉应通过重复加载的载荷试验检测
链条	起升货叉架的链条，需进行极限拉伸载荷和检验载荷试验
转向器	当左右转动方向盘时，转向力通过转向器传递到转向传动机构使车辆改变行驶方向
制动器	产生阻止车辆运动或运动趋势的力的部件
轮胎	轮胎是支撑车辆，实现车辆行驶，减小地面冲击、振动的部件
安全阀	液压系统中，可能由于超载或者液压缸到达终点油路仍未切断，以及油路堵塞引起压力突然升高，造成液压系统破坏。液压系统中必须设置安全阀，用于控制系统最高压力。最常用的是溢流安全阀
护顶架	对于叉车等起升高度超过1.8m的工业车辆，必须设置护顶架，以保护驾驶员免受重物落下造成伤害

典型例题

对于叉车等起升高度超过（   ）m的工业车辆，必须设置护顶架，以保护司机免受重物落下造成伤害。

A. 1.0   B. 1.2   C. 1.5   D. 1.8

【答案】D。

第四节　防火防爆安全技术

一、火灾爆炸预防基本原则（表3-10）

表3-10　火灾爆炸预防基本原则

项目	基本原则
防火	（1）以不燃溶剂代替可燃溶剂 （2）密闭和负压操作 （3）通风除尘 （4）惰性气体保护 （5）采用耐火建筑材料 （6）严格控制火源 （7）阻止火焰的蔓延 （8）抑制火灾可能发展的规模 （9）组织训练消防队伍和配备相应消防器材
防爆	（1）防止爆炸性混合物的形成 （2）严格控制火源 （3）及时泄出燃爆开始时的压力 （4）切断爆炸传播途径 （5）减弱爆炸压力和冲击波对人员、设备和建筑的损坏 （6）检测报警

典型例题

火灾爆炸预防基本原则中，属于防火基本原则的是（　　　）。

A. 通风除尘　　　　　　　　　　B. 严格控制火源

C. 密闭和负压操作　　　　　　　D. 惰性气体保护

E. 检测报警

【答案】ABCD。

二、点火源的控制

1. 明火

（1）加热用火的控制　加热易燃物料时，要尽量避免采用明火设备，而宜采用热水或其他介质间接加热，如蒸汽或密闭电气加热等加热设备，不得采用电炉、火炉、煤炉等直接加热。明火加热设备的布置，应远离可能泄漏易燃气体或蒸气的工艺设备和储罐区，并应布置在其上风向或侧风向。对于有飞溅火花的加热装置，应布置在上述设备的侧风向。如果存在一个以上的明火设备，应将其集中于装置的边缘。如必须采用明火，设备应密闭且附近不得存放可燃物质。熬炼物料时，不得装盛过满，应留出一定的空间。工作结束时，应及时清理不得留下火种。

（2）维修焊割用火的控制　在输送、盛装易燃物料的设备、管道上，或在可燃可爆区域内动火时，应将系统和环境进行彻底的清洗或清理。如该系统与其他设备连通时，应将相连的管道拆下断开或加堵金属盲板隔绝，再进行清洗。然后用惰性气体进行吹扫置换，气体分析合格后方可动焊。

动火现场应配备必要的消防器材，并将可燃物品清理干净。在可能积存可燃气体的管沟、电缆沟、深坑、下水道内及其附近，应用惰性气体吹扫干净，再用非燃休，如石棉板进行遮盖。

气焊作业时，应将乙炔发生器放置在安全地点，以防回火爆炸伤人或将易燃物引燃。

电杆线破残应及时更换或修理，不得利用与易燃易爆生产设备有联系的金属构件作为电焊地线，以防止在电路接触不良的地方产生高温或电火花。

2. 摩擦和撞击

1）在易燃易爆场合应避免摩擦和撞击现象的发生，如工人应禁止穿钉鞋，不得使用铁器制品。

2）搬运储存可燃物体和易燃液体的金属容器时，应当用专门的运输工具，禁止在地面上滚动、拖拉或抛掷，并防止容器的互相撞击，以免产生火花，引起燃烧或容器爆裂造成事故。

3）吊装可燃易爆物料用的起重设备和工具，应经常检查，防止吊绳等断裂下坠发生危险。

4）如果机器设备不能用不发生火花的各种金属制造，应当使其在真空中或惰性气体中操作。

3. 电气设备

保证电气设备的正常运行，防止出现事故火花和危险温度，对防火防爆有着重要意义。要保证电气设备的正常运行，则需保持电气设备的电压、电流、温升等参数不超过允许值，保持电气设备和线路绝缘能力以及良好的连接等。电气设备和电线的绝缘，不得受到生产过程中产生的蒸汽及气体的腐蚀，因此电线应采用铁管线，电线的绝缘材料要具有防腐蚀的性能。在运行中，应保持设备及线路各导电部分连接的可靠，活动触头的表面要光滑，并要保证足够的触头压力，以保证接触良好。固定接头时，特别是铜、铝接头要接触紧密，保持良好的导电性能。在具有爆炸危险的场所，可拆卸的连接应有防松措施。铝导线间的连接应采用压接、熔焊或钎焊，不得简单地采用缠绕接线。电气设备应保持清洁，因为灰尘堆积和其他脏污既降低电气设备的绝缘，又妨碍通风和冷却，还可能由此引起着火。因此，应定期清扫电气设备，以保持清洁。具有爆炸危险的厂房内，应根据危险程度的不同，采用防爆型电气设备。

4. 静电和雷电放电

为防止静电放电火花引起的燃烧爆炸，可根据生产过程中的具体情况采取相应的防静电措施。如以下几种措施：

1）控制流速。

2）保持良好接地。

3）采用静电消散技术。

4）人体静电防护。

5）其他技术。在具有爆炸危险的厂房内，采用 V 带传动、安设单独的防爆式电动机。

6）增高厂房或设备内空气的湿度。

5. 化学能和太阳能

1）对于在常温下能与空气发生氧化反应放出热量而引起自燃的物质应保存在水中（液封），避免与空气接触。

2）对于与水作用能够分解放出可燃气体的物质注意采用防潮措施。

3）对于受热升温能分解放出具有催化作用的气体特别注意防热、通风。

4）有爆炸危险的厂房和库房必须采取遮阳措施，窗户采用磨砂玻璃，以避免形成点火源。

典型例题

关于点火源控制措施的说法，正确的是（   ）。

A. 多个明火设备应分布在装置区的边缘，并集中布置

B. 有飞溅火花的加热装置，应布置在其工艺设备的上风向

C. 加热易燃物料时，不可采用火炉、煤炉直接加热，可采用电炉直接加热

D. 存在可能泄漏易燃气体的工艺设备，明火加热设备布置在其下风向

【答案】A。

三、爆炸控制

（一）一般原则

1）控制混合气体中的可燃物含量处在爆炸极限以外。

2）使用惰性气体取代空气。

3）使氧气浓度处于其极限值以下。

（二）爆炸控制措施

1. 系统密闭和正压操作

设备密闭不良是发生火灾和爆炸事故的主要原因之一，为保证设备和系统的密闭性，在验收新的设备时，在设备修理之后及在使用过程中必须根据压力计的读数用水压试验来检查其密闭性，测定其是否漏气并进行气体分析。此外，可于接缝处涂抹肥皂液进行充气检测。为了检查无味气体（氢、甲烷等）是否漏出可在其中加入显味剂（硫醇、氨等）。

当设备内部充满易爆物质时，要采用正压操作，以防外部空气渗入设备内。设备的压力不能高于或低于额定的数值，必须加以控制。压力过高，会导致渗漏加剧，甚至会破裂导致大量可燃物质排出；压力过低，会有渗入空气、发生爆炸的可能。通常可设置压力报警器，在设备内压力失常时及时报警。

对爆炸危险度大的可燃气体（如乙炔、氢气等）以及危险设备和系统，在连接处应尽量采用焊接接头，减少法兰连接。

2. 厂房通风

在设计通风系统时，应考虑到气体的相对密度。某些比空气重的可燃气体或蒸气，如果在地沟等低洼地带积聚，即使是少量物质，也可能达到爆炸极限。此时，车间或厂房的下部应设通风口，使可燃易爆物质及时排出。从车间排出含有可燃物质的空气时，应设防爆的通风系统，鼓风机的叶片应采用碰击时不会产生火花的材料制造，通风管内应设有防火遮板，使一处失火时迅速隔断管路，避免波及他处。

3. 惰性气体保护

在下列情况下，通常需考虑采用惰性介质保护：

1）可燃固体物质的粉碎、筛选处理及其粉末输送时，采用惰性气体进行覆盖保护。

2）处理可燃易爆的物料系统，在进料前用惰性气体进行置换，以排除系统中原有的气体，防止形成爆炸性混合物。

3）将惰性气体通过管线与火灾爆炸危险的设备、储槽等连接起来，在万一发生危险时使用。

4）易燃液体利用惰性气体充压输送。

5）在有爆炸性危险的生产场所，对有可能引起火灾危险的电器、仪表等采用充氮正压保护。

6）易燃易爆系统检修动火前，使用惰性气体进行吹扫置换。

7）发现易燃易爆气体泄漏时，采用惰性气体（水蒸气）冲淡。

4. 以不燃溶剂代替可燃溶剂

以不燃或难燃的材料代替可燃或易燃材料，是防火与防爆的根本性措施。

常用的不燃溶剂主要有甲烷和乙烷的氯衍生物，如四氯化碳、三氯甲烷和三氯乙烷等。使用汽油、丙酮、乙醇等易燃溶剂的生产，可以用四氯化碳、三氯乙烷或丁醇、氯苯等不燃溶剂或危险性较低的溶剂代替。

5. 危险物品隔离储存

1）不准与任何其他类的物品共储，必须单独隔离储存：

爆炸物品，包括苦味酸、梯恩梯、硝化棉、硝化甘油、硝铵炸药、雷汞。

2）不准与其他种类物品共同储存：

①易燃液体：汽油、苯、二硫化碳、丙酮、乙醚、甲苯、酒精、硝基漆、煤油。

②遇水或空气能自燃的物品：钾、钠、电石、磷化钙、锌粉、铝粉、黄磷。

③易燃固体：赛璐珞、电影胶片、赤磷、萘、樟脑、硫黄、火柴。

④能引起燃烧的物质：溴、硝酸、铬酸、高锰酸钾、重硝酸钾。

3）除惰性气体外，不准和其他种类的物品共储：

①易燃气体：乙炔、氢、氯化甲烷、硫化氢、氨。

②氧化剂：能形成爆炸混合物的物品，如氯酸钾、氯酸钠、硝酸钾、硝酸钠、硝酸钡、次硝酸钙、亚硝酸钠、过氧化钠、过氧化氢（30%）。

③有毒物品：光气、三氧化二砷、氰化钾、氰化钠。

4）除惰性气体和有毒物品外，不准与其他物品共储：

助燃气体：氧、氟、氯。

5）除易燃气体、助燃气体、氧化剂和有毒物品外，不准与其他物品共储：

惰性气体：氮、二氧化碳、二氧化硫、氟利昂。

典型例题

在有爆炸性危险的生产场所，对有可能引起火灾危险的电器、仪表等应（　　）。

A. 采用惰性气体进行覆盖保护　　B. 利用惰性气体充压输送

C. 采用充氮正压保护　　D. 使用惰性气体进行吹扫置换

【答案】C。

四、防火防爆安全装置及技术

1. 防火隔爆装置及技术

（1）工业阻火器　工业阻火器常用于阻止爆炸初期火焰的蔓延。工业阻火器对于纯气体介质才是有效的。

（2）主动式和被动式隔爆装置　主、被动式隔爆装置只是在爆炸发生时才起作用，对气体中含有杂质（如粉尘、易凝物等）的输送管道，应当选用主、被动式隔爆装置为宜。

（3）单向阀　单向阀是流体只能沿进水口流动，出水口介质却无法回流，俗称单向阀。单向阀又称止回阀或逆止阀，用于液压系统中防止油流反向流动，或者用于气动系统中防止压缩空气逆向流动。单向阀可以避免在燃气或燃油系统中发生液体倒流，或高压窜入低压造成容器管道的爆裂，或发生回火时火焰倒吸和蔓延等事故。

（4）阻火阀　在正常情况下，阻火阀受环状或者条状的易熔金属的控制，处于开启状态。一旦着火，温度升高，易熔金属即会熔化，此时阀门失去控制，受重力作用自动关闭，将火阻断在阀门一边。

（5）火星熄灭器（防火罩、防火帽）　火星灭火器是防止火星进出引起失火的器具。通常在可能产生火星设备的排放系统，如加热炉的烟道，汽车、拖拉机的尾气排放管上等，安装火星熄灭器，用以防止飞出的火星引燃可燃物料。

（6）化学抑制防爆装置　可用于装有气相氧化剂的可能发生爆燃的气体、油雾或粉尘的任何密闭设备。

2. 防火泄压装置及技术

（1）安全阀　安全阀是启闭件受外力作用下处于常闭状态，当设备或管道内的介质压力升高超过规定值时，通过向系统外排放介质来防止管道或设备内介质压力超过规定数值的特殊阀门。安全阀主要用于锅炉、压力容器和管道上。

安全阀的作用是为了防止设备和容器内压力过高而爆炸，包括防止物理性爆炸（如锅炉、蒸馏塔等的爆炸）和化学性爆炸（如乙炔发生器的乙炔受压分解爆炸等）。当容器和设备内的压力升高超过安全规定的限度时，安全阀即自动开启，泄出部分介质，降低压力至安全范围内再自动关闭，从而实现设备和容器内压力的自动控制，防止设备和容器的破裂爆炸。安全阀在泄出气体或蒸汽时，产生动力声响，还可起到报警的作用。

（2）爆破片　爆破片又称防爆膜、防爆片，是一种断裂型的安全泄压装置，是防止压力设备发生超压破坏的重要安全装置。当设备、容器及系统因某种原因压力超标时，爆破片即被破坏，使过高的压力泄放出来，以防止设备、容器及系统受到破坏。

（3）防爆门（窗）　一般设置在使用油、气或燃烧煤粉的燃烧室外壁上，在燃烧室发生爆燃或爆炸时用于泄压，以防设备遭到破坏。

典型例题

机动车辆进入存在爆炸性气体的场所，应在尾气排放管上安装（　　）。

A. 火星熄灭器　　　B. 安全阀　　　　C. 单向阀　　　　D. 阻火阀

【答案】A。

五、烟花爆竹的特征

（1）能量特征　能量特征是标志火药做功能力的参量，一般是指 1kg 火药燃烧时气体产物所做的功。

（2）燃烧特性　燃烧特性标志火药能量释放的能力，主要取决于火药的燃烧速率和燃烧表面积。燃烧速率与火药的组成和物理结构有关，还随初温和工作压力的升高而增大。加入增速剂、嵌入金属丝或将火药制成多孔状，均可提高燃烧速率。加入降速剂，可降低燃烧速率。燃烧表面积主要取决于火药的几何形状、尺寸和对表面积的处理情况。

（3）力学特性　力学特性是指火药要具有相应的强度，满足在高温下保持不变形、低温下不变脆，能承受在使用和处理时可能出现的各种力的作用，以保证稳定燃烧。

（4）安定性　安定性是指火药必须在长期储存中保持其物理化学性质的相对稳定。为改善火药的安定性，一般在火药中加入少量的化学安定剂，如二苯胺等。

（5）安全性　由于火药在特定的条件下能发生爆轰，所以要求在配方设计时必须考虑火药在生产、使用和运输过程中安全可靠。

典型例题

烟花爆竹所用火药的物质组成决定了其所具有的燃烧和爆炸特性，包括能量特征、燃烧特性、力学特性、安定性和安全性等。其中，标志火药能量释放能力的特征是（　　）。

A. 能量特征　　　B. 燃烧特性　　　C. 力学特性　　　D. 安定性

【答案】B。

六、烟花爆竹、烟火药生产的安全措施

1. 烟火药制造及裸药效果件制作过程中的防火防爆措施

《烟花爆竹作业安全技术规程》（GB 11652—2012）第5.1条~第5.10条规定，烟火药制造及裸药效果件制作过程应符合下列要求：

（1）基本要求

1）烟火药制造、裸药效果件制作的各工序应分别在单独工房内进行。

2）除造粒和制开包（球）药外，电动机械制造（作）烟火药及裸药效果件，在机械运转时人与机械间应有防护设施隔离。

（2）原材料准备

1）烟火药的原材料应符合有关原材料质量标准要求，具有产品合格证；进厂应经过检验合格后方可使用。

2）在开启原材料的包装时，应检查包装是否完整；包装打开后，应检查包装内物质与有关标识是否相符；发现包装内物质与标识不符及物质受潮、变质等现象应停止使用。

（3）原材料粉碎筛选

1）原材料筛选粉碎，每栋工房定员2人。

2）粉碎氧化剂、还原剂应分别在单独专用工房内进行，每栋工房定员2人；严禁将氧化剂和还原剂混合粉碎筛选；粉碎筛选过一种原材料后的机械、工具、工房应经清扫（洗）、擦拭干净才能粉碎筛选另一种原材料；高感度的材料应专机粉碎；不应用粉碎氧化剂的设备粉碎还原剂，或用粉碎还原剂的设备粉碎氧化剂。

（4）原材料称量

1）原材料称量，每栋工房定员1人，定量200kg。

2）称量氧化剂、还原剂，应分别使用取料工具和计量器具，称好的氧化剂应与还原剂及其他原材料分别盛装，装入容器后应立即标识。

（5）药物混合

1）烟火药各成分混合宜采用转鼓等机械设备，每栋工房定机1台，定员1人；手工混药，每栋工房定员1人。

2）黑火药制造宜采用球磨、振动筛混合，三元黑火药制造应先将炭和硫进行二元混合。

3）不应使用石磨、石臼混合药物；不应使用球磨机混合氯酸盐烟火药等高感度药物。

4）混合药（除黑火药外）应及时用于制作产品或效果件，湿药应即混即用，保持湿度，防止发热；干药在中转库的停滞时间小于或等于24h。

5）采用湿法配制含铝、铝镁合金等活性金属粉末的烟火药时，应及时做好通风散热处理。

6）不应在混药工房进行装药。

（6）烟火药调湿

1）每栋工房定员1人，每栋工房的定量：使用水溶剂调湿硝酸盐烟火药100kg，含氯酸盐或使用易燃有机溶剂（如二硫化碳、酒精、丙酮、油漆）作胶粘剂的药物（如擦火头药、擦地炮药）3kg，其他药物15kg。

2）调制湿药使用的溶剂和胶粘剂pH值应为5~8。

（7）裸药效果件制作

1）药粒、开包炸药制作。电动机械造粒或制药，每栋工房定机1台，定员1人，定量（干法5kg，湿法20kg）；手工造粒或制药，每栋工房定员1人，定量5kg。造粒或制药前应用相应溶剂湿润药罐内壁，造粒或制药后应用相应溶剂清洗药罐内壁。药粒的筛选分级应在药粒未干之前进

行，每栋工房定员1人，定量（干法5kg，湿法20kg）。

2）药柱（块、片）制作。机械压药，每栋工房定机1台，定员2人，人机隔离操作；手工模具压药，每栋工房定员1人。褙药柱、药柱蘸（装）药，每栋工房定员2人，定量5kg。制药块（片）应采用湿药切割，每栋工房定员1人，定量2kg。

（8）粒状黑火药制作

1）潮药装模、人工碎（药）片、包装，每栋工房定员1人；机械压（药）片、机械碎（药）片、造粒分筛、抛光、精筛，每栋工房定机1台，定员1人。

2）添加药剂和出药操作时，应在停机10min后进行；装模时宜包片，压药应同时均匀加热，温度小于或等于110℃；压药片时应预加压，并缓慢升压，最大压力小于或等于20MPa。

（9）其他烟火药（雷酸银）制造

1）雷酸银制作应在单独专用工房内进行，每栋工房定员1人，每次制作时使用的硝酸银量小于或等于15g，制作好的雷酸银应保持湿度并迅速混砂。

2）每次混砂量小于或等于10kg。

3）雷酸银砂混好后，应保持湿度，拌混工具应放入硫代硫酸钠等还原性水中浸泡并清洗干净。

（10）药物干燥散热、收取包装

1）药物干燥应采用日光、热水（溶液）、低压热蒸汽、热风干燥或自然晾干，不应用明火直接烘烤药物。

2）被干燥的药物应摊开放置药盘中，药层厚度小于或等于1.5cm（效果件直径大于0.75cm时，其摊开厚度小于或等于效果件直径的2倍）；药盘直径或边长应小于或等于60cm。

3）药物在干燥散热时，不应翻动和收取，应冷却至室温时收取，如另设散热间，其定员、定量、药架设置应与烘房一致并配套；散热间内不应进行收取和计量包装操作，不应堆放成箱药物；湿药和未经摊凉、散热的药物不应堆放和入库。

4）药物计量包装应在专用工房进行，每栋工房定员1人，定量30kg。

5）药物进出晒场、烘房、散热、收取和计量包装间，应单件搬运。

2. 烟花爆竹产品生产过程中的防火防爆措施

《烟花爆竹作业安全技术规程》（GB 11652—2012）第7.1条~第7.11条规定，烟花爆竹产品生产过程应符合下列要求：

（1）基本要求

1）各工序应分别在单独专用工房进行；烟火药、黑火药、引火线、效果件及有药半成品应设专人管理，各工序应按定量领取并登记。

2）使用的烟火药为多种时，定量按规定限量的平均值确定；产品制作如定量小于或等于单发（枚）产品药量时，定量为单发（枚）的含药量。

3）使用含氯酸盐、黄磷、赤磷、雷酸银、笛音剂等高感度烟火药的工房，不应改做其他产品制作工房。

4）每次限量药物、半成品用完后，应及时将半成品送入中转库或指定地点。

5）剩余的烟火药，应退还保管人，不应留置工房或临时存药洞过夜。

6）装、压纸片、安装点火引定员、定量、定机应按其前一道工序执行。

（2）装、筑（压）药（裸药效果件）

1）装药前应筛除效果件中的药尘（灰），除药尘（灰）应在单独工房操作，定员、定量按下道工序执行。

2）1.1级工房每栋工房定员1人；当隔离操作时，每栋工房定员2人，单人单间。

3）装药每栋工房定量按相关规定确定。砂炮手工包（装）药砂每栋工房定员24人，每人定量0.5kg；砂炮机械包（装）药砂每栋工房定机4台，每台机2人，每机定量5kg。筑（压）药定量按相关规定限量的1/2确定；笛音药筑（压）药每栋工房定量：手工0.5kg，机械2kg。

4）礼花弹装球时，只能轻轻按压，合球不应猛烈碰合，合球后，不应进行强烈敲击。

5）当筒体变形、筒体内壁不洁净或效果件变形时，按废弃物处理，不应将药物（效果件）强行装入。

6）摩擦药（含赤磷、雷酸银）应保持湿润。

7）筑（压）药的过程中，当模具与药物难以分离时，不应强行分离，采用酒精清洗。

8）含有较大颗粒的铝、钛、铁粉的烟火药，不应筑压。

9）礼花弹安装外导火索和发射药盒时，不应有药粉外泄。

（3）蘸（点）药

1）效果内筒蘸药每栋工房定员2人，单人单间，效果内筒应单层摆放，每人定量15kg。

2）擦炮蘸药每栋工房定员4人，单人单间，含药半成品应单层摆放，每人定量5kg。

3）摩擦类产品手工蘸药每栋工房定员4人，每人定量25g；机械蘸药每栋工房定机2台，单人单间，每人定量50g。

4）线香类蘸药（提板）每栋工房定员8人，每人定量（湿药）25kg。

5）电点火头手工蘸药每栋工房定员8人，每人定量25g；机械蘸药每栋工房定员4人，定机4台，每人定量0.1kg。

6）蘸（点）药时，不应将湿药粘附在内筒外壁、摩擦类产品的非效果处。

7）用于蘸（点）药的各类药物干涸后不应对其刮、铲、撞击，应用相应的溶剂，充分溶解后清洗。

（4）钻孔

1）有药半成品机械钻孔每栋工房定机1台、定员1人；当隔离操作时，每栋工房定机2台、单人单间。

2）有药半成品手工钻孔每栋工房定员1人；当隔离操作时，每栋工房定员4人、单人单间。

3）每栋工房定量按相关规定执行。

4）钻孔工具刃口应锋利，使用时应涂蜡擦油并交替使用，工具不符合要求时不应强行操作。

5）裸药效果件或单个药量大于20g的半成品，不应钻孔；单个含药量大于5g或不含黑火药、光色药的半成品不应手工钻孔。

6）有药半成品的机械钻孔，转速小于或等于90r/min。

（5）插引、安（串）引　手工插引，每间定员4人，每栋工房定员16人；当单间只有1个疏散出口时，每间定员2人；每人定量0.5kg。机械插引每栋工房定员4人，单人单间，每人定量3kg。无药部件插、串、安引每栋工房定员24人，每人定量0.5kg。切割刀片应锋利，引锭与插引机应隔离，含药半成品应用有盖的箱子盛装。

（6）封口（底）　每栋工房定员2人。爆音药半成品封口（底）每人定量3kg，其余每人定量5kg。爆竹直接挤压封口，不应猛力敲打。含有爆炸药、笛音药的半成品，不应采用筑（压）方法封口。半成品的封口应密实，防止药物外泄、受潮。

（7）结鞭　手工（人力机械）结鞭，每人定量3kg。每栋工房定员24人，每间定员4人；当单间只有1个疏散出口时，每间定员2人。动力机械结鞭，每栋工房定机6台，单机单间，每机定量6kg，每间定员2人，带包装的机械结鞭每间定员3人。结鞭时，应除去半成品上粘附的药尘。结鞭爆竹分割工具应锋利，宜用单刃刀片。

（8）礼花弹、小礼花类糊球

1）手工糊球每间工房定员 4 人，每栋工房定员 16 人，每人定量 15kg；含全爆炸药的每人定量 10kg。

2）机械糊球每栋工房定机 8 台，每间定机 2 台，每机 2 人，每机定量 30kg；含全爆炸药的每机定量 20kg。

3）盛装工具应有围框，围框高度应超过弹（球）体直径（高度）的 1/2，5 号以上（含 5 号）弹（球）体应单层放置。

4）糊弹（球）后应及时进行干燥。

（9）组装

1）升空类、吐珠类、小礼花类、组合烟花类直径大于或等于 3.8cm 或单发药量大于或等于 25g 的效果内筒（或球）等非裸药效果件的组装、礼花弹组装（含安引、装发射药包、串球），每栋工房定员 1 人，定量 10kg（含全爆炸药的定量 4kg）；当工房采用抗爆间室结构时，每栋定员 2 人，单人单间，每间定量 10kg（含全爆炸药的定量 4kg）。

2）升空类、吐珠类、小礼花类、组合烟花类直径小于 3.8cm 或单发药量小于 25g 的效果内筒（或球）等非裸药效果件的组装每栋定员 12 人，每间定员 2 人，每人定量 12kg（含全爆炸药的定量 7kg）。操作时，效果内筒（或球）应单层摆放，不应堆积存放。

3）喷花类、架子烟花类、造型玩具类、旋转类、烟雾类、旋转升空类等产品组装每栋工房定员 24 人，每人定量 15kg。

4）礼花弹安装定时引线时，应使用竹、铜钎轻轻刺破中心管的砂纸。

5）组装前，应除去半成品、效果件、无药部件上粘附的药尘。

（10）包装（褙皮、封装、装箱） 每栋工房定员 24 人。

（11）成品、有药半成品的干燥

1）应在专用场所（晒场、烘房）进行。

2）每栋工房定员、定量、热能选择、干燥方式等要求按相关规定执行。

3）晒礼花弹的抬架，应有围框，围框高度应超过礼花弹直径的 1/2，弹体（球）宜单层放置。

4）产品干燥不应与药物干燥在同一晒场（烘房）进行，摩擦类产品不应与其他类产品在同一晒场（烘房）干燥。

5）蒸汽干燥的烘房温度小于或等于 75℃，升温速度小于或等于 30℃/h，不宜采用肋形散热器。

6）热风干燥成品，有药半成品室温小于或等于 60℃，风速小于或等于 1m/s；循环风干燥应有除尘设备，除尘设备要定期清扫。

7）烘房中堆码高度等按相关规定执行。

典型例题

例 1：根据《烟花爆竹作业安全技术规程》（GB 11652—2012）的规定，混合药（除黑火药外）应及时用于制作产品或效果件，湿药应即混即用，保持湿度，防止发热。干药在中转库的停滞时间小于或等于（　　）h。

A. 24 　　　　　　B. 36 　　　　　　C. 48 　　　　　　D. 60

【答案】A。

例 2：为保证烟花爆竹安全生产，生产过程中常采取增加湿度的措施或者湿法操作，然后再进行干燥处理。下列干燥工艺的安全要求中，错误的是（　　）。

A. 产品干燥不应与药物干燥在同一晒场（烘房）进行

B. 蒸汽干燥的烘房应采用肋形散热器

C. 摩擦类产品不应与其他类产品在同一晒场（烘房）干燥

D. 循环风干燥应有除尘设备并定期清扫

【答案】B。选项 B 说法错误，不宜采用肋形散热器。

七、烟花爆竹工程的布局

（一）总平面布置

1. 危险品生产区的总平面布置

《烟花爆竹工程设计安全规范》（GB 50161—2009）第 5.1.1 条规定，危险品生产区的总平面布置应符合下列规定：

1) 同时生产烟花爆竹多个产品类别的企业，应根据生产工艺特性、产品种类分别建立生产线，并应做到分小区布置。

2) 生产线的厂（库）房的总平面布置应符合工艺流程及生产能力的要求，宜避免危险品的往返和交叉运输。

3) 危险性建筑物之间、危险性建筑物与其他建筑物之间的距离应符合内部最小允许距离的要求。

4) 同一危险等级的厂房和库房宜集中布置；计算药量大或危险性大的厂房和库房，宜布置在危险品生产区的边缘或其他有利于安全的地形处；粉尘污染比较大的厂房应布置在厂区的边缘。

5) 危险品生产厂房宜小型、分散。

6) 危险品生产厂房靠山布置时，距山脚不宜太近。当危险品生产厂房布置在山凹中时，应考虑人员的安全疏散和有害气体的扩散。

2. 危险品总仓库区的总平面布置

《烟花爆竹工程设计安全规范》（GB 50161—2009）第 5.1.2 条规定，危险品总仓库区的总平面布置应符合下列规定：

1) 应根据仓库的危险等级和计算药量结合地形布置。

2) 比较危险或计算药量较大的危险品仓库，不宜布置在库区出入口的附近。

3) 危险品运输道路不应在其他防护屏障内穿行通过。

4) 不同类别仓库应考虑分区布置，同一危险等级的仓库宜集中布置，计算药量大或危险性大的仓库宜布置在总仓库区的边缘或其他有利于安全的地形处。

（二）工艺与布置

《烟花爆竹工程设计安全规范》（GB 50161—2009）第 6.0.1 条 ~ 第 6.0.20 条规定，烟花爆竹工程工艺与布置应符合下列规定：

1) 烟花爆竹的生产工艺宜采用机械化、自动化、自动监控等可靠的先进技术。对有燃烧、爆炸危险的作业宜采取隔离操作，并应坚持减少厂房内存药量和作业人员的原则，做到小型、分散。

2) 烟花爆竹生产应按产品类型设置生产线，生产工序的设置应符合产品生产工艺流程要求，各危险性建筑物或各生产工序的生产能力应相互匹配。

3) 有燃烧、爆炸危险的作业场所使用的设备、仪器、工器具应满足使用环境的安全要求。

4) 有易燃易爆粉尘散落的工作场所应设置清洗设施，并应有充足的清洗用水。

5) 在危险品生产区内，危险品生产厂房允许最大存药量应符合现行国家标准《烟花爆竹劳动安全技术规程》（GB 11652—2012）的有关规定；危险品中转库最大存药量不应超过两天生产需要量，且单库不应超过本规范相应的规定；临时存药间或临时存药洞的最大存药量不应超过单人半天的生产需要量，且不应超过10kg。

6）1.1级、1.3级厂房和库房（仓库）应为单层建筑，其平面宜为矩形。

7）1.1级厂房应单机单栋或单人单栋独立设置，当采取抗爆间室、隔离操作时可以联建。引火线制造厂房应单间单机布置，每栋厂房联建间数不超过4间。

8）1.3级厂房设置应符合下列规定：

①工作间联建时应采用密实砌体墙隔开，且联建间数不应超过6间，当厂房建筑耐火等级为三级时，联建间数不应超过4间。

②机械插引厂房工作间联建间数不应超过4间，且每个工作间应为单人、单机布置。

③原料称量、氧化剂的粉碎和筛选、可燃物的粉碎和筛选，应独立设置厂房。

9）不同危险等级的中转库应独立设置，且不得和生产厂房联建。

10）有固定作业人员的非危险品生产厂房不得和危险品生产厂房联建。

11）1.1级厂房内不应设置除更衣室外的辅助用室，1.3级厂房内可设置生产辅助用室（如工器具室等）。

12）危险品生产厂房内设置临时存药间或在厂房附近设置临时存药洞时，临时存药间与操作间应采用钢筋混凝土墙或不小于370mm的密实砌体墙隔开，临时存药洞的设置应符合本规范相应的规定。

13）危险品生产厂房内的工艺布置应便于作业人员操作、维修以及发生事故时迅速疏散。

14）对危险品进行直接加工的岗位宜设置防护装甲、防护板或采取人机隔离、远距离操作。对于作业人员与药物直接接触的混药、造粒、装药等工序应设置防护隔离罩、隔离板或其他个体防护装置。对有升空迸射危险的生产岗位宜设置防迸射措施。

15）1.1级厂房的人均使用面积不宜少于9.0m²，1.3级厂房的人均使用面积不宜少于4.5m²。

16）有升空迸射危险的生产厂房与相邻厂房的门、窗不宜正对设置。若正对设置时，在门、窗前不大于3.0m处应设置拦截装置，拦截装置的宽度应大于门窗宽0.5m（每侧），高度应超出门窗高1.5m，高出的1.5m应斜向本建筑物，倾斜角度30°~45°。

17）烟花爆竹成品、有药半成品和药剂的干燥，宜采用热水、低压蒸汽或利用日光干燥，严禁采用明火烘干。干燥场所应符合下列规定：

①干燥厂房内应设置排湿装置、感温报警装置及通风凉药设施。

②热水、低压蒸汽干燥厂房内的温度应符合现行国家标准《烟花爆竹劳动安全技术规程》（GB 11652—2012）的有关规定。

③热风干燥厂房可对没有裸露药剂的成品、半成品及无药半成品进行干燥；当对药剂和带裸露药剂的半成品采用热风干燥时，应有防止药物产生扬尘的措施。烘干温度应符合现行国家标准《烟花爆竹劳动安全技术规程》（GB 11652—2012）的有关规定。

④日光干燥应在专门的晒场进行，晒场场地要求平整。危险品晒场周围应设置防护堤，防护堤顶面应高出产品面1m。

18）晒场宜设置凉药间或凉药厂房。当有可靠的防雨和防溅措施时，可不设凉药厂房。

19）运输危险品的廊道应采用敞开式或半敞开式，不宜与危险品生产厂房直接相连。

20）产品陈列室应陈列产品模型，不应陈列危险品。陈列实物时应单独建设陈列场所，并应满足本规范中的有关条款规定。

（三）工厂安全距离的确定

烟花爆竹工厂的安全距离实际上是危险性建筑物与周围建筑物之间的最小允许距离，包括工厂危险品生产区内的危险性建筑物与其周围村庄、公路、铁路、城镇和本厂住宅区等的外部距离，及危险品生产区内危险性建筑物之间及危险建筑物与周围其他建（构）筑物之间的内部距离。

典型例题

例1：烟花爆竹工厂的安全距离是指危险性建筑物与周围建筑物之间的最小允许距离，包括外部距离和内部距离。关于外部距离和内部距离的说法，错误的是（　　）。

A. 工厂危险品生产区内危险性建筑物与周围村庄的距离为外部距离

B. 工厂危险品生产区内危险性建筑物与厂部办公楼的距离为内部距离

C. 工厂危险品生产区内的危险性建筑物与本厂生活区的距离为外部距离

D. 工厂危险品生产区内危险性建筑物之间的距离为内部距离

【答案】 B。

例2：根据《烟花爆竹工程设计安全规范》（GB 50161—2009）的规定，下列对烟花爆竹工程工艺与布置的说法中，错误的有（　　）。

A. 临时存药间或临时存药洞的最大存药量不应超过单人半天的生产需要量，且不应超过10kg

B. 1.1级厂房和库房（仓库）应为单层建筑，其平面宜为矩形

C. 1.3级厂房工作间联建时应采用密实砌体墙隔开，且联建间数不应超过3间

D. 1.1级厂房内应设置除更衣室外的辅助用室

E. 1.3级厂房的人均使用面积不宜少于4.5m²

【答案】 CD。

八、生产烟花爆竹建筑结构的安全要求

1. 一般规定

《烟花爆竹工程设计安全规范》（GB 50161—2009）第8.1.1条~第8.1.7条规定，生产烟花爆竹建筑结构应符合下列一般规定：

1）各级危险性建筑物的耐火等级和化学原料仓库的耐火等级除本规范相应规定者外，均不应低于现行国家标准《建筑设计防火规范》（GB 50016—2014）（2018年版）中二级耐火等级的规定。

2）建筑面积小于20m²的1.1级建筑物或建筑面积不超过300m²的1.3级建筑物的耐火等级可为三级。

3）危险性建筑物应有适当的净空，室内梁或板中的最低净空高度不宜小于2.8m，并应满足正常的采光和通风要求。

4）危险品生产区内宜设有供1.1级、1.3级建筑物内操作人员使用的洗涤、淋浴、更衣、卫生间等生活辅助用室和办公用室。危险品总仓库区内应设置门卫值班室，不宜设置其他辅助用室。

5）危险品生产区的办公用室和生活辅助用室宜独立设置或布置在非危险性建筑物内。当危险品生产厂房附设办公用室和生活辅助用室时，应符合下列规定：

①1.1级厂房可附设更衣室。

②1.3级厂房除可附设更衣室外，还可附设其他生活辅助用室和车间办公用室，但应布置在厂房较安全的一端，并应采用防火墙与生产工作间隔开。

车间办公用室和生活辅助用室应为单层建筑，其门窗不宜面向相邻厂房危险性工作间的泄爆面。

6）在危险品生产区内，当在两个危险性建筑物之间设置临时存药洞时，应符合下列规定：

①临时存药洞应镶嵌在天然山体内。存药洞门应离山体前坡脚不小于800mm。

②临时存药洞的净空尺寸宽度不大于800mm，高度不大于1000mm，存药洞净深不大于

600mm，存药洞底宜高出存药洞外人行地面 600mm。

③临时存药洞前面宜设置平开木门。

④临时存药洞墙体可采用不小于 240mm 的密实砌体或钢筋混凝土墙体。

⑤临时存药洞上部覆土厚度不应小于 500mm，两侧墙顶覆土宽度不应小于 1500mm。

⑥临时存药洞内应用水泥砂浆抹面，四周有土处应采取防水及隔潮措施。存药洞上部应有良好的排水措施。

7）距离本厂围墙小于 12m 的危险性建筑物，危险性建筑物面向围墙方向的外墙宜为实体墙；如设有门、窗或洞口，应采取防火措施。

2. 危险品生产区危险性建筑物的安全疏散

《烟花爆竹工程设计安全规范》（GB 50161—2009）第 8.4.1 条~第 8.4.5 条规定，危险品生产区危险性建筑物的安全疏散应符合下列规定：

1）危险品生产厂房安全出口的设置应符合下列规定：

①1.1 级、1.3 级厂房每一危险性工作间的建筑面积大于 18m² 时，安全出口的数目不应少于 2 个。

②1.1 级、1.3 级厂房每一危险性工作间的建筑面积小于 18m²，且同一时间内的作业人员不超过 3 人时，可设 1 个安全出口，但必须设置安全窗。当建筑面积为 9m²，且同一时间内的作业人员不超过 2 人时，可设 1 个安全出口。

③安全出口应布置在建筑物室外有安全通道的一侧。

④须穿过另一危险性工作间才能到达室外的出口，不应作为本工作间的安全出口。

⑤防护屏障内的危险性厂房的安全出口，应布置在防护屏障的开口方向或安全疏散隧道的附近。

2）1.1 级、1.3 级厂房外墙上宜设置安全窗。安全窗可作为安全出口，但不计入安全出口的数目。

3）1.1 级、1.3 级厂房每一危险工作间内由最远工作点至外部出口的距离，应符合下列规定：

①1.1 级厂房不应超过 5m。

②1.3 级厂房不应超过 8m。

4）厂房内的主通道宽度不应小于 1.2m，每排操作岗位之间的通道宽度和工作间内的通道宽度不应小于 1.0m。

5）疏散门的设置应符合下列规定：

①应为向外开启的平开门，室内不得装插销。

②当设置门斗时，应采用外门斗，门的开启方向应与疏散方向一致。

③危险性工作间的外门口不应设置台阶，应做成防滑坡道。

3. 危险品生产区危险性建筑物的建筑构造

《烟花爆竹工程设计安全规范》（GB 50161—2009）第 8.5.1 条~第 8.5.7 条规定，危险品生产区危险性建筑物的建筑构造应符合下列规定：

1）1.1 级、1.3 级厂房的门应采用向外开启的平开门，外门宽度不应小于 1.2m。危险性工作间的门不应与其他房间的门直对设置，内门宽度不应小于 1.0m。内、外门均不得设置门槛。外门口不应设置影响疏散的明沟和管线等。

2）危险品生产区内建筑物的门窗玻璃宜采用防止碎玻璃伤人的措施。

3）黑火药和烟火药生产厂房应采用木门窗。门窗的小五金应采用在相互碰撞或摩擦时不产生火花的材料。

4）安全窗应符合下列规定：

①窗洞口的宽度不应小于1.0m。

②窗扇的高度不应小于1.5m。

③窗台的高度不应高出室内地面0.5m。

④窗扇应向外平开，不得设置中梃。

⑤窗扇不宜设插销，应利于快速开启。

⑥双层安全窗的窗扇，应能同时向外开启。

5）危险性工作间的地面应符合现行国家标准《建筑地面设计规范》（GB 50037—2013）的有关要求，并应符合下列规定：

①对火花能引起危险品燃烧、爆炸的工作间，应采用不发生火花的地面。

②当工作间内的危险品对撞击、摩擦特别敏感时，应采用不发生火花的柔性地面。

③当工作间内的危险品对静电作用特别敏感时，应采用不发生火花的防静电地面。

6）有易燃易爆粉尘的工作间不宜设置吊顶，当设置吊顶时，应符合下列规定：

①吊顶上不应有孔洞。

②墙体应砌至屋面板或梁的底部。

7）危险性工作间的内墙应抹灰。有易燃易爆粉尘的工作间，其地面、内墙面、顶棚面应平整、光滑，不得有裂缝，所有凹角宜抹成圆弧。易燃易爆粉尘较少的工作间内墙面应刷1.5～2.0m高油漆墙裙；经常冲洗的工作间，其顶棚及内墙面应刷油漆，油漆颜色与危险品颜色应有所区别。收集冲洗废水的排水沟，其内壁宜平整、光滑，所有凹角宜抹成圆弧，不得有裂缝，排水沟的坡度不宜小于1%。

4. 危险品总仓库区危险品仓库的建筑结构

《烟花爆竹工程设计安全规范》（GB 50161—2009）第8.6.1条～第8.6.6条规定，危险品总仓库区危险品仓库的建筑结构应符合下列规定：

1）危险品仓库应根据当地气候和存放物品的要求，采取防潮、隔热、通风、防小动物等措施。

2）危险品仓库宜采用现浇钢筋混凝土框架结构，也可采用钢筋混凝土柱、梁承重结构或砌体承重结构。屋盖宜采用现浇钢筋混凝土屋盖，也可采用轻质泄压或轻质易碎屋盖。1.3级仓库屋盖当采用现浇钢筋混凝土屋盖时，宜多设置门和高窗或采用轻型围护结构等。

3）危险品仓库安全出口的设置应符合下列规定：

①当仓库（或储存隔间）的建筑面积大于100m²（或长度大于18m）时，安全出口不应少于2个。

②当仓库（或储存隔间）的建筑面积小于100m²，且长度小于18m时，可设1个安全出口。

③仓库内任一点至安全出口的距离不应大于15m。

4）危险品仓库门的设计应符合下列规定：

①仓库的门应向外平开，门洞的宽度不宜小于1.5m，不得设门槛。

②当仓库设计门斗时，应采用外门斗，且内、外两层门均应向外开启。

③总仓库的门宜为双层，内层门为通风用门，通风用门应有防小动物进入的措施。外层门为防火门，两层门均应向外开启。

5）危险品总仓库的窗宜设可开启的高窗，并应配置铁栅和金属网。在勒脚处宜设置可开关的活动百叶窗或带活动防护板的固定百叶窗。窗应有防小动物进入的措施。

6）危险品仓库的地面应符合本规范相应规定。当危险品已装箱并不在库内开箱时，可采用一般地面。

典型例题

根据《烟花爆竹工程设计安全规范》（GB 50161—2009）的规定，对危险品总仓库区危险品仓库的建筑结构的说法中，符合规定的有（   ）。

    A. 危险品仓库门应向外平开

    B. 危险品仓库宜采用现浇钢筋混凝土框架结构

    C. 危险品总仓库的门宜为单层

    D. 危险品总仓库的窗宜设可开启的高窗

    E. 危险品仓库门的门洞宽度不宜小于1.0m

【答案】ABD。

九、烟花爆竹工厂电气安全要求

（一）危险场所类别的划分

《烟花爆竹工程设计安全规范》（GB 50161—2009）第12.1.1条将危险场所划分为F0、F1、F2三类，并应符合下列规定：

    1）F0类：经常或长期存在能形成爆炸危险的黑火药、烟火药及其粉尘的危险场所。

    2）F1类：在正常运行时可能形成爆炸危险的黑火药、烟火药及其粉尘的危险场所。

    3）F2类：在正常运行时能形成火灾危险，而爆炸危险性极小的危险品及粉尘的危险场所。

    4）各类危险场所均以工作间（或建筑物）为单位。

（二）电气设备安全要求

1. 危险场所的电气设备

《烟花爆竹工程设计安全规范》（GB 50161—2009）第12.2.1条规定，危险场所的电气设备应符合下列规定：

    1）正常运行和操作时，可能产生电火花或高温的电气设备应安装在无危险或危险性较小的场所。

    2）危险场所采用的防爆电气设备必须是按照现行国家标准生产的合格产品。

    3）危险场所电气设备允许最高表面温度为T4（135℃）。

    4）危险场所采用的接线盒、挠性连接等选型，应与该场所电气设备防爆等级相一致。

    5）危险场所电动机的电气设计应符合现行国家标准《通用用电设备配电设计规范》（GB 50055—2011）中第二章电动机的规定。

    6）生产时严禁工作人员入内的工作间，其用电设备的控制按钮应安装在工作间外，并应将用电设备的启停与门联锁，门关闭后用电设备才能启动。

    7）危险场所不宜设置接插装置。当确需设置时，应选择相应防爆型、插座与插销带联锁保护装置，并满足断电后插销才能插入或拔出的要求。

    8）危险场所不应使用无线遥控设备等。

2. 危险场所采用非防爆电气设备隔墙传动

《烟花爆竹工程设计安全规范》（GB 50161—2009）第12.2.2条规定，危险场所采用非防爆电气设备隔墙传动时，应符合下列规定：

    1）安装电气设备的工作间应采用不燃烧体密实墙与危险场所隔开，隔墙上不应设门、窗、洞口。

    2）传动轴通过隔墙处的孔洞必须采用填料函封堵或有同等效果的密封措施。

    3）安装电气设备工作间的门应设在外墙上或通向非危险场所，且门应向室外或非危险场所开启。

3. F0 类危险场所

《烟花爆竹工程设计安全规范》（GB 50161—2009）第 12.2.3 条规定，F0 类危险场所不应安装电气设备。

《烟花爆竹工程设计安全规范》（GB 50161—2009）第 12.2.4 条规定，F0 类危险场所电气照明应采用可燃性粉尘环境 21 区用电气设备 DIP21，外壳防护等级为 IP65 级的灯具，安装在固定窗外照明或采用能够满足有关规范安全要求的壁龛灯。门灯及安装在外墙外侧的开关、控制按钮、控制箱等，选型应选用与灯具防爆级别相同的产品。

4. F1 类危险场所

《烟花爆竹工程设计安全规范》（GB 50161—2009）第 12.2.5 条规定，F1 类危险场所电气设备的选型应符合下列规定：

1）电气设备应采用可燃性粉尘环境用电气设备 21 区 DIP21、IP65，爆炸性气体环境用电气设备 Ⅱ 类 B 级隔爆型、本质安全型（IP54），灯具及控制按钮可采用增安型。

2）门灯及安装在外墙外侧的开关应采用可燃性粉尘环境用电气设备不低于 22 区 DIP22、IP54。

5. F2 类危险场所

《烟花爆竹工程设计安全规范》（GB 50161—2009）第 12.2.6 条规定，F2 类危险场所电气设备、门灯及安装在外墙外侧的开关应采用可燃性粉尘环境用电气设备 22 区 DIP22、IP54。

（三）防雷与接地安全要求

《烟花爆竹工程设计安全规范》（GB 50161—2009）第 12.7.1 条 ~ 第 12.7.8 条规定，防雷与接地应符合下列规定：

1）危险性建筑物应采取防雷措施。防雷设计应符合现行国家标准《建筑物防雷设计规范》（GB 50057—2010）的有关规定。

2）变电所引至危险性建筑物的低压供电系统宜采用 TN-C-S 接地形式，从建筑物内总配电箱开始引出的配电线路和分支线路必须采用 TN-S 系统。

3）危险性建筑物内电气设备的工作接地、保护接地、防雷电感应等接地、防静电接地、信息系统接地等应共用接地装置，接地电阻值应取其中最小值。

4）危险性建筑物内穿电线的钢管、电缆的金属外皮、除输送危险物质外的金属管道、建筑物钢筋等设施均应等电位联结。

5）危险性建筑物总配电箱内应设置电涌保护器。

6）当危险场所设有多台需要接地的设备且位置分散时，工作间内应设置构成闭合回路的接地干线。接地体宜沿建筑物墙内埋地敷设，并应构成闭合回路，且每隔 18 ~ 24m 室内与室外连接一次，每个建筑物的连接不应少于两处。

7）架空敷设的金属管道应在进出建筑物处与防雷电感应的接地装置相连接。距离建筑物 100m 内的金属管道应每隔 25m 左右接地一次，其冲击接地电阻不应大于 20Ω。埋地或地沟内敷设的金属管道在进出建筑物处也应与防雷电感应的接地装置相连。

8）平行敷设的金属管道，当其净距小于 100mm 时，应每隔 25m 左右用金属线跨接一次；当交叉净距小于 100mm 时，其交叉处也应跨接。

（四）防静电安全要求

《烟花爆竹工程设计安全规范》（GB 50161—2009）第 12.8.1 条 ~ 第 12.8.7 条规定，防静电应符合下列规定：

1）危险场所中可导电的金属设备、金属管道、金属支架及金属导体均应进行直接静电接地。

2）静电接地系统应与电气设备的保护接地共用同一接地装置。

3）危险场所中不能或不宜直接接地的金属设备、装置等，应通过防静电材料间接接地。

4）当危险场所采用防静电地面及工作台面时，其静电泄漏电阻值应控制在 $0.05\sim1.0M\Omega$。

5）危险场所需要采用空气增湿方法泄漏静电时，其室内空气相对湿度宜为60%。黑火药生产的危险场所空气相对湿度应为65%。当工艺有特殊要求时可按工艺要求确定。

6）危险场所不应使用静电非导体材料制作的工装器具。当必须使用静电非导体材料制作的工装器具时，应对其进行导静电处理，使其静电泄漏电阻值符合要求。

7）黑火药、烟火药生产危险场所入口处的外墙外侧应设置人体综合电阻监测仪和人体静电指示及释放仪，在其附近宜设置备用接地端子。

典型例题

根据《烟花爆竹工程设计安全规范》（GB 50161—2009）的规定，对防雷与接地的说法中，不符合规定的有（　　）。

A. 变电所引至危险性建筑物的低压供电系统宜采用 TN-C-S 接地形式

B. 从建筑物内总配电箱开始引出的配电线路和分支线路必须采用 TN-S 系统

C. 危险性建筑物总配电箱内应设置电涌保护器

D. 平行敷设的金属管道，当其净距小于100mm时，应每隔50m左右用金属线跨接一次

E. 信息系统接地等应共用接地装置，接地电阻值应取其中最大值

【答案】DE。

十、烟花爆竹及其原料储存和运输安全要求

1. 危险品储存

《烟花爆竹工程设计安全规范》（GB 50161—2009）第7.1.1条～第7.1.3条规定，危险品储存应符合下列规定：

1）危险品的储存应符合现行国家标准《烟花爆竹劳动安全技术规程》（GB 11652—2012）中有关储存的规定。

2）库房（仓库）危险品的存药量和建设规模应符合下列规定：

①危险品生产区内，1.1级中转库单库存药量不应超过500kg，1.3级中转库单库存药量不应超过1000kg。

②危险品总仓库区内，1.1级成品仓库单库存药量不宜超过10000kg，1.3级成品仓库单库存药量不宜超过20000kg，烟火药、黑火药、引火线仓库单库存药量不宜超过5000kg。

③危险品总仓库区内，1.1级成品仓库单栋建筑面积不宜超过500m²，1.3级成品仓库单栋建筑面积不宜超过1000m²，每个防火分区面积不超过500m²，烟火药、黑火药、引火线仓库单栋建筑面积不宜超过100m²。

3）库房（仓库）内危险品的堆放应符合下列规定：

①危险品堆垛间应留有检查、清点、装运的通道。堆垛之间的距离不宜小于0.7m，堆垛距内墙壁距离不宜少于0.45m；搬运通道的宽度不宜小于1.5m。

②烟火药、黑火药堆垛的高度不应超过1.0m，半成品与未成箱成品堆垛的高度不应超过1.5m，成箱成品堆垛的高度不应超过2.5m。

2. 危险品运输

《烟花爆竹工程设计安全规范》（GB 50161—2009）第7.2.1条～第7.2.6条规定，危险品运

输应符合下列规定：

1）危险品的运输宜采用符合安全要求并带有防火罩的汽车运输；厂内运输可采用符合安全要求的手推车运输，厂房之间的运输也可采用人工提送的方式。不宜采用三轮车运输，严禁用畜力车、翻斗车和各种挂车运输。

2）危险品生产区运输危险品的主干道中心线与各级危险性建筑物的距离应符合下列规定：

①距1.1级建筑物不宜小于20m，有防护屏障时可不小于12m。

②距1.3级建筑物不宜小于12m，距实墙面可不小于6m。

③运输裸露危险品的道路中心线距有明火或散发火星的建筑物不应小于35m。

3）危险品总仓库区运输危险品的主干道中心线与各级危险性建筑物的距离不应小于10m。

4）危险品生产区和危险品总仓库区内汽车运输危险品的主干道纵坡不宜大于6%，手推车运输危险品的道路纵坡不宜大于2%。

5）机动车不应直接进入1.1级和1.3级建筑物内，装卸作业宜在各级危险性建筑物门前不小于2.5m以外处进行。

6）人工提送危险品时，宜设专用人行道，道路纵坡不宜大于8%，路面应平整，且不应设有台阶。

典型例题

根据《烟花爆竹工程设计安全规范》（GB 50161—2009）的规定，人工提送危险品时，宜设专用人行道，道路纵坡不宜大于（　　），路面应平整，且不应设有台阶。

A. 3%　　　　　　　B. 5%　　　　　　　C. 8%　　　　　　　D. 10%

【答案】C。

十一、民用爆炸物品总平面布置和内部距离的安全要求

1. 总平面布置

《民用爆炸物品工程设计安全标准》（GB 50089—2018）第5.1.1条规定，危险品生产区和总仓库区的总平面布置应符合下列规定：

1）总平面布置应将危险性建（构）筑物与非危险性建（构）筑物分开布置。

2）危险品生产区总平面布置应符合生产工艺流程，宜避免危险品的往返或交叉运输。

3）同一类的危险品厂房、库房和仓库宜集中布置。

4）危险性或计算药量较大的建（构）筑物，宜布置在边缘地带或有利于安全的地带，不宜布置在出入口附近。

5）两个危险性建筑物之间不宜长面相对布置。

6）危险品厂房靠山布置时，距山坡脚不宜太近。

7）运输道路的布置不应在其他危险性建（构）筑物的防护屏障内穿行通过，非危险生产部分的人流、物流不宜通过危险品生产区域。

8）未经铺砌的场地，均宜进行绿化，并应以种植阔叶树为主；在危险性建（构）筑物周围15m范围内，不应种植针叶树或竹林；危险性建（构）筑物周围8m范围内，宜设防火隔离带。

9）危险品生产区和总仓库区应分别设置围墙；围墙宜采用密实围墙，高度不应低于2m，围墙与危险性建（构）筑物的距离不宜小于15m。

10）危险性建（构）筑物内部距离适用于平坦地形，遇不利地形应适当增加，地形条件与内部距离增加值应符合相关规定。

2. 危险品生产区内部距离

《民用爆炸物品工程设计安全标准》（GB 50089—2018）第5.2.1条规定，危险品生产区内各建（构）筑物之间的内部距离，应分别根据建（构）筑物的危险等级与计算药量所计算的距离及有关条款所规定的距离，取其大值确定。

1）内部距离应自危险性建筑物的外墙轴线或储罐外壁算起。

2）中转站台的内部距离应自站台雨篷柱子轴线和装车位的边缘算起。

3）设有抗爆间室的危险性建筑物的内部距离不计算抗爆屏院部分。

3. 危险品总仓库区内部距离

《民用爆炸物品工程设计安全标准》（GB 50089—2018）第5.3.1条规定，危险品总仓库区内仓库的内部距离，应分别根据仓库的危险等级、品种和计算药量按本节规定距离取大值确定。内部距离应自仓库的外墙轴线算起。

典型例题

根据《民用爆炸物品工程设计安全标准》（GB 50089—2018）的规定，危险品生产区和总仓库区应分别设置围墙；围墙宜采用密实围墙，高度不应低于（　　）m。

A. 2　　　　　　　　B. 3　　　　　　　　C. 4　　　　　　　　D. 5

【答案】A。

十二、民用爆炸物品生产安全管理要求

1. 许可证制度

《民用爆炸物品安全管理条例》（国务院令第466号）第三条规定，国家对民用爆炸物品的生产、销售、购买、运输和爆破作业实行许可证制度。未经许可，任何单位或者个人不得生产、销售、购买、运输民用爆炸物品，不得从事爆破作业。严禁转让、出借、转借、抵押、赠送、私藏或者非法持有民用爆炸物品。

2. 安全管理制度建立

《民用爆炸物品安全管理条例》（国务院令第466号）第五条规定，民用爆炸物品生产、销售、购买、运输和爆破作业单位（以下称民用爆炸物品从业单位）的主要负责人是本单位民用爆炸物品安全管理责任人，对本单位的民用爆炸物品安全管理工作全面负责。

民用爆炸物品从业单位是治安保卫工作的重点单位，应当依法设置治安保卫机构或者配备治安保卫人员，设置技术防范设施，防止民用爆炸物品丢失、被盗、被抢。

民用爆炸物品从业单位应当建立安全管理制度、岗位安全责任制度，制订安全防范措施和事故应急预案，设置安全管理机构或者配备专职安全管理人员。

3. 安全教育培训

《民用爆炸物品安全管理条例》（国务院令第466号）第六条规定，无民事行为能力人、限制民事行为能力人或者曾因犯罪受过刑事处罚的人，不得从事民用爆炸物品的生产、销售、购买、运输和爆破作业。民用爆炸物品从业单位应当加强对本单位从业人员的安全教育、法制教育和岗位技术培训，从业人员经考核合格的，方可上岗作业；对有资格要求的岗位，应当配备具有相应资格的人员。

第五节　危险化学品安全技术

一、危险化学品储存的基本要求

《常用化学危险品储存通则》（GB 15603—1995）第4.2条规定，危险化学品必须储存在经公安部门批准设置的专门的危险化学品仓库中，经销部门自管仓库储存危险化学品及储存数量必须经公安部门批准。未经批准不得随意设置危险化学品储存仓库。

《常用化学危险品储存通则》（GB 15603—1995）第4.3条规定，危险化学品露天堆放，应符合防火、防爆的安全要求，爆炸物品、一级易燃物品、遇湿燃烧物品、剧毒物品不得露天堆放。

《常用化学危险品储存通则》（GB 15603—1995）第4.4条规定，储存危险化学品的仓库必须配备有专业知识的技术人员，其库房及场所应设专人管理，管理人员必须配备可靠的个人安全防护用品。

《常用化学危险品储存通则》（GB 15603—1995）第4.6条规定，储存的危险化学品应有明显的标志，标志应符合《危险货物包装标志》（GB 190—2009）的规定。同一区域储存两种或两种以上不同级别的危险化学品时，应按最高等级危险化学品的性能标志。

《常用化学危险品储存通则》（GB 15603—1995）第4.7条规定，危险化学品储存方式分为三种：隔离储存，隔开储存，分离储存。

《常用化学危险品储存通则》（GB 15603—1995）第4.8条规定，根据危险化学品性能分区、分类、分库储存。各类危险化学品不得与禁忌物料混合储存。

《常用化学危险品储存通则》（GB 15603—1995）第4.9条规定，储存危险化学品的建筑物、区域内严禁吸烟和使用明火。

典型例题

根据《常用化学危险品储存通则》（GB 15603—1995），危险化学品露天堆放应符合防火、防爆的安全要求。下列各组危险化学品中，禁止露天堆放的是（　　　　）。

A. 爆炸物品、易燃固体、剧毒物品　　　　B. 爆炸物品、剧毒物品、氧化剂

C. 爆炸物品、一级易燃物品、遇湿燃烧物品　D. 爆炸物品、一级易燃物品、氧化剂

【答案】C。

二、危险化学品包装安全要求

1. 危险货物包装分级

《危险货物运输包装通用技术条件》（GB 12463—2009）第4条将危险货物包装分为三个等级：

Ⅰ类包装：适用内装危险性极大的货物。

Ⅱ类包装：适用内装危险性中等的货物。

Ⅲ类包装：适用内装危险性较小的货物。

2. 危险货物包装基本要求

《危险货物运输包装通用技术条件》（GB 12463—2009）第5.1条规定，危险货物包装应符合下列要求：

1）运输包装应结构合理，并具有足够强度，防护性能好。材质、形式、规格、方法和内装货物重量应与所装危险货物的性质和用途相适应，便于装卸、运输和储存。

2）运输包装应质量良好，其构造和封闭形式应能承受正常运输条件下的各种作业风险，不应因温度、湿度或压力的变化而发生任何渗（撒）漏，表面应清洁，不允许粘附有害的危险物质。

3）运输包装与内装物直接接触部分，必要时应有内涂层或进行防护处理，运输包装材质不应与内装物发生化学反应而形成危险产物或导致削弱包装强度。

4）内容器应予固定。如内容器易碎且盛装易撒漏货物，应使用与内装物性质相适应的衬垫材料或吸附材料衬垫妥实。

5）盛装液体的容器，应能经受在正常运输条件下产生的内部压力。灌装时应留有足够的膨胀余量（预留容积），除另有规定外，并应保证在温度55℃时，内装液体不致完全充满容器。

6）运输包装封口应根据内装物性质采用严密封口、液密封口或气密封口。

7）盛装需浸湿或加有稳定剂的物质时，其容器封闭形式应能有效地保证内装液体（水、溶剂和稳定剂）的百分比，在储运期间保持在规定的范围以内。

8）运输包装有降压装置时，其排气孔设计和安装应能防止内装物泄漏和外界杂质进入，排出的气体量不应造成危险和污染环境。

9）复合包装的内容器和外包装应紧密贴合，外包装不应有擦伤内容器的凸出物。

10）盛装爆炸品包装的附加要求：

①盛装液体爆炸品容器的封闭形式，应具有防止渗漏的双重保护。

②除内包装能充分防止爆炸品与金属物接触外，钢钉和其他没有防护涂料的金属部件不应穿透外包装。

③双重卷边接合的钢桶，金属桶或以金属做衬里的运输包装，应能防止爆炸物进入隙缝。钢桶或铝桶的封闭装置应有合适的垫圈。

④包装内的爆炸物质和物品，包括内容器，应衬垫妥实，在运输中不允许发生危险性移动。

⑤盛装有对外部电磁辐射敏感的电引发装置的爆炸物品，包装应具备防止所装物品受外部电磁辐射源影响的功能。

3. 危险货物包装类别的划分

《危险货物运输包装类别划分方法》（GB/T 15098—2008）规定了划分各类危险货物运输包装类别的基本原则。货物具有两种以上危险性时，其包装类别按级别高的确定。

典型例题

《危险货物运输包装通用技术条件》（GB 12463—2009）规定了危险货物包装分类、包装的基本要求、性能试验和检验方法，《危险货物运输包装类别划分方法》（GB/T 15098—2008）规定了划分各类危险化学品运输包装类别的基本原则。根据上述两个标准，关于危险货物包装的说法，错误的是（　　）。

A. 危险货物具有两种以上的危险性时，其包装类别需按级别高的确定

B. 毒性物质根据口服、皮肤接触以及吸入粉尘和烟雾的方式来确定其包装类别

C. 易燃液体根据其闭杯闪点和初沸点的大小来确定其包装类别

D. 包装类别中Ⅰ类包装适用于危险性较小的货物，Ⅲ类包装适用于危险性较大的货物

【答案】D。

三、危险化学品运输安全技术与要求

1）国家对危险化学品的运输实行资质认定制度，未经资质认定，不得运输危险化学品。

2）托运危险物品必须出示有关证明，在指定的铁路、交通、航运等部门办理手续。托运物品

必须与托运单上所列的品名相符，托运未列入国家品名表内的危险物品，应附交上级主管部门审查同意的技术鉴定书。

3）危险物品的装卸人员，应按装运危险物品的性质，佩戴相应的防护用品，装卸时必须轻装、轻卸，严禁摔拖、重压和摩擦，不得损毁包装容器，并注意标志，堆放稳妥。

4）危险物品装卸前，应对车（船）搬运工具进行必要的通风和清扫，不得留有残渣，对装有剧毒物品的车（船），卸车后必须洗刷干净。

5）装运爆炸、剧毒、放射性、易燃液体、可燃气体等物品，必须使用符合安全要求的运输工具：

①禁止用电瓶车、翻斗车、装载机、自行车等运输爆炸物品。

②运输强氧化剂、爆炸品及用铁桶包装的一级易燃液体时，没有采取可靠的安全措施，不得用铁底板车及汽车挂车。

③禁止用叉车、装载机、翻斗车搬运易燃、易爆液化气体等危险物品。

④温度较高地区装运液化气体和易燃液体等危险物品，要有防晒设施。

⑤放射性物品应用专用运输搬运车和抬架搬运，装卸机械应按规定负荷降低25%。

⑥遇水燃烧物品及有毒物品，禁止用小型机帆船、小木船和水泥船承运。

6）运输爆炸、剧毒和放射性物品，应指派专人押运，押运人员不得少于2人。

7）运输危险物品的车辆，必须保持安全车速，保持车距，严禁超车、超速和强行会车。运输危险物品的行车路线，必须事先经当地公安交通管理部门批准，按指定的路线和时间运输，不可在繁华街道行驶和停留。

8）运输易燃、易爆物品的机动车，其排气管应装阻火器，并悬挂"危险品"标志。

9）运输散装固体危险物品，应根据性质，采取防火、防爆、防水、防粉尘飞扬和遮阳等措施。

10）禁止利用内河以及其他封闭水域运输剧毒化学品。

11）运输危险化学品需要添加抑制剂或者稳定剂的，托运人交付托运时应当添加抑制剂或者稳定剂，并告知承运人。

12）危险化学品运输企业，应当对其驾驶员、船员、装卸管理人员、押运人员进行有关安全知识培训。驾驶员、装卸管理人员、押运人员必须掌握危险化学品运输的安全知识，并经所在地设区的市级人民政府交通部门考核合格，船员经海事管理机构考核合格，取得上岗资格证，方可上岗作业。

典型例题

某公司从事危险化学品运输业务，在执行轻柴油运输前，驾驶员和押运员应对柴油罐车进行安全检查，确认有"危险品"标志且排气管已安装（　　　）。

A. 安全阀　　　　　　B. 泄压阀　　　　　　C. 阻火器　　　　　　D. 阻断器

【答案】C。

四、危险化学品经营许可管理

1. 许可制度

《危险化学品安全管理条例》（国务院令第591号）第三十三条规定，国家对危险化学品经营（包括仓储经营）实行许可制度。未经许可，任何单位和个人不得经营危险化学品。

2. 办理经营许可的程序

《危险化学品安全管理条例》（国务院令第591号）第三十五条规定，从事剧毒化学品、易制爆危险化学品经营的企业，应当向所在地设区的市级人民政府安全生产监督管理部门提出申请，从事其他危险化学品经营的企业，应当向所在地县级人民政府安全生产监督管理部门提出申请（有储存设施的，应当向所在地设区的市级人民政府安全生产监督管理部门提出申请）。申请人应当提交其符合本条例第三十四条规定条件的证明材料。设区的市级人民政府安全生产监督管理部门或者县级人民政府安全生产监督管理部门应当依法进行审查，并对申请人的经营场所、储存设施进行现场核查，自收到证明材料之日起 30 日内做出批准或者不予批准的决定。予以批准的，颁发危险化学品经营许可证；不予批准的，书面通知申请人并说明理由。设区的市级人民政府安全生产监督管理部门和县级人民政府安全生产监督管理部门应当将其颁发危险化学品经营许可证的情况及时向同级环境保护主管部门和公安机关通报。申请人持危险化学品经营许可证向工商行政管理部门办理登记手续后，方可从事危险化学品经营活动。法律、行政法规或者国务院规定经营危险化学品还需要经其他有关部门许可的，申请人向工商行政管理部门办理登记手续时还应当持相应的许可证件。

典型例题

根据《危险化学品安全管理条例》（国务院令第 591 号）的规定，设区的市级人民政府安全生产监督管理部门或者县级人民政府安全生产监督管理部门应当依法对从事剧毒化学品、易制爆危险化学品经营的企业提出的申请进行审查，并对申请人的经营场所、储存设施进行现场核查，自收到证明材料之日起（　　）日内作出批准或者不予批准的决定。

A. 15　　　　　　　B. 30　　　　　　　C. 45　　　　　　　D. 60

【答案】B。

五、危险化学品仓库安全技术基本要求

《危险化学品经营企业安全技术基本要求》（GB 18265—2019）第 4.2 条规定，危险化学品仓库建设要求是：

1）危险化学品仓库建设应按《建筑设计防火规范》（GB 50016—2014）（2018 年版）平面布置、建筑构造、耐火等级、安全疏散、消防设施、电气、通风等规定执行。

2）爆炸物库房建设应按《民用爆炸物品工程设计安全标准》（GB 50089—2018）或《烟花爆竹工程设计安全规范》（GB 50161—2009）平面布置、建筑与结构、消防、电气、通风等规定执行。

3）危险化学品库房应防潮、平整、坚实、易于清扫。可能释放可燃性气体或蒸气，在空气中能形成粉尘、纤维等爆炸性混合物的危险化学品库房应采用不发生火花的地面。储存腐蚀性危险化学品的库房的地面、踢脚应采取防腐材料。

4）危险化学品储存禁忌应按《常用危险化学品贮存通则》（GB 15603—1995）的规定执行。

5）应建立危险化学品追溯管理信息系统，应具备危险化学品出入库记录，库存危险化学品品种、数量及库内分布等功能，数据保存期限不得少于 1 年，且应异地实时备份。

6）构成危险化学品重大危险源的危险化学品仓库应符合国家法律法规、标准规范关于危险化学品重大危险源的技术要求。

7）爆炸物宜按不同品种单独存放。当受条件限制，不同品种爆炸物需同库存放时，应确保爆炸物之间不是禁忌物品且包装完整无损。

8）有机过氧化物应储存在危险化学品库房特定区域内，避免阳光直射，并应满足不同品种的存储温度、湿度要求。

9）遇水放出易燃气体的物质和混合物应密闭储存在设有防水、防雨、防潮措施的危险化学

品库房中的干燥区域内。

10）自热物质和混合物的储存温度应满足不同品种的存储温度、湿度要求，并避免阳光直射。

11）自反应物质和混合物应储存在危险化学品库房特定区域内，避免阳光直射并保持良好通风，且应满足不同品种的存储温度、湿度要求。自反应物质及其混合物只能在原装容器中存放。

典型例题

根据《危险化学品经营企业安全技术基本要求》（GB 18265—2019）的规定，应建立危险化学品追溯管理信息系统，应具备危险化学品出入库记录，库存危险化学品品种、数量及库内分布等功能，数据保存期限不得少于（　　　）年，且应异地实时备份。

A. 1　　　　　　B. 2　　　　　　C. 3　　　　　　D. 4

【答案】A。

六、危险化学品商店安全技术基本要求

《危险化学品经营企业安全技术基本要求》（GB 18265—2019）第5.2条规定，危险化学品商店建设要求是：

1）危险化学品商店建筑构造、耐火等级、安全疏散、消防设施、电气、通风应按《建筑设计防火规范》（GB 50016—2014）（2018年版）规定执行。

2）危险化学品商店的营业场所面积（不含备货库房）应不小于60m²，危险化学品商店内不应设有生活设施。营业场所与备货库房之间，以及危险化学品商店与其他场所之间应进行防火分隔。

3）备货库房应设置高窗，窗上应安装防护铁栏，窗户应采取避光和防雨措施。

4）备货库房地面应防潮、平整、坚实、易于清扫。可能释放可燃性气体或蒸气，在空气中能形成粉尘、纤维等爆炸性混合物的备货库房应采用不发生火花的地面。储存腐蚀性危险化学品的备货库房的地面、踢脚应采用防腐材料。

5）营业场所只允许存放单件质量小于50kg或容积小于50L的民用小包装危险化学品，其存放总质量不得超过1t，且营业场所内危险化学品的量与《危险化学品重大危险源辨识》（GB 18218—2018）中所规定的临界量比值之和应不大于0.3。

6）备货库房只允许存放单件质量小于50kg或容积小于50L的民用小包装危险化学品，其存放总质量不得超过2t，且备货库房内危险化学品的量与《危险化学品重大危险源辨识》（GB 18218—2018）中所规定的临界量比值之和应不大于0.6。

7）只允许经营除爆炸物、剧毒化学品（属于剧毒化学品的农药除外）以外的危险化学品。

8）经营有机过氧化物、遇水放出易燃气体的物质和混合物、自热物质和混合物、自反应物质和混合物的商店应分别具备相应的存储要求。

9）危险化学品不应露天存放。

10）危险化学品的摆放应布局合理，禁忌物品要求应按《常用危险化学品贮存通则》（GB 15603—1995）的规定执行。

11）应建立危险化学品经营档案，档案内容至少应包括危险化学品品种、数量、出入记录等，数据保存期限应不少于1年。

典型例题

根据《危险化学品经营企业安全技术基本要求》（GB 18265—2019）的规定，危险化学品商店的营业场所面积（不含备货库房）应不小于（　　　）m²，危险化学品商店内不应设有生活

设施。

　　A. 30　　　　　　　B. 40　　　　　　　C. 50　　　　　　　D. 60

　　【答案】D。

七、化学品泄漏处理及火灾控制

1. 泄漏处理

（1）泄漏源控制　利用截止阀切断泄漏源，在线堵漏减少泄漏量或利用备用泄料装置使其安全释放。

（2）泄漏物处理　现场泄漏物要及时地进行覆盖、收容、稀释、处理。在处理时，还应按照危险化学品特性，采用合适的方法处理。

2. 火灾控制

1）扑救气体类火灾时，切忌盲目扑灭火焰，在没有采取堵漏措施的情况下，必须保持稳定燃烧。否则，大量可燃气体泄漏出来与空气混合，遇点火源就会发生爆炸，造成严重后果。

2）扑救爆炸物品火灾时，切忌用沙土盖压，以免增强爆炸物品的爆炸威力；另外扑救爆炸物品堆垛火灾时，水流应采用吊射，避免强力水流直接冲击堆垛，以免堆垛倒塌引起再次爆炸。

3）扑救遇湿易燃物品火灾时，绝对禁止用水、泡沫、酸碱等湿性灭火剂扑救。一般可使用干粉、二氧化碳、卤代烷扑救，但钾、钠、铝、镁等物品，用二氧化碳、卤代烷无效。固体遇湿易燃物品应使用水泥、干砂、干粉、硅藻土等覆盖。对镁粉、铝粉等粉尘，切忌喷射有压力的灭火剂，以防止将粉尘吹扬起来，引起粉尘爆炸。

4）扑救易燃液体火灾时，比水轻又不溶于水的液体用直流水、雾状水灭火往往无效，可用普通蛋白泡沫或轻泡沫扑救；水溶性液体最好用抗溶性泡沫扑救。

5）扑救毒害和腐蚀品的火灾时，应尽量使用低压水流或雾状水，避免腐蚀品、毒害品溅出；遇酸类或碱类腐蚀品最好调制相应的中和剂稀释中和。

6）易燃固体、自燃物品火灾一般可用水和泡沫扑救，只要控制住燃烧范围，逐步扑灭即可。

🔖 典型例题

　　化学品火灾扑救要特别注意灭火剂的选择。扑救遇湿易燃物品火灾时，禁止用水、酸碱等湿性灭火剂，对于钠、镁等金属火灾的扑救，应选择的灭火剂是（　　）。

　　A. 二氧化碳　　　　B. 泡沫　　　　　　C. 干粉　　　　　　D. 卤代烷

　　【答案】C。

第四章 安全生产案例分析

案例一 某煤气化企业安全管理案例

A厂为新建煤化工企业，B公司为A厂煤气化装置项目总承包商，C公司为B公司的分包商，承担其中的防腐保温工程。

2019年3月5日，C公司在对煤气化装置的飞灰过滤器进行内部除锈作业时发生事故，导致4人死亡。事发时，B公司尚未向A厂进行煤气化装置整体的中间交接，A厂员工在自行组织磨煤机单体试车，3月4日10时，A厂进行煤粉循环试运行，使用0.5~0.6MPa的氮气作为惰性循环介质，17时，由于氮气供应不畅，停止试运行并停止供氮。飞灰过滤器位于煤气化装置框架+38m层面，直径1.6m，高度6m，上部为圆筒形，下部为锥形。过滤器上部的带孔隔板将其分隔成上下两部分，设备顶部和带孔隔板下方（距锥底4m处）分别设有人孔，设备外接3条电（气）控阀管线。3月5日8时，C公司员工甲、乙、丙开始过滤器打磨除锈作业，甲从带孔隔板下方人孔进入过滤器内搭设的跳板作业，乙负责监护。10时，丙替换甲继续作业。11时20分，丙突然从作业跳板坠落至过滤器锥体底部。乙听到坠落声响后立即呼救，以为是过滤器内搭设跳板脱落，向内探头观察，随即丧失意识被甲拉出，甲判断过滤器内手持照明灯可能发生漏电，立即断开直接引自TN-S系统配电箱电源，并紧急呼救。附近试车作业的A厂员工丁、戊、己3人听到呼救后，赶到现场，相继进入过滤器施救，均晕倒在内，陆续赶到的救援人员将4人抬出送医，经抢救无效死亡。

事故调查发现：试车方案编制及实施均由A厂单独进行；丙为C公司临聘人员，3月4日到达施工现场，尚未录入员工名册，遇难后才查明身份；外接的3条电（气）控阀管线可远程开启，且与设备连接管道未按要求封堵全封闸板；飞灰过滤器管线与氮气管线串线，氮气窜入飞灰过滤器；作业过程中未系安全绳；搭设的跳板未绑扎；该项作业无任何书证记录。

根据以上场景，回答下列问题（1~2题为单项选择题，3~5题为多项选择题）：

1. 煤气化装置项目中间交接之前，该建设项目的安全管理责任单位为（   ）。
   A. A厂
   B. B公司
   C. C公司
   D. A厂和B公司
   E. A厂和C公司

2. 该起事故的责任单位和上报单位分别是（   ）。
   A. A厂、B公司
   B. B公司、A厂
   C. C公司、B公司
   D. C公司、A厂
   E. B公司、B公司

3. 该起事故暴露出现场安全管理方面的问题有（   ）。
   A. 与设备连接管道未按要求封堵全封闸板
   B. 以包代管，没有安全技术交底，安全教育培训不到位
   C. 没有进行有效的风险辨识并编制相应应急预案
   D. 施工和试车交叉作业时，管理职责不明确
   E. 没有为除锈作业人员配置防毒面具

4. 可能导致员工丙死亡的直接原因包括（　　）。

  A. 手持照明灯触电

  B. 未系安全绳，跳板无绑扎，导致坠落

  C. 氮气经过外接的电（气）控阀的管线进入过滤器

  D. 过滤器上部物体掉落打击

  E. 氮气系统渗漏富集

5. 根据规定，该起事故调查组的组成单位应包括（　　）。

  A. 所在地市级（设区的市）公安机关

  B. 所在地市级（设区的市）应急管理部门

  C. 所在地市级（设区的市）人民检察院

  D. B 公司

  E. A 厂

答 案 详 解

1. B。建设工程实行施工总承包的，由总承包单位对施工现场的安全生产负总责。

2. C。建设工程实行施工总承包的，由总承包单位对施工现场的安全生产负总责。总承包单位依法将建设工程分包给其他单位的，分包合同中应当明确各自的安全生产方面的权利、义务。总承包单位和分包单位对分包工程的安全生产承担连带责任。分包单位应当服从总承包单位的安全生产管理，分包单位不服从管理导致生产安全事故的，由分包单位承担主要责任。实行施工总承包的建设工程，由总承包单位负责上报事故。

3. BCDE。注意题干是安全管理方面。

4. CE。在断开配电箱电源后，丁、戊、己 3 人依然晕倒在内，说明不是触电死亡，排除选项 A。事故调查发现：飞灰过滤器管线与氮气管线串线，氮气窜入飞灰过滤器，由此可以判断 C、E 两项为直接原因。选项 B 为间接原因。丙突然从作业跳板坠落至过滤器锥体底部，并未受到上部物体掉落打击。排除选项 D。

5. ABC。事故造成 4 人死亡属于较大事故，调查组的组成单位包括 A、B、C 三项。

案例二　某储运公司危险化学品火灾爆炸事故案例

某储运公司仓储区占地 300m × 300m，共有 8 个库房，原用于存放一般货物。2015 年 6 月，该储运公司未经任何技术改造和审批，擅自将 1 号、4 号和 6 号库房改存危险化学品。2018 年 6 月 12 日 12 时 20 分，仓储区 4 号库房内首先发生爆炸，10min 后，6 号库房也发生了爆炸，爆炸引发了火灾，火势越来越大，之后相继发生了几次小规模爆炸。消防队到达现场后，发现消火栓不出水，消防蓄水池没水，随后在 1km 外找到取水点，并立即展开灭火抢险救援行动。

事故发生前，1 号库房存放双氧水 5t；4 号库房存放硫化钠 10t、过硫酸铵 40t、高锰酸钾 10t、硝酸铵 130t、洗衣粉 50t；6 号库房存放硫黄 15t、甲苯 4t、甲酸乙酯 10t。事故导致 15 人死亡、36 人重伤、近万人疏散，烧损、炸毁建筑物 39000m² 和大量化学物品等，直接经济损失 1.2 亿元。

根据以上场景，回答下列问题（1 ~ 3 题为单项选择题，4 ~ 7 题为多项选择题）：

1. 根据《生产安全事故报告和调查处理条例》（国务院令第 493 号）的规定，该起事故属于（　　）事故。

  A. 特别重大　　　　　　　　　　B. 重大

C. 较大   D. 一般

E. 轻微

2. 根据《危险化学品重大危险源辨识》（GB 18218—2018），关于该仓储区重大危险源辨识结果的说法，正确的是（   ）。

A. 1 号库房构成重大危险源   B. 4 号库房构成重大危险源

C. 6 号库房构成重大危险源   D. 仓储区构成重大危险源

E. 仓储区不构成重大危险源

3. 本案例中，第一次爆炸最可能的直接原因是（   ）。

A. 氧化剂与还原剂混存发生反应   B. 库房之间安全距离不够

C. 消火栓不出水   D. 高锰酸钾存储量达 10t

E. 硝酸铵储量达 130t

4. 甲苯挥发蒸气爆炸的基本要素包括（   ）。

A. 受限空间   B. 环境相对湿度超过 50%

C. 开放空间   D. 点火源

E. 甲苯蒸气与空气混合浓度达到爆炸极限

5. 根据相关法律、法规和规定，下列物质中，目前在我国属于危险化学品的有（   ）。

A. 高锰酸钾   B. 硝酸铵

C. 甲苯   D. 洗衣粉

E. 甲酸乙酯

6. 该仓储区应采取的安全技术措施包括（   ）。

A. 安装可燃气体监测报警装置   B. 仓库内使用防爆电器

C. 安全巡检措施   D. 防爆、隔爆、泄爆措施

E. 违章处理措施

7. 根据《企业职工伤亡事故经济损失统计标准》（GB 6721—1986），下列应计入该起事故直接经济损失的有（   ）。

A. 消防抢险费用   B. 火灾爆炸中毁损的财产

C. 伤员救治费用   D. 周边河流因事故污染治理费用

E. 库房员工因工伤歇工工资

答 案 详 解

1. A。本案例中事故共造成 15 人死亡、36 人重伤、直接经济损失 1.2 亿元，因此属于特别重大事故。

2. D。该公司仓储区占地 300m×300m，各库房距离均小于 500 m，所以整个仓储区构成重大危险源。

3. A。仓储区 4 号库房首先发生爆炸，4 号库房存放硫化钠 10t、过硫酸铵 40t、高锰酸钾 10t、硝酸铵 130t、洗衣粉 50t。高锰酸钾是强氧化剂，硫化钠、过硫酸铵、硝酸铵是强还原剂，放在一起会发生剧烈反应，甚至爆炸。

4. DE。当可燃性气体、蒸汽或可燃粉尘与空气（或氧）在一定浓度范围内均匀混合，遇到火源发生爆炸的浓度范围称为"爆炸浓度极限"，简称"爆炸极限"。可燃性气体、蒸汽或粉尘在爆炸极限范围内遇到引燃源，火焰瞬间传播于整个混合气体（或混合粉尘）空间，化学反应速度极快，同时释放大量的热，生成很多气体，气体受热膨胀，形成很高的温度和很大的压力，具有很

强的破坏力。

5. ABCE。危险化学品是指具有爆炸、易燃、毒害、腐蚀、放射性等性质，在生产、经营、储存、运输、使用和废弃物处置过程中，容易造成人身伤亡和财产损毁而需要特别防护的化学品。选项 A、B，氧化反应中的有些氧化剂本身是强氧化剂，如高锰酸钾、氯酸钾、过氧化氢、过氧化苯甲酰等，具有很大的危险性，如受高温、撞击、摩擦或与有机物、酸类接触，易引起燃烧或爆炸。选项 C、E 属易燃物品，其蒸汽与空气可形成爆炸性混合物，遇明火、高热能引起燃烧爆炸。

6. ABD。防止事故发生的安全技术措施是指为了防止事故发生，采取的约束、限制能量或危险物质，防止其意外释放的技术措施。常用的防止事故发生的安全技术措施有消除危险源、限制能量或危险物质、隔离等。选项 C 属于管理措施，选项 E 属于行政措施。

7. ABCE。事故的直接经济损失：人身伤亡后所支出的费用，包括医疗费用（含护理费用）、丧葬及抚恤费用、补助及救助费用和歇工费用；善后处理费用，包括处理事故的事务性费用、现场抢救费用、清理现场费用、事故罚款和赔偿费用；财产损失价值，包括固定资产损失价值和流动资产损失价值。

案例三 某汽车制造厂职业危害预防与管理案例

D 汽车制造厂对载货汽车生产线进行技术改造。改造内容为：冲压车间新增冲压设备 5 台（套）；焊装车间新增车身焊接生产线 1 条、车架焊接生产线 1 条；涂装车间改造车身涂装生产线、车架涂装生产线；新建污水处理站 1 座；新增总装配线 1 条。

技术改造过程中使用的原辅材料主要包括钢材、煤炭、油料、碳酸钠脱脂剂、磷化剂、钛盐钝化剂、PVC 聚氯乙烯底漆胶、丙烯酸树脂汽车漆、电泳漆（溶剂主要为丁醇、丁醚等，用于底漆）、苯乙烯腻子等。

车身焊接包括自动化焊接和焊条电弧焊。焊条电弧焊采用碱性焊条，焊条中含锰、碳、铬等成分。

车身涂装生产包括车身涂装、底漆、面漆等工艺。车身涂装工艺采用三涂层三烘干涂装工艺，底漆采用高泳透力、高耐蚀阴极电泳工艺，面涂采用湿碰湿两遍涂装工艺。涂装传输过程全部实现自动化，漆前表面处理、电泳采用悬挂运输方式，中间涂层和面漆涂装线采用地面传输方式。前处理设备采用密封型结构，以防止灰尘侵入。烘干室采用热风循环对流烘干方式。生产线设中央控制室监控设备运行状况。

车身涂装工艺生产过程包括漆前处理（脱脂、磷化、钝化、去离子水洗、除锈）、阴极电泳涂底漆、电泳底漆烘干、打磨、PVC 底涂、PVC 烘干、喷中涂漆、中涂烘干、喷涂面漆、面漆烘干、检查、修饰等。

前处理所用的原料为：含有表面活性剂碳酸钠的脱脂剂，含有磷酸、磷酸二氧锌、磷酸二氧镍的磷化剂，含有钛盐的钝化剂，含有丁醇、丁醚的电泳漆溶剂，PVC 聚氯乙烯底漆胶，含有丙烯酸树脂、氨基树脂、二甲苯、丁醇的车身漆，含有苯乙烯的打磨腻子等。

根据以上场景，回答下列问题（1~3 题为单项选择题，4~8 题为多项选择题）：

1. 根据《职业病危害因素分类目录》（国卫疾控发〔2015〕92 号），D 汽车制造厂冲压车间从业人员易罹患的职业病为（   ）。

    A. 石棉肺   B. 噪声性耳聋

    C. 电焊工尘肺   D. 中暑

    E. 电光性眼炎

2. 根据我国《职业病防治法》，对载货汽车生产线进行技术改造工程的可行性论证阶段，D 汽车制造厂应当向应急管理部门提交（   ）。

    A. 职业病危害预评价报告   B. 职业病防护设施设计

    C. 职业病危害控制效果评价报告 D. 职业病防护设施验收报告

    E. 职业病防护设施施工申请

3. 根据《工业企业设计卫生标准》（GBZ 1—2010），涂装车间属于微小气候，有关微小气候，下列说法中正确的有（　　　　）。

    A. 涂装车间封闭式车间人均新风量宜设计为 20m³/h

    B. 涂装车间生产过程应对产尘设备采取循环措施

    C. 涂装车间洁净室人均风量大于 40m³/h

    D. 涂装车间设计的夏季温度应为 22～30℃

    E. 涂装工艺应全部实现自动化

4. 根据《生产过程危险和有害因素分类与代码》（GB/T 13861—2009），涂装生产工艺过程中主要危险和有害因素包括（　　　　）。

    A. 高温物质   B. 噪声

    C. 有毒液体   D. 低温物质

    E. 气溶胶

5. 车身涂装工艺中产生的有毒性的粉尘有（　　　　）。

    A. PVC 聚氯乙烯粉尘   B. 碳酸钠粉尘

    C. 打磨产生的石英砂粉尘   D. 丙烯酸树脂粉尘

    E. 苯乙烯粉尘

6. 在涂装车间或其入口处的显著位置应设置的安全标志包括（　　　　）。

    A. 当心中毒标志   B. 当心弧光标志

    C. 禁止吸烟标志   D. 禁止靠近标志

    E. 禁止明火标志

7. 焊装车间应采取的职业卫生防护措施包括（　　　　）。

    A. 定期对生产环境进行检测   B. 定期对防尘防毒设备进行检查

    C. 正确使用和佩戴劳动防护用品 D. 采用防爆电器

    E. 定期组织消防演练

8. 从事车身焊接作业的电焊工应配备的特种劳动防护用品包括（　　　　）。

    A. 便携式可燃气体报警器   B. 安全帽

    C. 眼面防护具   D. 阻燃防护服

    E. 帆布手套

答案详解

1. B。D 汽车制造厂冲压车间作业时会产生噪声，因此会导致从业人员罹患的职业病是噪声性耳聋。

2. A。根据《职业病防治法》第十七条的规定，扩建、改建建设项目和技术改造、技术引进项目可能产生职业病危害的，建设单位在可行性论证阶段应当进行职业病危害预评价。

医疗机构建设项目可能产生放射性职业病危害的，建设单位应当向卫生行政部门提交放射性职业病危害预评价报告。卫生行政部门应当自收到预评价报告之日起 30 日内，做出审核决定并书面通知建设单位。未提交预评价报告或者预评价报告未经卫生行政部门审核同意的，不得开工建设。

职业病危害预评价报告应当对建设项目可能产生的职业病危害因素及其对工作场所和劳动者健康的影响做出评价，确定危害类别和职业病防护措施。

3. C。《工业企业设计卫生标准》（GBZ 1—2010）第 6.6.1 条规定，工作场所的新风应来自室外，新风口应设置在空气清洁区，新风量应满足下列要求：非空调工作场所人均占用容积 <20m³ 的车间，应保证人均新风量 ≥30m³/h；如所占用容积 >20m³ 时，应保证人均新风量 ≥20m³/h。采用空气调节的车间，应保证人均新风量 ≥30m³/h。洁净室的人均新风量应 ≥40m³/h。

《工业企业设计卫生标准》（GBZ 1—2010）第 6.6.2 条规定，封闭式车间人均新风量宜设计为 30~50m³/h。微小气候的设计宜符合下表的要求。

参数	冬季	夏季
温度/℃	20~24	25~28
风速/（m/s）	≤0.2	≤0.3
相对湿度（%）	30~60	40~60

4. ABCE。在涂装作业过程中，属高温作业的工作，可能存在高温、辐射热，如涂层的烘干、固化作业等。

涂装作业过程中产生的机械性、电磁性、流体动力性等影响操作人员身心健康的声频。

涂装作业场所的有毒液体、气体主要是指苯、甲苯、二甲苯及其衍生物和异构体等。

气溶胶通过呼吸道、消化道及皮肤侵入人体，可刺激黏膜（上呼吸道），引起过敏反应或皮炎，造成急、慢性中毒或可能致癌、致畸、致突变等。

5. ADE。聚氯乙烯是一种毒性很大的化合物，可以引起肝脏、神经及骨骼的损害。苯乙烯，又名乙烯苯，为无色透明油状液体，易燃，有毒，难溶于水。丙烯酸树脂粉尘有毒，但毒性较小。

6. ACE。使用明火是涂装车间禁止的作业，因此应设置禁止明火标志。涂装车间会产生有毒性的粉尘和毒性物质，应当设置当心中毒标志。涂装车间也会有易燃易爆物质，应当设置禁止吸烟标志。

7. ABC。职业危害的控制主要是指针对作业场所存在的职业危害因素的类型、分布、浓度和强度等情况，采用多种措施加以控制，使之消除或者降到容许接受的范围之内，以保护作业人员的身体健康和生命安全。职业危害控制的主要技术措施包括工程控制技术措施、个体防护措施和组织管理措施等。

工程控制技术措施是指应用工程技术的措施和手段（例如密闭、通风、冷却、隔离等），控制生产工艺过程中产生或存在的职业危害因素的浓度或强度，使作业环境中有害因素的浓度或强度降至国家职业卫生标准容许的范围之内。其中，定期对生产环境进行检测、定期对防尘防毒设备进行检查属于工程控制技术措施。

对于经工程技术治理后仍然不能达到限值要求的职业危害因素，为避免其对劳动者造成健康损害，则需要为劳动者配备有效的个体防护用品。针对不同类型的职业危害因素，应选用合适的防尘、防毒或者防噪等的个体防护用品。其中，正确使用和佩戴劳动防护用品属于个体防护措施。

选项 D、E 不属于职业卫生防护措施的范畴，属于安全事故的防范措施。

8. CD。从事车身焊接作业的电焊工主要危害是皮肤灼伤，应配备的特种劳动防护用品包括眼面防护具、阻燃防护服和阻燃手套。

案例四 某金属易拉罐生产企业气体爆燃事故案例

K 县 H 公司为金属易拉罐生产企业，共有员工 350 人。主要生产工艺包括剪切、缝焊、涂布、烘烤、翻边、卷封、测漏、检验、包装、入库等。

H公司生产厂房为3层建筑，门卫室旁建有5层员工宿舍，保安人员宿舍位于员工宿舍地下一层。

2019年5月18日22时30分，H公司保安人员甲回宿舍打开照明灯开关时，突然发生气体爆燃，造成甲重伤，同宿舍的保安乙、丙轻伤。H公司总经理丁接到事故报告后，启动了应急救援预案，组织开展救援，并向K县有关部门进行了报告。

该起事故经济损失包括建筑物修缮费用5万元，伤员医疗费用200万元，应急处置费用10万元，歇工工资5万元，补充新保安人员培训费用0.8万元等。事故调查发现，H公司员工宿舍毗邻的市政道路路面下埋压的天然气中压管线泄漏，泄漏的天然气通过土壤渗透，经污水管线侵入H公司员工宿舍地下一层，并在保安人员宿舍内积聚，达到爆炸浓度，遇开关电火花引发爆燃。

2016年6月，该市政道路路面进行了雨洪工程施工，由K县L市政公司发包给J企业，J企业在施工过程中，将一段角钢遗落在天然气管线上方土壤内，M监理公司未发现上述隐患。工程完工后，该路段恢复通车，因过往货车较多，导致角钢长期挤压天然气管线，造成管线破裂泄漏。

事发后，N燃气公司采取紧急停气措施，并对管线进行了抢修，经检测合格后恢复正常运行。

根据以上场景，回答下列问题（1~2题为单项选择题，3~5题为多项选择题）：

1. 根据《生产安全事故报告和调查处理条例》（国务院令第493号），H公司负责人接到事故报告后，应当向K县应急管理部门报告的时限为（　　）h内。

    A. 1　　　　　　　　　　　　　　B. 2

    C. 4　　　　　　　　　　　　　　D. 12

    E. 24

2. 该起事故的主要责任单位为（　　）。

    A. H公司和J企业　　　　　　　　B. J企业

    C. J企业和L市政公司　　　　　　D. J企业和M监理公司

    E. J企业和N燃气公司

3. 该起事故的直接原因包括（　　）。

    A. 角钢挤压天然气管线　　　　　　B. 甲开灯引爆天然气

    C. J企业未将角钢及时清除　　　　D. 雨洪工程和天然气管线布局不合理

    E. N燃气公司未及时发现泄漏

4. 预防此类事故应采取的安全措施有（　　）。

    A. 加强施工过程安全监管　　　　　B. 建立施工技术交底制度

    C. 禁止保安人员在地下室居住　　　D. 增加天然气管线泄漏监测系统

    E. 增加相关视频监控

5. 该起事故的直接经济损失包括（　　）。

    A. 建筑物修缮费用5万元　　　　　B. 伤员医疗费用200万元

    C. 应急处置费用10万元　　　　　D. 歇工工资5万元

    E. 补充新保安人员培训费用0.8万元

答案详解

1. A。事故发生后，事故现场有关人员应当立即向本单位负责人报告；单位负责人接到报告后，应当于1h内向事故发生地县级以上人民政府应急管理部门和负有安全生产监督管理职责的有关部门报告。

2. D。根据《建筑法》，建设单位应当向建筑施工企业提供与施工现场相关的地下管线资料，建筑施工企业应当采取措施加以保护。根据《建设工程安全生产管理条例》（国务院令第393号），工程监理单位和监理工程师应当按照法律、法规和工程建设强制性标准实施监理，并对建设工程安全生产承担监理责任。

3. AB。人的不安全行为或物的不安全状态是造成事故的直接原因。本起事故中，角钢挤压天然气管线导致天然气泄漏，甲开灯引爆天然气是事故发生的直接原因。

4. ABD。加强施工过程安全监管、建立施工技术交底制度能够防止因施工问题造成的天然气管道泄漏。增加天然气管道泄漏监测系统能够在天然气管道发生泄漏后及时发现问题，避免爆炸事故的发生。禁止保安人员在地下室居住、增加相关视频监控不能预防此类事故的发生。

5. ABCD。直接经济损失：①人身伤亡后所支出的费用，包括医疗费用（含护理费用）、丧葬及抚恤费用、补助及救济费用、歇工工资。②善后处理费用，包括处理事故的事务性费用、现场抢救费用、清理现场费用、事故罚款和赔偿费用。③财产损失价值，包括固定资产损失价值、流动资产损失价值。

间接经济损失：①停产、减产损失价值。②工作损失价值。③资源损失价值。④处理环境污染的费用。⑤补充新职工的培训费用。⑥其他损失费用。

案例五　某供气公司爆炸事故案例

A供气公司位于N省B市C县工业园区内，有员工225人，法定代表人为甲。甲认为，公司员工不足300人，没有必要设置安全生产管理部门，也没有必要配备专职安全生产管理人员。公司技术人员乙于2016年通过了全国注册安全工程师职业资格考试，但未注册。乙被甲任命为公司兼职安全生产管理人员。

A供气公司生产的煤气主要供市民及周边企业使用。该公司3号、4号焦炉煤气工程（简称焦炉煤气工程）于2015年8月取得C县规划局《关于A供气公司3号、4号焦炉煤气工程的选址意见》的批复，2016年12月取得B市发展和改革委员会《关于A供气公司3号、4号焦炉煤气工程的批复意见》。

焦炉煤气工程的主要设备设施包括60万t/年焦炉2座，备煤、煤气净化、生产回收装置，50000m³稀油密封干式煤气柜（简称气柜）1座。

气柜内部设有可上下移动的活塞，活塞下部空间储存煤气，上部空间有与大气相连的通气孔。正常生产状况下，活塞在气柜内做上升、下降往复运动，起储存焦炉煤气和稳定煤气管网压力的作用。

气柜于2017年5月开工建设，气柜施工没有聘用工程监理。在气柜建设期间，未经具有相关资质的设计单位设计，在气柜顶部安装了非防爆的照明射灯、摄像探头等用电设备。2018年7月完工。施工完成后，没有依据相关标准和规范进行项目验收，施工的相关档案资料不全。2018年9月投入试运行后，A供气公司未对焦炉煤气工程进行安全验收评价，也未向相关安全生产监督管理部门申请安全验收，一直处于试生产阶段。

至2019年9月25日，气柜试运行正常。2019年9月26日9时20分，气柜内活塞密封油液位下降，气柜活塞密封系统失效，煤气由活塞下部空间泄漏到活塞上部空间，气柜顶部气体检测报警器频繁报警。乙多次将上述情况向甲报告，但未引起重视，气柜一直带"病"运行。

2019年9月28日17时56分，气柜突然发生爆炸，造成气柜本体损毁报废，周边直径约150m范围内砖墙倒塌，直径约1000m范围内建筑物门窗部分损坏。爆炸导致气柜北侧粗苯工段的洗苯塔、脱苯塔以及回流槽损坏，粗苯泄漏并被引燃，造成火灾。

该起事故共造成3人死亡、4人重伤、29人轻伤。事故损失包括受伤人员的医疗费用450万元，受伤人员的歇工工资260万元，设备设施等固定资产损失3800万元，清理现场的费用120万元，损坏建筑物的维修费用322万元，粗苯泄漏环境污染的处置费用65万元，补充新职工的培训费用3万元，善后及丧葬抚恤金1150万元，事故罚款200万元等。

根据以上场景，回答下列问题（1~3题为单项选择题，4~7题为多项选择题）：

1. 焦炉煤气工程竣工后，非正式投产或使用前，A供气公司依法必须开展的工作有（　　）。
   A. 气柜安全现状评价
   B. 焦炉煤气工程试运行
   C. 报应急管理部进行气柜安全情况备案
   D. 组织焦炉煤气工程安全设施竣工验收
   E. 将焦炉煤气工程建设施工资料报送相关安全生产监督管理部门备案

2. 根据《生产安全事故报告和调查处理条例》（国务院令第493号），负责该起事故调查的应为（　　）。
   A. N省安全生产委员会　　　　B. N省人民政府
   C. B市建设行政管理部门　　　D. B市人民政府
   E. B市安全生产委员会

3. 根据《危险化学品生产企业安全生产许可证实施办法》（国家安全生产监督管理总局令第41号），下列关于A供气公司安全生产管理机构设置和安全生产管理人员配置的说法中，正确的是（　　）。
   A. A供气公司从业人员不足300人，可不设置安全生产管理机构
   B. A供气公司从业人员不足300人，可不配备专职安全生产管理人员
   C. A供气公司应委托具有相应资质的注册安全工程师事务所进行安全生产管理
   D. A供气公司应设置安全生产管理机构并配备专职安全生产管理人员
   E. A供气公司应设置安全生产管理机构或配备兼职安全生产管理人员

4. 下列事故损失中，应列为事故直接经济损失的有（　　）。
   A. 受伤人员的歇工工资260万元
   B. 清理现场的费用120万元
   C. 粗苯泄漏环境污染的处置费用65万元
   D. 补充新职工的培训费用3万元
   E. 事故罚款200万元

5. A供气公司气柜操作人员的安全培训应包括的主要内容有（　　）。
   A. 煤气燃烧爆炸特性
   B. 气柜操作应注意的安全事项
   C. 气体检测报警器的标定方法
   D. 气柜运行的工况参数
   E. 气柜建设施工方法

6. 甲最后被判处有期徒刑，关于甲刑满释放后的就业限制，下列说法中正确的有（　　）。
   A. 5年后可以从事化工企业安全生产管理工作
   B. 5年后可以担任化工企业的主要负责人
   C. 终身不得担任化工企业的主要负责人
   D. 5年内不得担任任何生产经营单位的主要负责人
   E. 终身不得担任任何生产经营单位的主要负责人

7. A 供气公司存在的违反安全生产法律法规和安全生产标准的行为有（   ）。

    A. 在气柜顶部安装非防爆的照明射灯和摄像探头

    B. 未申请危险化学品建设项目安全设施竣工验收

    C. 安全生产管理员乙未取得注册安全工程师职业资格证

    D. 未及时查明气体检测报警器频繁报警的原因

    E. 施工相关档案资料不全

答 案 详 解

1. B。建设项目安全设施建成后，生产经营单位应当对安全设施进行检查，对发现的问题及时整改。建设项目竣工后，根据规定建设项目需要试运行（包括生产、使用，下同）。应当在正式投入生产或者使用前进行试运行，试运行时间应当不少于 30 日，最长不得超过 180 日，国家有关部门有规定或者特殊要求的行业除外。生产、储存危险化学品的建设项目，应当在建设项目试运行前将试运行方案报负责建设项目安全许可的应急管理部门备案。建设项目安全设施竣工或者试运行完成后，生产经营单位应当委托具有相应资质的安全评价机构对安全设施进行验收评价，并编制建设项目安全验收评价报告。

2. B。根据生产安全事故（以下简称事故）造成的人员伤亡或者直接经济损失，事故一般分为以下等级：

1）特别重大事故，是指造成 30 人以上（含 30 人）死亡，或者 100 人以上（含 100 人）重伤（包括急性工业中毒，下同），或者 1 亿元以上（含 1 亿元）直接经济损失的事故。

2）重大事故，是指造成 10 人以上（含 10 人）30 人以下死亡，或者 50 人以上（含 50 人）100 人以下重伤，或者 5000 万元以上（含 5000 万元）1 亿元以下直接经济损失的事故。

3）较大事故，是指造成 3 人以上（含 3 人）10 人以下死亡，或者 10 人以上（含 10 人）50 人以下重伤，或者 1000 万元以上（含 1000 万元）5000 万元以下直接经济损失的事故。

4）一般事故，是指造成 3 人以下死亡，或者 10 人以下重伤，或者 1000 万元以下直接经济损失的事故。

特别重大事故由国务院或者国务院授权有关部门组织事故调查组进行调查。重大事故、较大事故、一般事故分别由事故发生地省级人民政府、设区的市级人民政府、县级人民政府负责调查。省级人民政府、设区的市级人民政府、县级人民政府可以直接组织事故调查组进行调查，也可以授权或者委托有关部门组织事故调查组进行调查。未造成人员伤亡的一般事故，县级人民政府也可以委托事故发生单位组织事故调查组进行调查。

本案例中事故共造成 3 人死亡、4 人重伤、29 人轻伤，直接经济损失 =（450 + 260 + 3800 + 120 + 1150 + 200）万元 = 5980 万元，因此属于重大事故。

3. D。根据《危险化学品生产企业安全生产许可证实施办法》（国家安全生产监督管理总局令第 41 号），企业应该依法设置安全生产管理机构，配备专职安全生产管理人员。配备的专职安全生产管理人员必须能够满足安全生产的需要。

4. ABE。本案例中的直接经济损失包括医疗费用（含护理费用）450 万元、善后及丧葬抚恤金 1150 万元、歇工工资 260 万元、清理现场费用 120 万元、事故罚款 200 万元、固定资产损失价值 3800 万元。

5. ABCD。生产经营单位对其他从业人员应进行三级安全教育培训。三级安全教育是指厂、车间、班组的安全教育。

厂级安全生产教育培训是入厂教育的一个重要内容，其重点是生产经营单位安全风险辨识、安全生产管理目标、规章制度、劳动纪律、安全考核奖惩、从业人员的安全生产权利和义务、有关事故案例等。

车间级安全生产教育培训是在从业人员工作岗位、工作内容基本确定后进行，由车间一级组织。培训内容重点是本岗位工作及作业环境范围内的安全风险辨识、评价和控制措施；典型事故案例；岗位安全职责、操作技能及强制性标准；自救互救、急救方法，疏散和现场紧急情况的处理；安全设施、个人防护用品的使用和维护。

班组级安全生产教育培训是在从业人员工作岗位确定后，由班组组织，除班组长、班组技术员、安全员对其进行安全教育培训外，自我学习是重点。班组安全教育培训的重点是岗位安全操作规程、岗位之间工作衔接配合、作业过程的安全风险分析方法和控制对策、事故案例等。

A供气公司气柜操作人员的安全培训应包括的主要内容有：煤气燃烧爆炸特性；气柜操作应注意的安全事项；气体检测报警器的标定方法；气柜运行的工况参数。

6. ABD。依据《生产安全事故报告和调查处理条例》（国务院令第493号）的规定，事故发生单位对事故发生负有责任的，由有关部门依法暂扣或者吊销其有关证照；对事故发生单位负有事故责任的有关人员，依法暂停或者撤销其与安全生产有关的执业资格、岗位证书；事故发生单位主要负责人受到刑事处罚或者撤职处分的，自刑罚执行完毕或者受处分之日起，5年内不得担任任何生产经营单位的主要负责人。

7. ABDE。气柜顶部安装了非防爆型照明射灯和摄像探头，根据环境光照情况自动智能开启，发生爆炸时，照明射灯和摄像探头具备了处于开启状态的条件，是可能的点火源之一。建设项目安全设施竣工或者试运行完成后，生产经营单位应当委托具有相应资质的安全评价机构对安全设施进行验收评价，并编制建设项目安全验收评价报告。气体检测报警器频繁报警应该及时查明原因，提出预防和改进措施。施工的相关档案资料必须保存完整。

案例六 某肉制品加工企业安全管理案例

E企业为肉制品加工企业，占地面积12000m²，有员工611人。

E企业主要建（构）筑物有：综合办公楼、宿舍楼、生产车间、冷库、锅炉房、变电站、制冷车间、污水处理站等，主要原料和辅料有：肉、水、肉外包料、食品添加剂等。主要生产工序为：原料采购运输、解冻挑拣、滚揉搅拌、灌装成型、熏蒸、包裹、冷藏、运输等。主要设备设施有：10辆冷藏车、4台叉车、4台氨压缩机、2个氨储罐、1台4t/h燃气锅炉、1台导热油锅炉、2台1800kV·A干式变压器、若干肉制品专用设备，以及热力、制冷管网等。

2018年12月，为消除液氨隐患，该企业将制冷车间的制冷工艺由液氨制冷改为二氧化碳制冷，并按照变更管理的要求实施该项目。

E企业污水处理站的厌氧发酵池为半封闭结构，长×宽×深＝5m×4m×4m，顶部设有两个1m×1m的入口，设有围栏防护，未设置安全警示标志。现场配有3根安全带、3条安全绳、2个救生圈、1套电动起重机、1套维修工具。

2019年5月10日9时，厌氧发酵池内污泥泵故障，当班班长甲发现故障后，立即安排当班工人乙、丙入池维修。恰逢企业安全部安全管理人员丁现场检查，丁及时制止了入池维修作业。当天下午，企业安全部对污水处理站全体员工进行了安全教育培训。

为全面提升企业安全生产管理水平，2019年6月，E企业根据生产经营活动的特点，进行了全员安全培训、系统安全大检查，完善了安全生产规章制度、操作规程和应急预案。

根据以上场景，回答下列问题：

1. 简述制冷车间制冷工艺变更管理的相关安全要求。

2. 根据《工贸行业重大生产安全事故隐患判定标准（2017 版）》，辨识以上场景存在的重大隐患。

3. 简述 E 企业污水处理站维修作业的安全管理要求。

4. 简述 E 企业安全管理人员对污水处理站全体员工进行安全教育培训应包含的主要内容。

答 案 详 解

1. 制冷车间制冷工艺变更管理的相关安全要求：

1）企业应制定变更管理制度。

2）变更前应对变更过程及变更后可能产生的安全风险进行分析。

3）制定控制措施。

4）履行审批及验收程序。

5）告知和培训相关从业人员。

2. 存在的重大隐患：

1）未对有限空间作业场所进行辨识，未设置明显安全警示标志。

2）当班班长甲发现故障后，立即安排当班工人乙、丙入池维修。未落实作业审批制度，擅自进入有限空间作业。

3. E 企业污水处理站维修作业的安全管理要求：

1）实行作业审批制度，严禁擅自进入有限空间作业。

2）实施作业前，制定有限空间作业方案，并对作业人员进行培训，合格后方可作业。

3）作业应当严格遵守"先通风、再检测、后作业"的原则，严禁通风、检测不合格作业。

4）设置明显的安全警示标志和警示说明，作业前后清点作业人员和工器具。

5）作业现场应设置监护人员，同时监护人员不得离开岗位，并与作业人员保持联系。

6）必须配备个人防中毒窒息等劳动防护用品或设备，设置安全警示标志。

7）存在交叉作业时，采取避免互相伤害的措施。

8）对作业场所中的危险有害因素进行定时检测或者连续监测。

9）必须制定应急措施，现场配备应急装备，严禁盲目施救。

4. 安全教育培训应包含的主要内容：

1）岗位安全操作规程。

2）作业现场危险有害因素。

3）具体安全防护措施。

4）具体的互保监护措施。

5）实施作业的具体步骤。

6）实施作业的注意事项。

7）突发意外时的应急措施。

8）典型事故和案例分析。

案例七　某发电厂安全管理案例

2019 年 7 月 14 日 14 时，P 开发区 Q 发电厂烟气脱硫脱硝工段液氨罐区的 2 号储罐发生泄漏，造成厂内正在液氨罐区下风向 100m 处煤场作业的 4 名作业人员中毒，以及下风向 150m 处 Q 发电厂外鱼塘边垂钓者多人感觉不适。

14 时 15 分，Q 发电厂总经理甲接到事故报告后，立即启动应急救援预案，成立了现场应急指挥小组。随后，Q 发电厂监控室拉响应急警报，启用应急广播，疏散厂区内人员至安全地带，并拨打 119、120 等报警求助电话；同时甲向 P 开发区管理委员会报告了事故情况。P 开发区管理委员会随即启动了区级应急救援预案，组织 Q 发电厂周边人员紧急疏散。14 时 30 分，P 开发区消防救援大队 2 台消防车和抢险人员到达事故现场。抢险人员经过 30min 的处置，成功封堵液氨储罐泄漏点，并对泄漏现场进行了洗消。17 时 10 分，技术人员用气体检测仪对事故现场及周边区域进行检测，确认险情已被排除，在清点核实人数后，事故现场应急救援工作结束。

Q 发电厂液氨罐区有 2 个容积 100m³ 液氨储罐，最大充装系数 0.8，设计压力 2.5MPa，最高工作压力 1.2MPa，安全阀开启压力 1.6MPa，现存液氨 80t。Q 发电厂液氨罐区属于扩建项目，设计和施工由 R 公司承担。R 公司具有相应的甲级设计、施工资质。该项目未按规定履行安全设施"三同时"手续，液氨储罐未按规定在特种设备安全监督管理部门办理使用登记。

根据以上场景，回答下列问题：

1. 判断 Q 发电厂液氨罐区是否构成重大危险源，简述液氨储罐泄漏应采取的应急处置措施。
2. 简述 Q 发电厂针对液氨储罐泄漏编制的专项应急预案的主要内容。
3. 列出液氨罐区扩建项目的主要安全设施。
4. 为防止类似事故发生，简述 Q 发电厂应采取的安全管理措施。

答案详解

1. 液氨罐区构成重大危险源。

液氨储罐泄漏应采取的应急处置措施：①启动应急预案，拨打 119、120 电话，并向地方人民政府报告。②控制现场火源、电源。③通知现场和周边人员撤离。④搜救伤员。⑤监测风向、风速、空气中氨气浓度及扩散范围、环境中氨含量。⑥设置警戒线，周边交通管制。⑦现场抢险处置。⑧人员清点等。

2. Q 发电厂针对液氨储罐泄漏编制的专项应急预案的主要内容：液氨泄漏风险分析；应急指挥机构及职责；液氨泄漏处置程序；液氨泄漏处置措施。

3. 液氨罐区扩建项目的主要安全设施：储罐围堰；储罐喷淋装置；氨气泄漏报警装置；洗消装置；人体静电消除装置；事故应急池；风向标；应急物资柜。

4. Q 发电厂应采取的安全管理措施：建立健全并落实危险化学品管理制度；严格执行项目安全设施"三同时"制度；加强设备巡查；加强监控和预警措施；加强特种设备使用管理；加强应急教育培训和演练；加强相关方管理。

案例八　某发动机研发企业安全检查案例

S 公司为发动机研发企业，占地 100000m²，有员工 350 人，其中专职安全管理人员 2 人。2018 年 S 公司新建发动机试验技术中心，该中心由主功能区和辅助区组成。主功能区建筑面积 20000m²，建筑高度 13.75m；辅助区建筑面积 10000m²，建筑高度 5m，均为单层钢结构建筑，房顶采用彩钢板。

主功能区和辅助区均为独立的防火分区，配有相应的消防器材。发动机试验技术中心四周铺设了环形水泥道路，建筑内设疏散通道、安全出口和火灾报警系统。发动机试验技术中心主要进行发动机性能测试，所使用的化学品包括柴油、机油、氢气、液氮、天然气、清洗剂等。

主功能区包括拆卸区、柴油机性能试验区和发动机存放区。拆卸区配备了额定起重量 500kg

的悬臂起重机、电瓶叉车、翻转台各1台，工作压力0.7MPa容积$6m^3$的压缩空气罐2个；柴油机性能试验区有8个试验间（重型发动机台架和轻型发动机台架各4个）、4个设备间和1个控制间；发动机存放区分为重型发动机区和轻型发动机区。辅助区包括配电间、工具间、液氮间、氢气瓶间、辅料间、清洗间、控制间、空调间和循环水泵房。

发动机试验技术中心按照第二类防雷建筑物设计，采用在屋顶敷设接闪带的方式，预防直击雷。主功能区和辅助区均设有独立的配电系统，建筑物采取了防触电及接地安全措施，高、低压电气设备的金属外壳及其金属支架设置了保护接地线（PE线）；低压系统中，变压器中性点直接接地，接地电阻不大于1Ω，电缆的PE线在引入建筑物处按规范进行了重复接地；建筑物内的导电体均进行了等电位联结。

根据以上场景，回答下列问题：

1. 根据《企业职工伤亡事故分类》（GB 6441—1986），辨识拆卸区存在的危险有害因素。
2. 简述发动机试验技术中心氢气瓶间的安全技术要求。
3. 列出与建筑物接地线等电位联结的导电体名称。
4. 简述对压缩空气罐进行安全检查的要点。

答案详解

1. 拆卸区存在的危险有害因素：车辆伤害；机械伤害；触电；火灾；物体打击；容器爆炸。
2. 发动机试验技术中心氢气瓶间的安全技术要求：有可靠的通风换气装置；设置泄漏报警器；设置防爆电气；设置防静电装置；配备灭火器材；空瓶和实瓶应分区放置；有防倾倒措施；防振圈、瓶帽等安全附件齐全。
3. 与建筑物接地线等电位联结的导电体名称：PE线；PEN干线；电气装置接地极的接地干线；建筑物金属构件。
4. 对压缩空气罐进行安全检查的要点：检查压力容器登记使用证；检查压力容器定期检验报告；检查安全阀、压力表等安全附件检验合格证，作业人员持证上岗；检查排污阀是否定期排污；安全阀定期手动起跳试验；压力容器压力是否在正常运行范围内；安全操作规程、现场应急处置方案、运行记录。

案例九　某淀粉公司粉尘爆炸事故案例

2016年，G淀粉公司雇用临时人员把仓库改造成第三生产车间。该车间为长80m、宽50m、高15m的桁架砖混结构建筑，分成打包间和产品暂存间。打包间用7m高砖墙与产品暂存间分隔。打包间内有打包机8台、振动筛8台。振动筛安装在6m高的二层钢制平台上，振动筛内筛子采用木质框架，筛子四角与振动筛用铁质螺栓连接。振动筛开关和电动机为防爆电器设备。

2018年3月10日10时30分，当班班长甲发现4号打包机故障，二层钢制平台滞留了大量淀粉，散落到打包间地面上。甲关停4号打包机，并向车间主任报告。14时，甲带领10名工人到二层钢制平台清理淀粉。一部分工人使用扫把、铁锹等工具清理平台上的淀粉，装包后，通过楼梯把成包淀粉滚落到打包车间地面上，或从二层平台直接将淀粉包扔到打包间地面上。另一部分工人用铁制扳手卸下筛子，用铁棍敲击清理筛子上的淀粉。

当清理工作进行到15时10分时，突然发生燃爆，而后发生多次爆炸，打包间一片火海，第三生产车间厂房的四面墙体全部倒塌。事发时，打包间和产品暂存间分别有作业人员19人和79人。事故导致18人死亡、7人重伤、38人轻伤。

事故发生后，当地政府立即成立现场救援指挥部搜救人员。多次进入车间搜救，利用切割机、生命探测仪、液压顶杆、起重气垫等装备进行救援，并在厂房周边同时用消防水枪降温，防止再次燃爆。

根据以上场景，回答下列问题：

1. 指出引起淀粉燃爆的基本条件。
2. 分析该起事故的直接原因和间接原因。
3. 指出淀粉爆炸与气体爆炸在爆炸特性方面的不同。
4. 指出 G 淀粉公司为预防此类事故再次发生应采取的安全技术措施和安全管理措施。

答案详解

1. 引起淀粉爆炸的基本条件是：
1) 助燃剂（或氧气）。
2) 淀粉粉尘悬浮在空气中并达到了一定浓度，达到爆炸极限。
3) 点火源（或引火源）。
2. 该起事故的直接原因：
1) 空气中的粉尘达到爆炸极限。
2) 大量使用铁质工具，摩擦产生火花。
该起事故的间接原因：
1) 企业安全生产条件不具备。
2) 公司的安全生产制度不健全，对员工的安全教育与培训不到位。
3) 清理淀粉前没有进行安全风险分析。
3. 淀粉爆炸与气体爆炸在爆炸特性方面的不同：
1) 粉尘点火能高（高达几十毫焦），气体点火能低（小于1mJ）。
2) 粉尘爆炸常有多次爆炸，气体爆炸一般只有一次爆炸。
3) 粉尘爆炸孕育期长（达秒级），气体爆炸孕育期短（微秒到毫秒级）。
4) 淀粉爆炸速度或爆炸压力上升速度比气体爆炸小，但燃烧时间长，产生的能量大，破坏程度大。
4. G 淀粉公司为预防此类事故再次发生应采取的安全技术措施主要有：①厂房设计采用防爆设计。②改进操作工具，清理淀粉采用防爆工具。③设置粉尘浓度报警装置。④电气接地。⑤采用除尘措施。

G 淀粉公司为预防此类事故再次发生应采取的安全管理措施包括：①淀粉清理方案经批准后实施。②加强员工的安全教育与安全培训，提高员工的安全意识。③完善安全生产责任制。④健全各项规章制度。⑤设置警示标志。

案例十　某水泥生产企业安全生产标准化建设案例

F 工厂为水泥生产企业，占地面积300000m²，有员工580名。

F 工厂主要设施包括石灰石库、原材料堆场、燃料库、水泥成品筒形库、备件材料存储仓库、水泥包装设施、水泥散装设施、维修车间、配电室等。主要设备包括回转窑1条，球磨机2台，磨煤机1台，选粉机4台，碾压机2台，高压离心风机9台，螺杆机空气压缩机8台，桥式刮板取料机1台，侧堆取料机4台，电收尘器2套，带式机25条，制冷机1台，9MW 余热发电机组1套及配套锅炉 2 台，回转式包装机 3 台，叉车 4 辆，起重设备 3 台，电气焊设备及气瓶若干。

2017 年 8 月，F 工厂启动了安全生产标准化二级企业达标创建工作，按照相关要求，F 工厂总经理甲指定安环部成立应急预案编制小组，由安环部部长任组长，安环部其他员工为组员，10 月初完成了应急预案编制并由组长签发。2018 年 12 月，该厂通过了安全生产标准化二级企业验收。

2019 年 4 月底，该厂在安全生产大检查中发现水泥成品筒形库内壁有附着物，存在脱落风险，必须进行清理，5 月 8 日，F 工厂维修班当班班长丙在办理《高处作业安全许可证》后，安排架子工搭设了 16m 高脚手架，维修班员工丁、戊登高对成品筒形库内壁进行清理维修，于当天 15 时完成该项作业。

2019 年 6 月 10 日，F 工厂按照《企业安全生产标准化基本规范》（GB/T 33000—2016）关于设备设施检维修要求，编制了检维修方案，对 3 号窑进行了检维修，当天 4 时 03 分，止火停窑；10 时 37 分，窑油煤混烧保温。窑内油煤混燃，产生大量的一氧化碳，窑内烟气经过预热器进入增湿塔和生料粉磨系统后，再进入窑尾电收尘器，在检修过程中，进入窑尾电收尘器进行了维修。

根据以上场景，回答下列问题：

1. 指出 F 工厂应急预案编制过程中存在的问题，并简述应急预案的编制程序。

2. 简述水泥成品筒形库内壁清理维修高处作业完工后的安全要求。

3. 根据《企业安全生产标准化基本规范》（GB/T 33000—2016），简述 F 工厂 3 号窑检维修方案应包括的主要内容。

4. 根据《企业职工伤亡事故分类》（GB 6441—1986），辨识 3 号窑尾电收尘器检修过程中存在的危险有害因素。

5. 指出进入 3 号窑尾电收尘器进行维修作业时应佩戴的劳动防护用品，并说明其作用。

答案详解

1. 应急预案编制过程中存在的问题：

1）安环部部长任组长。

2）应急预案编制并由组长签发。

应急预案的编制程序：

1）成立应急预案编制工作组。

2）资料收集。

3）风险评估。

4）应急能力评估。

5）编制应急预案。

6）应急预案评审。

2. 高处作业完工后的安全要求：

1）作业现场清扫干净，作业用的工具、拆卸下的物件及余料和废料应清理运走。

2）脚手架拆除时，应设警戒区，并派专人监护。拆除脚手架、防护棚时不得上下同时施工。

3）临时用电的线路应由持证电工拆除。

4）作业人员要安全撤离现场，验收人在"作业证"上签字。

5）拆除脚手架时需制定专项施工方案。

3. 根据《企业安全生产标准化基本规范》（GB/T 33000—2016），F 工厂 3 号窑检维修方案的内容包括检维修设备的目标和任务；采取的方法和措施；经费和物资的落实；负责检维修的机构和人员；检维修的时限和要求；安全措施和应急预案。

4. 3 号窑尾电收尘器检修过程中存在的危险有害因素：

1）中毒与窒息。

2）机械伤害。

3）火灾。

4）触电。

5）物体打击。

6）高处坠落。

7）其他爆炸。

8）其他伤害。

5. 维修作业时应佩戴的劳动防护用品及作用：

1）安全帽：防止砸伤。

2）防尘口罩：防止粉尘。

3）安全带：预防高处坠落。

4）空气呼吸器：应急救护。

5）防静电工作服：防止静电。

6）防静电鞋：防止静电。

7）防静电手套：防止静电。

案例十一　某肉制品企业安全生产标准化建设案例

D 企业是一家肉制品生产、仓储、物流、销售企业，现有员工 612 人。2016 年 3 月开始试生产，甲为 D 企业法定代表人，乙为实际控制人，丙为负责安全生产的副总经理，丁为总会计师，戊为总工程师。

D 企业的主要生产工序为：原料采购运输→解挑拣→滚揉斩切→灌装成型→熏蒸→包装→冷藏等，主要原料为：肉、水、食品添加剂等，生产过程中使用天然气、液氨、柴油。

D 企业的主要建筑物有：生产车间、制冷站、冷库、备料库、配电室、锅炉污水处理站、宿舍楼等，主要设备有：4t/h 的燃气/燃油蒸汽锅炉 2 台，0.15MW 导热油锅炉 1 台，1000kV·A 变压器 2 台，宿舍楼客用电梯 2 部，制冷成套设备 1 套（制冷剂为 20 氨），叉车 10 台，冷藏车 20 辆，肉制品专用设备若干以及蒸汽、制冷管网等。

2016 年底，D 企业开始创建安全生产标准化企业，委托 E 安全咨询公司进行企业风险评估、隐患排查等工作，发现制冷站存在氨泄漏的重大事故隐患；配电室占压地下燃气管道，存在火灾爆炸隐患。

D 企业根据自身生产经营活动特点及 E 安全咨询公司的建议，完善了安全生产规章制度，层层签订了安全生产责任书，开展了相应的安全生产教育培训，制定了隐患治理方案，修订了相关应急救援预案。

根据以上场景，回答下列问题：

1. 列出 D 企业的特种设备清单。

2. 针对制冷站存在氨泄漏这一重大事故隐患，根据《安全生产事故隐患排查治理暂行规定》（国家安全生产监督管理总局令第 16 号）简述该隐患治理方案的主要内容。

3. 根据《中共中央国务院关于推进安全生产领域改革发展的意见》和《安全生产法》，指出

D 企业安全生产的第一责任人，并说明其安全生产职责。

4. 提出针对 D 企业配电室火灾爆炸事故的应急处置措施。

答案详解

1. D 企业的特种设备清单：4t/h 的燃气/燃油蒸汽锅炉 2 台，0.15MW 导热油锅炉 1 台，宿舍楼客用电梯 2 部，制冷成套设备 1 套（制冷剂为 20 氨），叉车 10 台，冷藏车 20 辆，蒸汽、制冷管网等。

2. 针对制冷站存在氨泄漏这一重大事故隐患，根据《安全生产事故隐患排查治理暂行规定》（国家安全生产监督管理总局令第 16 号）该隐患治理方案的主要内容包括：

1）治理的目标和任务。

2）采取的方法和措施。

3）经费和物资的落实。

4）负责治理的机构和人员。

5）治理的时限和要求。

6）安全措施和应急预案。

3. 根据《中共中央国务院关于推进安全生产领域改革发展的意见》和《安全生产法》，D 企业安全生产的第一责任人为甲和乙，其安全生产职责包括：

1）建立、健全、落实本单位安全生产责任制。

2）组织制定本单位安全生产规章制度和操作规程。

3）组织制定并实施本单位安全生产教育和培训计划。

4）确保本单位安全生产投入的有效实施。

5）督促、检查本单位的安全生产工作，及时消除生产安全事故隐患。

6）组织制定并实施本单位的生产安全事故应急救援预案。

7）及时、如实报告生产安全事故。

4. 针对 D 企业配电室火灾爆炸事故的应急处置措施包括：

1）立即组织营救受害人员，组织撤离危害区域内的其他人员。

2）配电室断开与着火部位电源，停电操作必须严格执行电气安全操作规程和监护制度。

3）切断地下燃气管道输送介质，安全排放残余燃气。

4）配电室扑灭火源时严禁用水、泡沫、水基型灭火器，必须用干粉灭火器或二氧化碳灭火器。

5）必须正确穿戴个人防护用品，应急人员佩戴好防毒口罩、应急照明器具、通信器材。

6）严重火灾立即拨打 119 火警电话请求外援。

案例十二　某机械加工车间吊装作业重伤事故案例

某厂有机械加工车间、喷漆车间、锅炉房及厂内油库等。机械加工车间有：加工机械 7 台（套），额定起重量 2.5t 的升降机 1 台，额定起重量 1.5t、提升高度 2m 的起重机 1 台，叉车 2 台。喷漆车间有调漆室、喷漆室、油漆临时储藏室、人员休息室等。锅炉房有 2 台出口水压 0.4MPa（表压）、额定出水温度 149℃、额定功率 28MW 的锅炉。厂内油库有 3t 的汽油储罐 1 个及其配套的加油设备。2018 年 12 月 3 日 7 时 30 分（8 时正式上班），机械加工车间起重工小李做好了起吊准备，在其他人未到场的情况下开始吊装作业。7 时 45 分，小陈进入机械加工车间，未走人行道进入吊装作业区，被起吊的钢件撞成重伤，小李慌忙停止吊装。

根据以上场景，问答下列问题：

1. 指出该厂可能发生爆炸的设备或场所，并说明爆炸的性质。

2. 根据《特种设备安全监察条例》（国务院令第 373 号），简要说明该厂特种设备使用应遵守的安全规定。

3. 指出此次事故调查组应由哪些成员构成。

4. 简要写出此次事故的事故调查报告。

答案详解

1. 该厂可能发生爆炸的设备或场所有：

1）喷漆车间、调漆室。爆炸的性质为化学性爆炸。

2）锅炉房。爆炸的性质为物理性爆炸。

3）厂内油库。爆炸的性质为化学性爆炸。

4）油漆临时储藏室。爆炸的性质为化学性爆炸。

2. 根据《特种设备安全监察条例》（国务院令第 373 号），该厂特种设备使用应遵守以下安全规定：

1）特种设备使用单位应当使用符合安全技术规范要求的特种设备，保证特种设备的安全使用。

2）特种设备在投入使用前或者投入使用后 30d 内，特种设备使用单位应当向直辖市或者设区的市的特种设备安全监督管理部门登记。

3）特种设备使用单位应当建立特种设备安全技术档案。

4）特种设备使用单位应当对在用特种设备进行经常性日常维护保养，定期自行检查，并进行记录。

5）特种设备使用单位应在安全检验合格有效期届满前 1 个月向特种设备检验检测机构提出定期检验要求。检验检测机构接到定期检验要求后，应当按照安全技术规范的要求及时进行检验。未经定期检验或者检验不合格的特种设备，不得继续使用。

6）特种设备出现故障或者发生异常情况，使用单位应当对其进行全面检查，消除事故故障后，方可重新投入使用。

7）特种设备存在严重事故隐患，无改造、维修价值，或者超过安全技术规范规定使用年限，特种设备使用单位应当及时予以报废，并应当向原登记的特种设备安全监督管理部门办理注销。

8）特种设备使用单位应当制定特种设备的事故应急措施和救援预案。

9）特种设备作业人员按照国家有关规定经特种设备安全监督管理部门考核合格，取得国家统一格式的特种作业人员证书，方可从事相应的作业或者管理工作。

10）特种设备使用单位应当对特种设备作业人员进行特种设备安全教育和培训，保证特种设备作业人员具备必要的特种设备安全作业知识。特种设备作业人员在作业中应当严格执行特种设备的操作规程和有关的规章制度。

11）设置安全管理机构或者配备专职、兼职的安全管理人员。

12）特种设备作业人员在作业过程中发现事故隐患或者其他不安全因素，应当立即向现场安全管理人员和单位有关负责人报告。

3. 根据事故的具体情况，事故调查组由有关人民政府、应急管理部门、负有安全生产监督管理职责的有关部门、监察机关、公安机关及工会派人组成，并应当邀请人民检察院派人参加。事故调查组可以聘请有关专家参与调查。

4. 此次事故的事故调查报告如下：

某厂机械加工车间吊装作业重伤事故调查报告

一、事故经过

2018 年 12 月 3 日，××厂机械加工车间发生一起吊装作业重伤事故。

××厂机械加工车间有加工机械 7 台（套），额定起重量 2.5t 的升降机 1 台，额定起重量 1.5t、提升高度 2m 的起重机 1 台，叉车 2 台。该厂还有喷漆车间、锅炉房及厂内油库等。

2018 年 12 月 3 日 7 时 30 分（8 时正式上班），机械加工车间起重工小李做好了起吊准备，在其他人未到场的情况下开始吊装作业。7 时 45 分，小陈进入机械加工车间，未走人行道进入吊装作业区，被起吊的钢件撞成重伤，小李慌忙停止吊装。

二、事故原因

1. 起重工小李在其他人未到场的情况下开始吊装作业，属于违章操作。吊装作业应该有起重工（起重机驾驶员）、司索工、指吊工协同完成，小李一人进行吊装作业，又是在非工作时间，为事故埋下隐患。虽然小李提前进行工作是一种积极的表现，但是其违章操作是构成事故的直接原因。

2. 小陈进入机械加工车间，未走人行道进入吊装作业区，也属于违章，但其是在非工作时间，属于安全警惕性不高。

3. 安全管理松懈，安全培训教育不够。

三、事故处理意见

这起事故是一起责任事故，起重工小李由于违章操作应受到相应处罚。

四、整改措施

1. 严格按照起重操作规程进行操作，杜绝违章操作。

2. 加强安全教育、安全培训。

案例十三　某垃圾焚烧发电厂清理检查案例

F 企业为垃圾焚烧发电厂，现有员工 162 人。

F 企业的工艺流程为：生活垃圾由垃圾封闭运输车运至发电厂→电子汽车秤过磅→卸入封闭的垃圾储坑内→发酵后的垃圾经料斗、给料斗、推料器，进入焚烧炉，在焚烧炉内垃圾高温燃烧，燃烧产生的热量加热水并产生蒸汽，蒸汽驱动汽轮机组发电。

垃圾储坑深 12m，垃圾发酵产生的气体主要有 CH_4、H_2S、CO_2 等。为防止该气体外逸，整个垃圾储坑严格密封处理并负压运行，在垃圾储坑上部设有吸风口，将垃圾储坑内产生的气体由风机抽吸作为燃料送入焚烧炉燃烧。

垃圾渗滤液经过导泄通道流入渗滤液收集池，经自控自吸泵进入渗滤液处理站调节池，渗滤液收集池内产生的沼气经过水封设备后，进入垃圾储坑的负压区，由风机送至燃烧炉燃烧，渗滤液收集池东西侧设置除臭风机间，分别安装 1 号、2 号除臭风机，其中 1 号除臭风机在收集池西侧，为送风风机；2 号除臭风机在收集池东侧，为排风风机。1 号、2 号除臭风机及自控自吸泵电源控制箱同在 1 号除臭风机间内，采用普通电气开关手动控制。

2017 年 3 月 21 日，F 企业委托 G 公司对渗滤液收集池进行清理作业。

3 月 27 日，F 企业安全保卫科科长甲在检查中发现，1 号除臭风机没有正常运行，2 号除臭风机正常运行，G 公司正在进行渗滤液收集池清理作业，现场未看到应急提升设备、安全绳索等应急救援器材，甲向分管安全的副总经理乙汇报，乙经总经理同意后，迅速协调，落实整改。

F企业为整改本次隐患，委托H企业实施电气改造施工，F企业安全保卫科和H企业分别对施工人员进行安全教育培训。

根据以上场景，回答下列问题：

1. 辨识1号除臭风机间存在的事故隐患并提出整改措施。

2. 根据《安全生产法》，说明甲对1号除臭风机隐患治理应履行的职责，根据《工贸企业有限空间作业安全与监督暂行管理规定》（国家安全生产监督管理总局令第59号），指出F企业和G公司对渗滤液收集池作业项目应承担的安全责任。

3. 简述G公司员工进入渗滤液收集池清理作业前应采取的安全措施。

4. 简述F企业与H企业签订的安全管理协议的主要内容。

答案详解

1. 1号除臭风机间存在的事故隐患并提出整改措施：

事故隐患：1号、2号除臭风机及自控自吸泵电源控制箱同在1号除臭风机间内，采用普通电气开关手动控制。

整改措施：1号风机间属于气体爆炸危险场所，所以应采取防爆措施。必须将电源控制箱移出1号风机间，控制箱电气线路应敷设在爆炸危险性较小的区域或距离释放源较远的位置，且线路布置和电缆、开关等电气设备均应符合防爆要求；风机开启采用自动控制方式，与有害气体检测设备实现连控自动运行。

2. 根据《安全生产法》，甲对1号除臭风机隐患治理应履行的职责：

1）生产经营单位的安全生产管理人员应检查本单位的安全生产状况，及时排查生产安全事故隐患，提出改进安全生产管理的建议。

2）生产经营单位的安全生产管理人员应当根据本单位的生产经营特点，对安全生产状况进行经常性检查。

3）对检查发现的安全问题，应当立即处理；不能处理的，应当及时报告本单位有关负责人，有关负责人应当及时处理。检查及处理情况应当如实记录在案。

4）生产经营单位的安全生产管理人员在检查中发现重大事故隐患，向本单位有关负责人报告，有关负责人不及时处理的，安全生产管理人员可以向主管的负有安全生产监督管理职责的部门报告，接到报告的部门应当依法及时处理。

根据《工贸企业有限空间作业安全与监督暂行管理规定》（国家安全生产监督管理总局令第59号），指出F企业对其发包的渗滤液收集池作业项目安全应承担主体责任，G公司对其承包的渗滤液收集池作业项目安全应承担直接责任。

3. G公司员工进入渗滤液收集池清理作业前应采取的安全措施包括：

1）实施作业前，应当对作业环境进行危险有害因素辨识、评估，分析存在的危险有害因素，提出消除、控制危害的措施，制定有限空间作业方案，并经本企业负责人批准。

2）作业前培训，应当将有限空间作业方案和作业现场可存在的危险有害因素、防控措施告知作业人员，并取得作业许可。现场负责人应当监督作业人员按照方案进行作业准备。

3）作业应当严格遵守"先通风、再检测、后作业"的原则。

4）保持有限空间出入口畅通。

5）现场设置明显的安全警示标志、警示牌、应急处置卡。

6）作业前后清点作业人员和工器具。

7）使用防爆工器具。

8）作业人员与外部有可靠的通信联络。

9）指定监护人员在外部监护，不得离开作业现场，并与作业人员保持联系。

10）禁止未经批准人员进入有限空间。

11）存在交叉作业时，采取避免互相伤害的措施。

12）作业人员检查穿戴好个人防护装备和防护用品方可进入作业区。

13）现场配备合格的安全防护设施、防护用品及报警仪器。

14）提供应急救援保障。

4. F企业与H企业签订的安全管理协议的主要内容包括：

1）发包方F企业提出的确保施工安全的组织措施、安全措施和技术措施要求。

2）承包方H企业制定的确保施工安全的组织措施、安全措施和技术措施。

3）承包方H企业遵照执行的有关安全文明生产、治安、防火等方面的规章制度。

4）发包方F企业对现场实施奖惩的有关规定。

5）双方有关事故报告、调查、统计、责任划分的规定。

6）对承包方H企业人员进行安全教育、考试及办理施工人员进入现场应履行的手续等要求。

7）承包方H企业必须按照生产经营单位的要求提供相关材料，接受安全资质和条件审查。

8）承包方H企业不得擅自将工程转包、分包和返包。在工作中遇有特殊情况确实需要由F企业配合完成的工作，应书面提出申请，经F企业领导批准后，指派有关部门、班组配合完成。

9）承包H企业在施工过程中不得擅自更换工程技术管理人员、安全管理人员以及关系到施工安全及质量的特殊工种人员，特殊情况需要换人时须征得F企业的同意，并对新参加工作人员进行相应的安全教育、培训和考核，合格后方可使用。

10）承包方H企业不得使用童工，施工人员不得有承包工程的职业禁忌症。

案例十四　某制糖企业事故隐患排查治理案例

D糖厂是甜菜制糖企业，1991年11月建成投产，占地面积100万 m^2，共有员工528人，年产白砂糖10万t、颗粒粕3.6万t。该厂有原料车间、制糖车间、饲料车间、动力机修车间4个车间，生产部、质检部、行政部、财务部、安全部5个部门，每年6~9月份为糖厂停产检修期，其余时间为生产期。

D糖厂动力机修车间有蒸发量为4t/h燃气锅炉2台、500kW柴油发电机1台、3t电动葫芦2台、空气压缩机2台、交流电焊机4台、钻床1台、新购置砂轮切割机1台。车间内隔离存放柴油3t。

2018年6月，按照上级单位要求，D糖厂开始推进双重预防机制建设。在危险和有害因素辨识过程中，发现制糖车间除尘系统的除尘效率下降，已无法满足安全生产要求，确定为重大事故隐患，需要重新购置并安装除尘系统。D糖厂厂长组织编制并实施了该重大事故隐患治理方案。

2018年7月，针对行业内受限空间作业事故多发的严峻现状，D糖厂组织了受限空间专项隐患排查，在排查中发现制糖车间的饱充罐（下图）为受限空间，该饱充罐为上、下带锥体结构的圆柱形容器，总高16m，主体直径3m。罐体8m高处设有人孔，罐体上设有 CO_2 和糖汁进出口，底部有360mm的排渣口，工作时罐内液位高约6m。在去除糖汁中非糖分的工艺过程中，CO_2 遇糖汁中的水分生成 H_2CO_3 进而与 $Ca(OH)_2$ 发生中和反应生成 $CaCO_3$，产生结垢。在季前安全生产大检查中，发现制糖车间饱充罐结垢严重，需要组织人员进入罐内进行除垢作业。

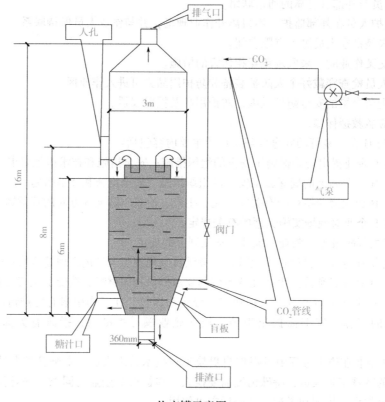

饱充罐示意图

根据以上场景，回答下列问题：

1. 根据《生产过程危险和有害因素分类与代码》（GB/T 13861—2009），辨识 D 糖厂动力机修车间存在的物理性危险和有害因素。

2. 编制 D 糖厂新购置砂轮切割机的安全操作规程。

3. 简述人员进入饱充罐内进行除垢作业的安全措施。

4. 根据《安全生产事故隐患排查治理暂行规定》（国家安全生产监督管理总局令第 16 号），简述 D 糖厂除尘系统重大事故隐患治理方案应包含的主要内容。

答案详解

1. 根据《生产过程危险和有害因素分类与代码》（GB/T 13861—2009），D 糖厂动力机修车间存在的物理性危险和有害因素：

1）设备、设施、工具、附件缺陷。

2）防护缺陷。

3）电伤害。

4）噪声。

5）振动危害。

6）非电离辐射。

7）运动物伤害。

8）明火。

9）高温物质。

10）有害光照。

2．D糖厂新购置砂轮切割机的安全操作规程：

1）切割物件前，穿好合适的工作服，戴好防护用品（手套、口罩、眼镜等），不可穿过于宽松的工作服，严禁戴首饰或留长发。

2）使用前必须认真检查电源开关，电源线是否破损，切割片的松紧度及是否破损，防护罩或安全挡板、操作台是否稳固。

3）操作人员操纵手柄做切割运动时，用力应均匀、平稳，而且固定端要牢固可靠。切勿用力过猛，以免过载使砂轮切割片崩裂。

4）切割时不允许任何人站在切割机的前面及侧面，停电、休息或离开工作场地时，应立即切断电源。

5）切割机停转前，不得将手从操作手柄上松离。

6）传动装置和砂轮的防护罩必须安全可靠，防护罩未到位时不得操作，不得探身越过或绕过切割机，操作时身体侧斜45°为宜。

7）出现不正常声音，应立刻停止操作，进行检查；维修或更换配件前必须先切断电源，并等切割片完全停止。

8）操作手柄杠杆转轴应完好，转动灵活可靠，与杠杆装配后应用螺母锁住。

9）严禁在切割片平面上修磨工件的毛刺，防止切割片碎裂。

10）中途更换新切割片时，必须切断电源，不要将锁紧螺母过于用力，防止切割片崩裂发生意外。

11）操作盒或开关必须完好无损，并有接地保护。

3．人员进入饱充罐内进行除垢作业的安全措施：

1）进入饱充罐前，应对现场负责人、监护人员、作业人员、应急救援人员进行专项安全培训。

2）严格执行受限空间作业审批制度，持证准入。

3）严格遵守"先通风、再检测、后作业"的原则。

4）采取通风措施，保持空气流通，禁止采用纯氧通风换气。

5）对作业场所中的危险有害因素进行定时检测或者连续监测。

6）电气设施设备、照明灯具的安全电压及防爆安全要求应当符合规定。

7）为作业人员提供符合规定的劳动防护用品，并教育、监督作业人员正确佩戴与使用劳动防护用品。

8）保持有限空间出入口畅通。

9）设置明显的安全警示标志和警示说明。

10）作业前清点作业人员、工器具。

11）作业人员与外部有可靠的通信联络。

12）监护人员不得离开作业现场，并与作业人员保持联系。

13）存在交叉作业时，采取避免互相伤害的措施。

14）应制定应急救援预案，且配备相应应急救援器材。

15）应配备检测报警仪及相关急救设备。

4．根据《安全生产事故隐患排查治理暂行规定》（国家安全生产监督管理总局令第16号），D糖厂除尘系统重大事故隐患治理方案应包含的主要内容：

1）治理的目标和任务。

2）采取的方法和措施。

3）经费和物资的落实。

4）负责治理的机构和人员。

5）治理的时限和要求。

6）安全措施和应急预案。

案例十五　某大型饲料生产企业隐患排查案例

T公司为一家大型饲料生产企业，占地面积 80000m²，共有员工 110 人，设有独立的安全部。T公司有生产车间、包装车间、机修车间，以及高大立筒仓、包材库、锅炉房、配电室等设施。

为满足内部维修需要，T公司的机修车间配有固定式砂轮机 1 台、电焊机 2 台、摇臂钻床 1 台、机械式冲床 1 台、剪叉式液压高处作业升降平台 1 个。机修车间配有独立的配电箱，用于设备、照明及临时用电。为规范动火作业管理，机修车间内划出了专门的动火区。

2018 年 2 月，为了进一步扩大产能，T公司在原有锅炉房旁新建燃气锅炉房并配置 2 台 20t/h 燃气锅炉，该建设项目由 U 公司承建，并于 2019 年 2 月完成新锅炉房建设。新安装的燃气锅炉配置了安全阀、压力表、水位计等安全附件，在完成了特种设备注册登记后，于 2019 年 3 月正式投入运行。

2019 年 4 月 15 日，T公司维修车间操作工甲在操作机械式冲床时，发生伤害事故。T公司随即开展了机械设备安全防护专项检查，安全部在检查中发现，机修车间的固定式砂轮机、摇臂钻床、机械式冲床等设备的安全保护装置部分失效和缺失，需要修复和增设。

2019 年 8 月，为吸取同行业发生的电气火灾事故教训，T公司聘请专业机构对可能产生危险温度的电气设备进行了专项隐患排查，发现电气设备存在以下火灾隐患：临时用电的零线和火线错接到了一起；空调的插头未插接到位；直接从小额定功率配电箱接大功率电器；电动机外壳被杂物覆盖；电动机外壳带电；电动机轴承缺油；配电房低压配电柜输出电压不稳定；包材库照明用 1000W 卤钨灯。

根据以上场景，回答下列问题：

1. 简述 T 公司对 U 公司在锅炉房建设项目中进行安全管理的主要内容。

2. 按功能类别，列出机修车间应修复和增设的机械设备安全保护装置。

3. 简述固定式砂轮机作业中的安全操作要点。

4. 补充新安装燃气锅炉除安全阀、压力表和水位计外的其他安全附件。

5. 针对排查出的电气火灾隐患，指出其产生危险温度的原因。

答案详解

1. T 公司对 U 公司在锅炉房建设项目中进行安全管理的主要内容：

1）与 U 公司签订安全管理协议，明确各自的安全生产管理职责。

2）对 U 公司的特种设备、特种作业人员和安全管理人员资质/资格进行查验。

3）对 U 公司的进场人员进行危害告知和安全交底、安全教育培训。

4）审查 U 公司的危险性较大工程的施工方案和计划。

5）进行现场检查。

2. 机修车间应修复和增设的机械设备安全保护装置：联锁装置；能动装置；保持—运行控制

装置；双手操纵装置；敏感保护装置；有源光电保护装置；机械抑制装置；限制装置；限位装置。

3. 固定式砂轮机作业中的安全操作要点：

1）砂轮机空转正常后使用。

2）砂轮磨损严重的应及时更换。

3）禁止两人同时使用。

4）禁止戴手套打磨工件和用布包着工件作业。

5）禁止用工件撞击砂轮。

6）禁止用砂轮的侧面磨削。

7）禁止站在砂轮机正面作业。

8）禁止磨削细小工件。

9）必须戴防护眼镜和防尘口罩。

4. 新安装燃气锅炉除安全阀、压力表和水位计外的其他安全附件：温度测量装置；超温报警和联锁保护装置；超压报警装置；高低水位报警和低水位联锁保护装置；锅炉熄火保护装置；排污阀或放水装置；防爆门；锅炉自动控制装置。

5. 产生危险温度的原因：过载；短路；接触不良；散热不良；漏电；电压过高或过低；机械故障；电热器具和照明灯具。

案例十六　某燃煤发电企业应急管理案例

D 企业是一家新建大型燃煤发电企业，有员工 850 人，设置有安全管理部、设备保障部、生产运营部等部门。发电用燃煤以铁路运输为主，汽车运输为辅。燃煤堆放在煤场，通过带式输送机送至煤仓，经给煤机进入磨煤机，磨制的煤粉使锅炉燃烧，将热能转化为高温高压蒸汽，进入汽轮发电机转化为电能，通过配电线路输送到电网。

D 企业在生产区域和设备系统上设置的安全技术措施包括压力、温度、液位监测与报警装置；易燃易爆、有毒有害气体监测报警装置；传动机械安全防护装置；起重设备安全装置；锅炉和压力容器的安全门、安全阀、防爆膜等；输煤带式输送机的急停装置；全厂消防灭火系统。

D 企业采用氨气脱硝工艺。建有氨站 1 座，设有 2 个 1.0MPa、30m³ 常温卧式液氨储罐，配备了应急物资柜，现场设置了安全警示标志。

D 企业成立了以总经理为主任的安全生产委员会，定期召开安全委员会会议，研究安全生产工作。企业根据建设项目安全"三同时"要求，委托具有相应资质的安全评价机构进行了安全验收评价，并于 2018 年 3 月正式投产运行。

2018 年 5 月 15 日，燃煤输送带式输送机电动机发生故障，设备保障部安排电工甲、乙前往维修，甲、乙在办理了作业许可后，进入带式输送机的独立配电间，断开电动机电源，未挂牌上锁，随后二人登上 2m 高的平台进行维修作业，维修过程中，恰逢交接班，生产运营部员工丙发现带式输送机停运，未经确认就重新开启了电动机电源，导致电工甲触电后从平台坠落，小腿严重变形，电工乙按照安全培训学到的知识和技能，采取了应急处置措施。

2018 年 6 月，D 企业开展了"生命至上，安全发展"为主题的安全月活动，针对 5 月 15 日的事故，安全管理部组织生产运营部和设备保障部全体员工进行了电气安全培训，对带式输送机配电间进行了安全专项检查，并对发现的隐患提出了整改方案。

根据以上场景，回答下列问题：

1. 按照防止事故发生和减少事故损失两类进行分类，分别列出 D 企业采用的安全技术措施。

2. 列出氨站应急物资柜应配置的应急物资清单。

3. 简述电工乙在甲触电坠落后应采取的应急处置措施。

4. 列出带式输送机配电间安全检查的主要内容。

答 案 详 解

1. D 企业采用的防止事故发生安全技术措施有：

1）压力、温度、液位监测与报警装置。

2）易燃易爆、有毒有害气体监测报警装置。

3）传动机械安全防护装置。

4）起重设备安全装置。

5）输煤带式输送机的急停装置。

D 企业采用的减少事故损失安全技术措施有：

1）锅炉和压力容器的安全门、安全阀、防爆膜等。

2）全厂消防灭火系统。

2. 氨站应急物资柜应配置的应急物资清单：

1）正压式呼吸器。

2）防爆应急灯。

3）安全带。

4）防毒面具。

5）安全警示带（警戒线）。

6）防静电工作服。

7）检测报警装置。

8）对讲机。

9）急救包或急救箱。

10）手电筒。

11）灭火器。

12）消防带、消防斧。

13）洗消设施。

3. 电工乙在甲触电坠落后应采取的应急处置措施：

1）立即向企业主要负责人上报事故。

2）当发现有人触电后，应立即向周围大声呼救。

3）迅速断开电动机电源，解救触电者，并进行初步救护。

4）设立危险警戒区域，严禁无关人员进入。

5）伤势较重及时联系当地 120 急救中心或医疗部门救治，告知所处的详细位置，并派人到路口等候，接应急救车，赶赴现场急救。

4. 带式输送机配电间安全检查的主要内容：

1）室内外环境整洁，物品摆放整齐有序，无杂物及无关物品存放。

2）是否有用电安全管理制度，是否有专职电工，电工是否持有效证件上岗。

3）检查作业规程、安全措施、责任制度、操作规程等是否齐全，是否有效。

4）有无定期检查、维护记录。

5）有无配电室管理标识牌。

6）绝缘工具是否齐全、有效。

7）接线、装量是否完好，电线有无私拉乱接、绝缘破损现象。

8）开关柜（箱）内电气是否整洁、完好、路线规整，箱内外要有明显的接地线；箱门状态良好。

9）严查在值班室、主控制室、配电室食品和杂物，保证有良好的清洁环境。